木质粉末温压成形原理与技术

吴庆定　著

湖南大学出版社

内容简介

本书为中南林业科技大学机械制造及其自动化学科带头人吴庆定教授在国家自然科学基金项目(30972305)和湖南省高等学校科学研究重点项目(09A101)的资助下，以本人博士论文为基础，综合多年从事粉末冶金、木材科学与技术、机械工程等多学科教学与科研成果撰写而成的。全书共分十章，主要包括木质粉末温成形工艺、模具设计、数值模拟、结合机理、环境友好性评估和应用研究等内容。

本书可作为材料学、木材科学与技术、材料加工工程等学科研究生教材或参考书，也可供生物质功能材料、机械工程材料等领域科研与工程技术人员参考。

图书在版编目(CIP)数据

木质粉末温压成形原理与技术/吴庆定著.
—长沙:湖南大学出版社，2011.12
ISBN 978-7-5667-0127-5
Ⅰ.①木…　Ⅱ.①吴…　Ⅲ.①木质粉末—粉末成形
Ⅳ.①TS653.7
中国版本图书馆CIP数据核字(2011)第275571号

木质粉末温压成形原理与技术
Muzhi Fenmo Wenya Chengxing Yuanli yu Jishu

作　　者:吴庆定　**著**
责任编辑:卢　宇　黄　旺　　**责任校对:**祝世英
出版发行:湖南大学出版社　　**责任印制:**陈　燕
社　　址:湖南·长沙·岳麓山　　**邮　　编:**410082
电　　话:0731-88822559(发行部),88821315(编辑室),88821006(出版部)
传　　真:0731-88649312(发行部),88822264(总编室)
电子邮箱:pressluy@hnu.edu.cn
网　　址:http://www.hnupress.com
印　　装:长沙瑞和印务有限公司
开本:880×1230　32开　**印张:**8.5　**字数:**245千
版次:2012年1月第1版　**印次:**2012年1月第1次印刷
书号:ISBN 978-7-5667-0127-5/TB·10
定价:30.00元

作者简介

吴庆定，男，1963年2月出生于湖南桃源县，1987年7月毕业于中南大学粉末冶金专业，2010年12月获得中南林业科技大学工学博士学位。现为中南林业科技大学教授，机械制造及其自动化学科带头人，中南林业科技大学学报（自然科学版）编委，具有“粉体材料科学与工程”、“木材科学与技术”、“机械工程”等多学科专业背景与教学、科研、社会实践经历。创办中南林业科技大学材料成形技术研究所，并任所长；兼任湖南省粉末冶金协会秘书长、湖南省模具学会副理事长和十余家产学研合作企业高级技术顾问；曾创办高新技术企业湖南省粉末冶金有限责任公司，并任总经理。主持完成省部级科研项目9项、产学研合作项目11项，获湖南省技术发明奖三等奖、湖南省科技进步三等奖、湖南省自然科学论文二等奖、湖南省技术监督科技进步二等奖、湖南省机械工业技术进步一等奖等共8项。发表学术论文20余篇，申请国家发明专利5项。首次提出了木质粉末温压成形新概念，并将木质素玻璃化温度至木质素软化点的温度区间界定为木质粉末温压成形工艺温度选择区间，认为把木材科学与技术学科领域的人造板热压成形定义为温压成形更合适、更严谨；将室温至木质素玻璃化温度区间界定为木质粉末冷成形温度区间，如生物质能源领域的颗粒原料的挤压成形；把高于木质素软化点的温度区间界定为木质粉末热成形温度区间，如炭化木的成形就可以定义

为热成形。率先尝试了将粉末冶金成形理论与技术引入人造板工程，寻找“木质材料无胶热压成形理论与技术”和“金属粉末成形理论与技术”、“材料扩散焊接理论与技术”的交叉点，开展木质粉末温压成形理论与技术的研究，并取得重要进展。

前　言

近年来，为满足制造业结构调整与产品升级的需要，材料成形技术正朝着节能省材、高效环保的方向发展，如金属粉末、木质粉末的温压成形技术。木质粉末温压成形技术是在金属粉末温压成形技术的基础上，紧扣“两型社会”建设要旨，以服务“三农”、弥补制造业过分依赖矿物资源的缺陷为目的发展起来的。金属粉末温压成形实际上是一项集金属粉末室温模压成形和热模压成形的优点发展形成的新技术，是在高于室温但低于金属材料再结晶温度的温度范围内对金属粉末实施的一种加工硬化与再结晶并存的模压成形；不过，由于润滑剂的加入，金属粉末温压成形的机理一般认为是：由于润滑剂在粉末颗粒表面形成润滑膜，温压条件下改善了颗粒之间以及粉末与模壁之间的润滑状态，减少了摩擦阻力，使粉末颗粒的移动和重排变得容易，因而润滑是温压致密化的主导机制；同时由于温度的升高，使粉末颗粒的加工硬化得以有效消除，使得粉末颗粒的塑性变形能力得到改善，从而使压坯的密度得到进一步提高。木质粉末温压成形技术的问世得益于木质材料存在两个特征温度区间，即木质素玻璃化温度和木质素软化点。作者把成形温度界于木质素玻璃化温度以上和木质素软化点温度区间的木质粉末模压成形定义为木质粉末温压成形。木质粉末的温压成形无须添加润滑剂，也不考虑人造板行业使用的任何胶粘剂，在成形温度与压力作用下，木质粉末颗粒由于含有纤维素、半纤维素、木质素等分子团，会发生明显的啮接、变形、延展、塑合与扩散焊接，最终形成具有较高强度的疏水性各向同性木质材料。

木质粉末温压成形技术的开发，主要以木材/竹材加工剩余物、枝桠/藤条等低质木材、农作物秸秆、芦苇秆等的粉末为原料，在封闭模中采用高压甚至超高压实施无胶模压塑化温压成形，制备可用于滑动轴承、汽车高档内饰件、电磁屏蔽元件等高端产品的高强、耐水、耐磨新型木质材料，原料利用率接近100%；并综合运用响应面试验设计与分析、有限元分析、热脱附-气相色谱/质谱(TD-GC/MS)、红外光谱(FT-IR)、固体核磁共振C谱(C-SNMR)、热失重(TGA)分析、SDDM、SEM等方法和手段，系统研究了木质粉末温压成形原理与技术，实现了木质粉末结合机理的创新，形成了较为完整的木质粉末温压成形原理与技术。木质粉末温压成形原理与技术，实际是粉末冶金学与木质材料学有机交叉的产物，到目前为止，据笔者掌握的资料，还没有其他学者提出和使用木质粉末温压成形的概念，也没有系统阐述木质粉末温压成形原理与技术的专著出版。为了促进交叉学科的发展，提升木质环境功能材料的研发水平，为“两型社会”的建设与“三农”问题的完美解决添砖加瓦，出版论述木质粉末温压成形及相关理论的专著显得十分必要。

中南林业科技大学木材科学与技术国家重点学科与材料成形技术研究所，多年来注重木材科学与技术学科、大材料学科的衔接，特别是以吴庆定、向仕龙、彭万喜三位教授和袁光明博士为主的教学、科研团队，致力于粉末冶金学与木质材料学的有机交叉，积极开展木质粉末温压成形技术的研究工作，获得了国家自然科学基金项目、湖南省杰出青年基金项目、湖南省重大技术创新“新材料专项”计划项目、湖南省高校科学研究重点项目等的资助，对木质粉末温压成形的理论与技术进行了系统深入的研究，申请国家发明专利3项，培养博士研究生1名、硕士研究生5名。遂将部分研究成果整理成书，希望本书的出版有助于带动相关交叉学科的发展，推动木质材料高质清洁利用的基础理论研究、新技术新工艺的开发和新产品的实际应用，从而带动木质粉末功能材料等相关产业的发展，为提高我国新材料产业的创新能力与国际竞争力、实现我国“两型社会”建设目标添砖加瓦。

本书系统阐述了木质粉末温压成形的基本原理与技术，包括温压成形木质粉末原料、木质粉末无胶温压成形工艺与木质粉末温压成形模具设计、木质粉末温压成形过程的数值模拟、木质粉末原料的TD-

GC/MS分析、木质粉末无胶温压成形结合机理、木质粉末无胶温压成形工艺的环境友好性评估，木质粉末复合材料的温压成形与应用分析等主要内容。本书可作为材料学、木材科学与技术、材料加工工程等学科或专业的研究生教材或参考书，也可供建筑功能材料、机械工程材料、生物质复合材料等领域的科研与工程技术人员参考。

本书撰写过程中，得到了众多木材科学与技术、粉末冶金、材料加工工程、化工工程等领域的专家、同事与同行的指导和帮助，包括向仕龙教授、长江学者贺跃辉教授、李忠海教授、陈桂华教授、彭万喜教授、李国希教授等，在此表示衷心的感谢！

在本书的资料收集、数据整理、图文编辑过程中，得到了徐剑莹教授、唐忠荣教授、陈飞副教授、王荣吉副教授、黄泽才高级工程师、彭波博士、刘克非讲师、杨素文试验师、黄静硕士研究生、戚红晨硕士研究生、吴凤娟硕士研究生、王兰生硕士研究生等的支持与帮助，在此一并表示深深的谢意。

在本书撰写过程中，还借鉴或引用了一些前辈与学者的研究成果和经验，在此表示由衷的感谢！

书中错漏与不足之处，敬请同行和读者批评指正。

作　者

2011年10月

目　次

第8章　木质粉末无胶温压成形工艺的环境友好性评估

第9章　木质粉末复合材料的温压成形与应用分析

第1章 绪 论

1.1 木质材料的热压与模压成形

除实体木材外，有许多木质材料是由一些基本单元复合成形构成的，这些基本单元有纤维、刨花、单板、木条、木束、木粉、木丝、碎料等，其制品按形状分有板材、方材、薄片、圆柱以及其他异形体。木质材料的成形有多种方法，但最常见的成形方式是热压成形，包括采用上下两平板式的开式热压和不同形状模具的封闭式热压。

1.1.1 木质材料的热压成形

顾名思义，木质材料的热压成形是在温度与压力的作用下使木质材料具有一定的形状与尺寸。本节主要讨论上下两平板式的开式热压，即最常见的单层热压机或多层热压机的热压成形工艺，此工艺被大规模应用于现代人造板工业生产中。

1.1.1.1 木质材料热压成形工艺的应用与现状[1-4]

木质材料热压成形工艺已在工业中大规模应用，特别是在胶合板、纤维板、刨花板、细木工板等人造板的生产中，是一种历史悠久且相当成熟的成形工艺。压机是这种成形工艺的主要设备。帕斯卡早在17世纪中期就为液压机奠定了理论基础，但直到1847年才出现第一个液压机专利，而第一台真正在生产上使用的液压机则在1863年才问世。液压机应用于人造板的生产是在20世纪初开始的，多层热压机的出现则是在20世纪30年代初期。为适应刨花板和干法纤维板生产的需要，50年代末出现了使热压板同时闭合的多层热压机，70年代又出现了连续平压热压机。目前世界上最大的单层热压机是德国迪芬巴赫公司制造的总长度为 63 m，幅面为 57.6 m×4 m 的连续式平压热压机，年产定向刨花板 70 万 m^3，而辛北尔康普公司的热压板幅面为 3 660 mm×103 700 mm 的 12 层热压机，是年生产能力最大的多层热压机，年产定向刨花板也为 70 万 m^3。

胶黏剂是木质材料热压成形常用的添加剂之一，而加压的同时施加温度的所谓"热压"的产生和发展与胶黏剂的发展同步。在合成树脂胶黏剂大规模使用之前，生物胶黏剂是木质材料成形常用的黏结材料，其原料均来自大自然的天然产物，主要包括木质素、单宁、蛋白质以及淀粉、壳聚糖等多糖类物质，其中包含动物胶、大豆胶、血胶、乳胶在内的天然蛋白质胶黏剂及淀粉胶，一直到 20 世纪 60 年代还是主要的木质材料胶黏剂。随着合成树脂木材胶黏剂的大量出现，生物胶黏剂在耐水性、胶接强度等指标上的劣势日趋显现，因此这类木质材料胶黏剂从其巅峰状态消退下去，木质材料加工工业进入了合成树脂胶黏剂的时代，脲醛树脂、酚醛树脂和三聚氰胺甲醛树脂即"三醛"胶从此占据了木质材料成形用胶黏剂的绝大部分。木质材料热压成形在使用生物胶黏剂时，其温度的提高只是为了加快材料水分的蒸发，使加生物胶黏剂的复合材料失水而加快成形。在合成树脂大规模应用于木质材料的成形后，热压有了更重要的意义。因为树脂的固化有确定的温度，成形的时间依赖于热压温度。

木质材料不添加胶黏剂而直接热压成形的工艺与技术也有研究和应用。湿法成形硬质纤维板是典型的不添加胶黏剂而热压成形的人造板产品，但由于废水污染问题，此种工艺在国内外已严格限制应用。木质材料干法生产而不添加胶黏剂（称干法无胶工艺）的研究与实践，国内外 20 世纪 40 年代即已开始进行，80～90 年代达到研究的高峰，国内甚至已成立了专业的无胶人造板公司，也有几条生产线试产无胶胶合人造板。但自 21 世纪以来，除少数研究以外，干法无胶工艺技术的开发与应用已日见冷落。

1.1.1.2 木质材料热压成形工艺与制品性能[5-8]

实践表明，木质材料热压成形的制品质量不仅与原料的性质、形状结构及添加剂有关，也与热压成形中的温度、压力和时间等因素相关。

表 1.1 列出了主要的热压成形木质材料的原料单元、热压工艺和制品性能等信息。

表 1.1　热压成形木质材料的原料单元、热压工艺和制品性能

产品名称	原料单元	树脂添加量/%	热压温度/℃	热压压力/MPa	制品断面结构	静曲强度/MPa	弹性模量/MPa	内结合强度/MPa
刨花板	刨花、碎料	8～15	160～220	2.0～3.2	三层或渐变	10～18	—	0.2～0.5
硬质纤维板	纤维	0	190～210	5.0～7.0	均质	30～40	—	0.5～1.2
中密度纤维板	纤维	8～15	160～220	2.5～3.5	均质	20～30	2 400～2 600	0.4～0.8
高密度纤维板	纤维	10～15	160～220	4.5～5.5	均质	35～40	3 400～3 600	0.7～1.2
胶合板	单板、薄木	8～12	100～120	0.6～1.2	层状	—	—	—
细木工板	单板、木条	6～10	100～120	0.6～1.2	芯层木条表面单板	10～18	—	—

注：树脂为脲醛树脂胶黏剂；热压压力一般为高压段压力。

下面根据表 1.1 进行相关分析。

(1)热压压力

热压成形中加压的目的非常明确：①使制品密实化，达到规定的密度；②使单元之间形成点、面接触，有利于氢键的形成和范德华力结合；③平衡制品内部产生的蒸汽压力；④有利于制品内添加剂或温度作用下产生的可流动体的扩散流动。显然，不同形态的原料单元对成形的压力有很大的影响，规则而体积较大的单元，相互之间易于接触，与松散的、不规则的单元相比，其所用的压力要低。表中胶合板、细木工板属于前者，刨花板和纤维板属于后者。

制品的最终密度要求决定热压成形压力大小的选择。密度较高的硬质纤维板的成形压力高达5.0～7.0 MPa,是中密度纤维板的2倍。

(2)热压温度

热压成形中温度的作用非常明确:①使制品中的胶黏剂达到要求的固化温度;②塑化或软化原料;③有利于制品中的木质素等热塑性组分产生热塑融合作用;④有利于木质材料中的氢键形成和化学基团的结合。在添加胶黏剂的热压成形中,使制品中的胶黏剂达到要求的固化温度是确定温度高低的主要因素;而在不添加胶黏剂的热压成形中,如湿法成形的硬质纤维板,温度的确定依赖②③④中作用的产生。以下有专门的讨论。

热压温度的确定还与热压的方式有关,表中的数据主要参照间歇式平压,对于连续式平压,它一般分成多段,且不同段的温度不同。

(3)无胶硬质纤维板的热压成形

迄今为止,能够为市场提供大规模不添加胶黏剂的人造板产品仅有湿法成形的硬质纤维板,其热压成形过程对本书所研究的课题具有重要的借鉴作用,故在此作专门讨论。

热压前,湿法硬质纤维板的板坯成形是借鉴造纸工业的长网成形。板坯经过长网脱水后进入热压机热压。热压分为3个阶段,第1阶段称为挤水段,该阶段的目的是排除板坯中存在的大量自由水,采用5～7 MPa高压,时间很短,在板坯中温度未达到100 ℃时结束此阶段。第2阶段称干燥段,主要目的是蒸发板坯中尚存的水分,当板坯中的水分达到10%～15%时结束此段。此阶段的压力仅维持在0.5～1.07 MPa。第3阶段是成形的关键,该阶段的目的为:①密实板坯以达到规定的密度;②使板坯中的木质素、半纤维素热塑融合;③使氢键形成和范德华力结合形成。这一阶段的温度要求较高,达180 ℃～210 ℃,使纤维软化,木质素和其他热塑物熔融流展在纤维表面。同时采用较高的压力(5～7 MPa)压缩纤维,这有利于可流动物质的流动铺展。当水分达到1%～3%时,结束此阶段。生产实践表明,第3阶段是控制硬质纤维板质量的关键。研究认为,这一阶段木质材料中的热塑融合物覆盖在纤维表面并冷却后形成了结壳物质,将纤维结合在一起。

(4)热压成形制品的性能

对比纤维、刨花或碎料制成的产品性能可以看出，体积或比表面积较大的刨花、碎料制成的刨花板，在相同的工艺条件下，其静曲强度和内结合强度都低于体积或比表面积较小的纤维制成的纤维板，这说明越小的单元其结合性越好，这为木质粉末的成形提供了一个有利的信息。

木质材料热压成形制品的性能遵循材料领域的一般规律，即随材料密度的提高，其强度性质提高，从以下3种不同密度纤维板的性能区别可以看出这一点。硬质纤维板的密度一般在0.9～1.1 g/cm^3，静曲强度约为50 MPa；高密度纤维板的密度一般在0.85～1.0 g/cm^3，静曲强度约为45 MPa；中密度纤维板的密度一般在0.6～0.8 g/cm^3，静曲强度约为30 MPa。

1.1.1.3 木质材料热压成形的特点与启示

(1)特点

根据以往的研究和以上的分析，可以总结普通热压成形的特点：

①干法生产工艺一般均在材料中加入脲醛树脂、酚醛树脂、异氰酸酯等胶黏剂，其制品的密度均在1.0 g/cm^{3}以下；

②热压温度与胶种、胶黏剂性质、材料含水率等多种因素相关，温度在100 ℃～220 ℃很宽的范围内变化，但加有胶黏剂的木质材料成形确定温度的高低的依据主要是胶黏剂；

③热压压力随原料性质、形状、结构、含水率、热压温度、制品密度等的因素而变，在0.6～7.0 MPa很大的范围内变化，但原料形状结构和制品密度是确定压力的主要因素；

④湿法硬质纤维板的热压成形虽然没有添加胶黏剂，但制品的力学性能却优于加有胶黏剂的制品，其密度虽然起到一定作用，但从密度的变化与强度的变化规律来看，木质材料在温度、压力和水的共同作用下产生的自胶合对强度的改变发挥了重要作用。

(2)启示

根据木质材料热压成形的特点，可得到如下几点启示：

①木质材料中存在的某些物质在适宜的温度和压力作用下具有自胶合作用，对材料的无胶成形至关重要，硬质纤维板的热压成形是其

例证；

②木质材料密度的提高对材料的力学性能有超过一般材料的影响，提高木质材料的密度，可以大大增强木质材料的力学性能；

③利用上述两点，有可能利用自然界可再生天然植物原料制造具有高附加值的环保型功能材料。

1.1.2 木质材料的模压成形

木质材料的模压成形是一种首先把木质原料加工成粉末或纤维，然后直接加热加压成形或加入胶黏剂等添加剂后再加热加压一次模压成形为形状各异的零部件或制品的工艺技术。国内通常称为模压木制品生产技术。典型的模压木制品生产工艺是 1954 年联邦德国 J. F. WeroJr 联合公司提出并逐步发展起来的。目前全球已有多家木制品模压制品生产厂家，大多采用德国华沙力迪技术专利和设备。我国湛江木制品模压厂是较早引进华沙力迪技术生产模压木制品的厂家，之后又有吉林、龙化人造板厂引进中国林科院木材所的技术从事模压木制品生产[6,9]。

木塑模压制品由木纤维或木粉施以 25%以上的热固性树脂压制而成，可归类于塑料制品，该产品不在本文讨论范围之内。而纤维、刨花等木质材料模压制品的施胶量一般不超过 20%。

1.1.2.1 模压木制品的特点

模压木制品具有如下特点：

(1)品种多、规格齐

不仅包括建筑用模压木制品(如瓦楞板)、家具用模压木制品(如橱门)，而且包括工业配件用模压木制品(如方向盘)和各种特殊形状类模压木制品(如包装托盘)等。

(2)物理力学性能优良(见表 1.2)

表1.2　部分建筑及家具类碎料模压制品性能

性能	异形构件	内用构件	外用构件	彩色墙板	家具台面
密度 /$g \cdot cm^{-3}$	0.80～0.90	0.70～0.80	0.80～0.90	0.80～0.95	0.75
弯曲强度 / MPa	40～45	30～35	40～45	30～40	59
弹性模量 /MPa	4 000～6 000	4 000～5 000	4 000～6 000	4 000～6 000	5 390
平面抗拉强度/MPa	2.0～3.0	1.0～2.0	2.0～3.0	2.0～3.0	—
握螺钉力 /$N \cdot mm^{-1}$	150	150	150	150	120～150
含水率 /%	5～10	5～10	5～10	5～9	—
吸水厚度膨胀率/%	4.0～5.0	5.0～8.0	4.0～5.0	4.0～5.0	0.2～0.3 (20 ℃,2 h)

(3)外观美,装饰华丽

模压木制品能加工成各种曲线优美的表面、圆滑自然的转角、齐整平滑的边缘,同时还可铺入具有珍贵木材纹理或其他天然材料花纹以及各种明快鲜艳图案的装饰材料,实施一次加工成形。

(4)安装使用方便

一般模压木制品都已根据产品的需要设计好了沟槽、孔眼、接头榫槽等,各种连接件都已配套系列化,可与通用型材很方便地连接,因而只需手工工具即可装配。

1.1.2.2　模压木制品成形方法

比较成功的模压木制品成形方法主要有塞莫戴恩法、科利普雷斯法和沃扎利特法三种。

塞莫戴恩法是最早的一种木制品模压成形方法。这种方法的特点是成形过程完全密封,在高温高压下不让木材碎料的挥发物散发,碎料中半纤维素因水解而产生醋酸和蚁酸，因进一步水解而使木质素-纤维素的结合受到破坏，因木质素“活化”而使木材碎料塑化。这种方法常以－16目左右的细锯末为原料（含水率10%～17%）。一般不加胶黏剂，有时加少许酚醛树脂（5%以下），以提高制品的质量。整个成形过程包括两个阶段：①冷预压，预压压力为18 MPa左右；②热压，热压工艺参数为：温度160 ℃～290 ℃，压力20～30 MPa，保温保压时间为10～50 min，然后冷却到40 ℃左右。这种方法一般适合生产形状比较简单的制品，制品的容重约1.1～1.3 g/cm^3，物理力学性能优良。

科利普雷斯法主要用于包装箱的生产。这种方法所要求的碎料主要是长度10～12.5 mm、宽度2～4 mm、厚度0.2～0.4 mm的薄片，据说这种形状的薄片可以增加模压制品的强度和刚度，改善尺寸稳定性，节省胶料，其施胶量一般为5%～15%的酚醛树脂和脲醛树脂。这种方法在正式模压成形前要采用预压，目的是减短热压周期，提高压机生产率。这种方法采用多方向模压机与模具结构，成形压力为6～10 MPa，加热温度140 ℃～150 ℃，保温保压时间则根据模压制品的厚度不同而有所变化，仅为2～5 min。

沃扎利特法是木质品模压成形工艺中最主要的方法，这种模压成形工艺适合长度12～18 mm、厚度0.2～0.5 mm的条状木质碎料的成形。这种方法可生产出包括贴面或复杂形状的木制品，其工艺过程包括以下两个阶段：①冷预压，将拌过胶黏剂的木材碎料放入成形模中实施制品形状的预压成形，以得到“饼干式”的毛坯。这一过程实施的是冷压，使原料压缩到适当密度，形成毛坯，便于装卸处理，胶黏剂并不固化。②热压，这一过程在热压机中进行，所用成形模由铬钢制成，表面光洁度和配合精度都很高。如果制品采用装饰贴面，最后加压过程采用三聚氰胺树脂浸渍纸薄膜或薄木。热压工艺制度为：压模温度135 ℃～180 ℃，压制压力2～10 MPa，加压时间1～10 min，具体时间根据胶黏剂的种类、模压制品的尺寸和表面材料确定。采用这种方法生产的木制品的容重为0.55～1.11 g/cm^3，常用于制作护壁板、窗台、水泥模板、屋顶板、门框、电视机壳以及各种桌面、柜门等。

此外还有平面浮雕模压法。这种方法可在模压制品表面压出较深的浮雕花纹，可直接采用碎料生产，或者用碎料板经二次压制获得。这种成形方法的工艺条件与碎料板相似，压力约为2.5 MPa，加热温度为150 ℃～165 ℃，保温保压时间按制品厚度计算，一般为每3 mm加压1 min。

1.1.2.3 木质材料模压成形方法的启示

(1)塞莫戴恩法模压成形方法是一种可以借鉴的成形方法。完全密封的模压成形可以充分利用木质材料中的木质素等天然高分子物质，形成天然的胶黏剂，这有助于制品的成形和力学强度的提高；

(2)合适的原料、产品的用途和最适宜的温度与压力都必须在试验的前提下得到答案；

(3)如果采用木质粉末制备不添加任何化工胶料的环保功能材料，那么完全密封的热塑模压成形可能是最为合适的工艺方法。

1.1.3 木质材料干法无胶热压成形

在木材加工行业中，依靠木材或非木材植物材料本身含有的化学成分在特定工艺条件下实现“自身黏接”而结合成形的技术称为“无胶胶合”。这样的术语似乎不太准确，既然是“无胶”，就不能称为“胶合”。但由于在木材加工中已广为应用，本书在以下的阐述中仍然使用无胶胶合，以保持专业术语的通用性和引用文献术语的一致性。

木质材料湿法无胶热压成形工艺在生产上已得到商业化应用，即湿法硬质纤维板的生产，而干法无胶热压成形至今仍在研究与探索中，以下是相关的介绍与讨论，在未特别提出时所涉及的均为干法工艺，一般省略了干法二字。

1.1.3.1 木质材料干法无胶热压成形的研究与应用现状

(1)国外木质材料无胶胶合技术研究现状[10-15]

木质材料无胶胶合技术的研究始于20世纪40年代末，全球木材科学与技术学科的学者们对这一领域表现出了浓厚的兴趣。最初，学者们尝试采用木质粉末在不添加任何胶黏剂的前提下模压成高密度的制品。后来发现，无须填加胶黏剂，利用木质纤维通过湿法可以生产硬质纤维板。

1956 年 Heritage 采用热塑方法，成功制备出了无胶树皮板；1975 年，Chow 利用“树皮萃取物——木质素”，通过高温聚合，成功研制出了可用于室外的无胶树皮板。此后，科学家们开始致力于通过活化木材表面的方法进行非传统胶合的研究。

1979 年，德国学者们提出了无胶刨花板和模压制品专利方法：将刨花先经热压(190 ℃～220 ℃、2.5～4.0 MPa)，之后在不减压的条件下冷却至 100 ℃，制成无胶刨花板和制品，19 mm 厚的刨花板加压时间为 5 min(190 ℃)。刨花板密度达 0.970 g/cm^3，横向抗弯强度为 13 MPa，横向静曲强度为 0.21 MPa、浸水 24 h 后的膨胀率达 21%。

1981 年，英国的 Reinhall 将热磨纤维铺装在移动网带上，通过热风喷吹使纤维完全干燥，在送至热压机之前将其含水率调至 5%～15%，从而使纤维本身自胶结固化，生产出无胶干法纤维板。

1982 年，Mobarak F 利用甘蔗渣和甘蔗渣芯，首先在不同条件下气干，然后在密闭模具中实施热压，使其自胶合，得到了类似塑料的高密度材料。

1984 年，南非科学家 Ohota S 先将木质纤维碎料、纤维、刨花干燥，再铺装成板坯，在 180 ℃以上环境温度下实施热压，成功制备出了无胶人造板。这种无胶人造板结构致密、表面光滑、耐水、耐热、尺寸稳定。

1985 年，加拿大沈国镇先生将经化学转变的具有胶结和填料作用的天然物质应用于甘蔗板和玉米秆板的热压中，实现木质材料的自胶结，其物理力学性能性能超过了室外用酚醛胶杨木华夫板的物理力学性能。同年，日本富村洋一在 1.0 MPa 高温蒸汽下处理桦木刨花 90 min，以活化其木质素和半纤维素，然后在 180 ℃环境温度下保压 15 min，获得了纤维自胶合板。

1987 年，Otto Suchsland 在试验室发现干法纤维板除线性膨胀率外，其他各项性能指标均随蒸汽压力的提高而提高较多。认为半纤维素是构成木质粉末“自胶合”的主要成分，木质素主要起加强板材尺寸稳定性的作用，而采用可承受较高蒸汽压力的设备是改进制品性能的关键。

1997 年，日本 Kanebuchi Kagaku Kogyo 获得“无须使用胶黏剂，通过热压棕榈纤维生产特殊密度纤维板”的专利。该专利技术采用 100 ℃～250 ℃、压力 2～5 MPa 工艺条件，通过热压木质纤维不使用胶黏剂生产出了密度为 0.3～1.5 g/cm^3 的纤维板。同年，ShenK. S 获得“无胶人造板生产”俄罗斯专利。该项专利技术采用 160 ℃～260 ℃的高压蒸汽处理木质纤维素，使至少 10%的半纤维素转换成低分子的水溶树脂，在半纤维素碳化之前停止蒸汽加热，经过加压在原料单元表面产生胶黏，制备出无须添加胶黏剂的各种人造板。

1998 年，Kuhne. G 获得“用酶改性的木质纤维生产无胶木纤维板”德国专利。该项专利技术认为通过酶处理存在于纤维中的木质素组分，能起到胶黏剂的作用，经酶处理后的纤维可通过模压制成人造板。

(2)国内木质材料无胶胶合的研究[16-24]

我国从 20 世纪 60 年代初期开始无胶刨花板的研究，在 80～90 年代间达到高峰。

1985 年，通过引进加拿大沈国镇博士无胶制板专利技术，展开了对棉梗等农作物秸秆和杨木等的低质材无胶制板的试验研究，制备出了静曲强度为 7.7 MPa 的中密度纤维板，超过了加拿大室外用刨花板 U 级品所要求的 7.0 MPa 的指标值。

1986 年，蔡祖善等人以糖厂的甘蔗渣为原料，并加入适当的催化剂，经粉碎、筛分、干燥、铺装、热压等工序，成功制备出了无胶甘蔗渣碎料板。

1987 年，李坚教授开展无胶湿法中密度纤维板的研究，在浆料中添加添加剂、催化剂、活化剂和滞火剂等，通过工艺优化，制备的中纤板的技术指标基本达到中纤板相关企业标准。1989 年，李坚教授的《木质材料的界面特性与无胶胶合技术》一书正式出版，对无胶人造板的胶结机理进行了全面、系统的分析与讨论，为我国无胶人造板技术的研究与生产力转化奠定了基础。

1989 年，北京光华木材厂与沈国镇技术国际开发公司合作，以 10 多种树木木片为原料进行无胶中纤板生产性试验获得成功，并在广东等地的中小企业进行了试点推广，旨在利用我国丰富的甘蔗渣、棉秆、稻壳、秸秆等农作物剩余物生产室外级无胶中密度纤维板。据悉，用木片原料经高压蒸汽处理后热压制成的中纤板的性能指标达到了加拿大室外级木质刨花板和华夫刨花板标准（CANS—0188.3—M82、CAN/CSA— 0437.2— M86）。

1990 年，蒋远舟等采用南方杂木探讨了无胶干法硬质纤维板热压工艺。发现温度对于无胶干法纤维板制备十分重要，适当提高温度能提高板材的各项性能，但温度太高，纤维本身被高温破坏的可能性增加，容易引起板材的碳化和龟裂而使制品的性能降低。认为压力的增加对提高板材的力学性能有利，但会增加容重；然而用容重的增加来求得板材质量的提高，比用升高温度更为可靠。认为在高温高压下，随着时间延长，板材表面质量及强度下降的可能性增加，板面易形成硬壳，板内水分蒸发困难，导致出现表面污迹、碳化和鼓泡等缺陷。由于无胶干法纤维板的制造一般都采用较高的温度和压力，因此，压制时间不宜过长；试验取得的 2 组热压优化工艺参数分别为：① $T=220$ ℃，$P_1=2.3$ MPa，$t_1=20$ s，$P_2=1.3$ MPa，$t_2=70$ s；② $T=200$ ℃，$P_1=2.1$ MPa，$t_1=30$ s，$P_2=1.3$ MPa，$t_2=100$ s。同年，南京林业大学张贵麟先生等对无胶胶合机理进行了研究，试验以杨木为原料，以 NaOH、HNO_3、H_2O_2 作活化剂，通过数学分析与电子自旋共振波谱等手段对无胶胶合机理进行了初探。

1994 年，陈育如等用农作物秸秆经蒸爆处理制备无胶纤维板。首先将农作物秸秆粉碎至一定尺寸后加入少量的无机盐，然后在一定温度和压力下经间歇或连续蒸爆处理后干燥热压制板。认为蒸爆处理可使秸秆粉末中的半纤维素部分降解成低分子糖类，这些糖类与蒸爆工艺同时作用活化了木质素纤维的胶合剂。

1996 年，新疆石河子 148 厂其经技术改造以棉秆为原料生产干法无胶中密度纤维板获得成功，其生产的厚度达 15～25 mm 的两面光中密度纤维板的性能达到国家标准，为我国丰富的棉梗资源的有效利用找到了合适途径。

1997 年，内蒙古以原有湿法硬质纤维板生产线为基础，经技术改造以阔叶树材和针叶树材的混合物为原料生产木质干法无胶纤维板获得成功。

2000 年以来，木质材料的无胶胶合的研究特别是生产上的应用已越来越少，但仍然可见一些相关研究报道。

程良松等采用磷酸为活化剂进行了无胶胶合板的制造工艺研究。发现，随着活化剂用量的增加，胶合强度呈上升趋势，但当活化剂用量大于 5%时，板的胶合强度随活化剂用量变化的上升反而减小。随着热压时间的延长，胶合强度有所提高但不显著。板坯含水率对胶合强度有一定的影响。试验得到的较优的工艺参数为：活化剂用量 3%～4%；热压时间 5～6 min；板坯含水率 20%左右。

张建辉等以硫酸为活化剂，以活化剂用量、压机闭合速度、热压时间及竹碎料含水率等工艺因素为因子，以竹材碎料为原料用正交试验法进行无胶胶合板的生产工艺研究。发现活化剂的用量是影响竹碎料无胶胶合板物理力学性能的主要因素，并对板材弹性模量、吸水率等性能产生显著影响；而影响板材性能的次要因素有热压时间和闭合速度；而竹材碎料的含水率对板材的性能无显著影响。试验得出的优化工艺参数为：活化剂用量 1.5%～2.0%，热压时间 1.0～1.2 min/mm，闭合速度 0.9 mm/s，竹材碎料含水率 16%～19%。

蔡静等用烟秆进行了无胶纤维板的研制。试验采用自行研制的 115-A 板坯表面处理剂，不仅解决了无胶条件下板面硬度及静曲强度的问题，同时还解决了烟秆中因半纤维素含量较多而引起的黏板问题。试验采用半干法环保生产工艺：不施加胶黏剂，不排放废水，不产生粉尘污染。制品的物理力学性能为：密度 0.85～0.89 g/cm^3，吸水率 6%～8%，静曲强度 42～37 MPa，内结合强度 0.55～0.63 MPa，很好地满足了烟草加工夹板和包装箱制作的需要。

金春德以稻草、竹材和木材为原料，定制了两种较佳的无胶纤维板生产工艺。工艺一：设定板材密度为 0.85 g/cm^3，厚度为 8 mm，热压工艺参数为活化剂用量 0.7%、板坯含水率 21%、温度 170 ℃、压力 3.5 MPa、时间 7.5 min，产品性能可达到 A 类刨花板二等品国家标准；工艺二：设定板材密度为 0.85 g/cm^3，厚度为 6 mm，热压工艺参数为板坯含水率22%、防水剂用量1.00%、温度180 ℃、压力3.5 MPa、时间12 min,产品性能达到80型二级中密度纤维板国家标准。

何翠芳等采用蒸汽爆破法处理的棉秆纤维为原料,探索蒸爆法棉秆无胶纤维板的热压工艺。结果发现,随含水率的增加,制品各项性能指标均有所下降。随热压温度的增加,内结合强度和吸水厚度膨胀率有所改善,但静曲强度和弹性模量略有下降。随热压时间的延长,内结合强度有一定程度的下降,吸水厚度膨胀率有所改善,静曲强度和弹性模量变化不大,但总体呈增加趋势。从方差分析结果可知,静曲强度和弹性模量受板坯含水率、热压温度和热压时间的影响不显著,而内结合强度和吸水厚度膨胀率受这三个因素的影响较为显著。在试验范围内,当板坯含水率为12%、热压温度为210 ℃、热压时间为90 s/mm时,可获得性能优良的蒸爆法棉秆无胶纤维板。研究还探讨了汽爆压力对无胶棉秆纤维板性能的影响。即在不添加任何化学助剂,以不同汽爆压力下进行棉秆解纤,将解纤后的纤维热压制成无胶纤维板。其结果表明:汽爆压力越大,纤维分离程度越高;棉秆汽爆处理后,纤维中的游离酸、游离糖以及游离醇的质量分数有所增加,纤维素和半纤维素发生降解,且汽爆压力越大,降解越厉害;制品的内结合强度随汽爆压力的上升而增大,静曲强度略有减小;制品的尺寸稳定性好,内结合强度、吸水厚度膨胀率均优于国标GB/T 11718—1999。

郭颖艳等采用苎麻秆研究了无胶碎料板制造工艺,认为苎麻秆含有较丰富的半纤维素和木质素,有利于无胶胶合,是生产无胶碎料板的理想材料。研究结果表明,在试验室条件下用普通热压法制造的苎麻秆无胶碎料板,物理力学性能都达到日本人造板检测标准JISA 5908—2003中8型人造板的要求。

周晓燕等以杨木和棉秆为原料,制成无胶木材/棉秆复合纤维板。试验结果表明,随着棉秆纤维比例的增加,板材的强度略有提高,但吸水率也有所增加;在提高热压温度和添加活化剂后,可显著改善板材的吸水性,但同时热压温度过高会导致板材强度下降。

1.1.3.2 木质材料无胶热压成形的机理

有关木质材料无胶热压成形的机理研究文献不多,现以湿法和干法分述如下。

(1)湿法硬质纤维板热压成形机理[25-26]

在对湿法硬质纤维板(无胶)热压成形机理的研究中,以往的文献总结起来有如下理论。

①木质素热塑融合理论

该理论认为,木质素为玻璃体,在温度的作用下逐渐软化,当温度达到 160 ℃时,木质素熔化为液态,在高压下产生流展,覆盖在纤维表面而消除了纤维之间的界面,使纤维融为一体,冷却后将纤维结合起来。该理论的试验依据是,采取 3 种特制浆料分别热压成形,1 组为全组分浆料,即未处理浆料;2 组为除去半纤维素的浆料;3 组为除去木质素的浆料。试验结果是除去半纤维素的浆料(即保留全部木质素的浆料)所制得的纤维板质量最高。因此认为热压成形的结合力主要是由于木质素的热塑融合作用。

②氢键结合理论

氢键结合理论的理论基础是:纤维素分子上有许多活性羟基(—OH),当两个纤维素分子距离很近(2.8~3A 以下)时,羟基中的氢原子除了以主价键和氧原子相联结外,还以相邻纤维素分子羟基中负电性较强的氧原子通过副价键联结成氢键(O—H…O),在形成氢键结合的同时,纤维素分子间必然存在范德华引力。由于纤维素链分子的聚合度很大,如果所有的羟基都包含在氢键中的话,其氢键力将非常大,会超过主价键的力。按照氢键结合理论,要提高纤维板的结合强度,需要设法增加纤维素分子上的活性羟基,提高氢键结合概率和范德华引力。因此,增加纤维的比表面积,是氢键结合理论指导生产的思想之一。大量的生产实践也证明,长而细、比表面积大的纤维浆,其热压制成的纤维板强度较高。

③化学结合理论

木质材料分离成纤维后,内部存在大量的羟基、醛基、羰基等活性基团,在水热作用下,这些基团会发生碳水化合物醇醛缩合、木质素与碳水化合物缩合或自身缩合等化学反应,实现纤维之间的结合。

④半纤维素结合理论

半纤维素是疏松无定形的多糖类物质，其聚合度远比纤维素低，易于吸湿和水解。在热压成形中，半纤维素糖类将发生大量水解，对纤维间的活性羟基结合起着增湿的桥梁作用。另外，未水解的半纤维素糖类将从黏糖变成焦糖，这对增加纤维之间的结合也起到了一定作用。此外，半纤维素水热条件下生成糠醛，之后缩合成糠醛树脂起黏结作用，也是该理论的重要论点之一。

此外，纤维之间的交织与摩擦阻力、机械啮合等作用也常在结合理论的相关文献中出现。但在所有的研究中，都认为不是某一种结合理论在成形中起到单一的作用，而是在多种结合理论作用下的某种结合理论起到关键或者大部分作用。

(2)干法无胶木质材料热压成形机理[27-30]

曹忠荣、阎昊鹏等利用现代分析手段对干法无胶纤维板结合机理进行了研究。运用红外光谱分析法研究了干法无胶纤维板制造过程中木材组成成分官能团的变化，结果表明：①在热磨过程中，热磨制浆使木材中高聚物——纤维素、半纤维素、木质素都有不同程度的降解；②在热压制板过程中，热磨降解后的木材成分经热压工艺能发生聚合反应，使木质纤维黏合成板；③热磨过程产生的活性羟基，热压后可以缔合形成氢键，增加了纤维之间的结合力，有利于木质纤维黏合成板；④热压成板后，憎水性羰基官能团增加，亲水性“自由的”羟基数量减少，增强了板的耐水性能。另一项研究结果表明：①在热磨和热压过程中纤维素、半纤维素均部分发生水解，其水解单糖和游离单糖均能发生化学变化，生成糠醛类化合物；②在热磨和热压过程中木质素的降解有利于纤维的黏合反应，并可以与糠醛类化合物生成树脂聚合物。

试验分别用氢氧化钾和亚氯酸钠处理木材原料，以移去木材原料中的一部分半纤维素和木质素。用这些特制浆料压制的无胶纤维板，无论是板的强度性能还是板的耐水性能都比未处理木材原料制造的无胶纤维板的性能有明显的下降。这一结果表明，木材原料中的半纤维素和木质素都对纤维间自生胶黏因素的形成具有重要的影响。

上述对干法无胶纤维板热压成形机理的研究表明，无论湿法或者干法，制品成形的基本原理是类似的。但迄今为止，对木质材料无胶成形机理还没有形成统一的解释。

1.1.3.3　无胶热压成形的启示

(1)木质材料无胶热压成形的必要性和可行性

①从环境需要和可持续发展的角度出发,木质材料无胶热压成形工艺永远是值得研究与开发的技术之一。因为它可以减少人类对不可再生的石油产品,(如胶黏剂)的消耗,转而利用可再生的天然植物原料;而且胶黏剂等添加物对环境和人类健康均产生了危害。因此,世界各国一直未停止对该课题的研究与开发。

②无论湿法或干法,从机理上讲木质材料都可以采用不添加胶黏剂实现热压成形。由于工艺与技术的原因,目前还没有干法生产的无胶商业化产品,但从湿法无胶硬质纤维板应用的原料、热压成形原理、工艺技术和产品性能看,通过努力,无胶干法成形工艺的商业化成功有其可行性。

③全封闭干法无胶模压工艺为我们提供了无胶干法成形生产高质量产品的思路,工艺上的高压加适当的高温,制品的高密度加高附加值和功能化,有可能成为无胶干法成形的途径和目标。

(2)木质材料无胶干法成形的现状与分析

国内外20世纪40年代即已进行无胶干法成形的研究,80～90年代达到研究的高峰,国内甚至已成立了专业性的无胶人造板公司,也有几条生产线试产无胶干法成形人造板。但至今没有形成商业化生产,向仕龙在2001年出版的《木材加工与应用技术进展》一书中有如下的分析:

①木质材料无胶胶合与材料的种类和性质、分离程度和分离质量、处理方式和热压工艺等均有很大关系,这些环节稍微控制不好,即对产品质量产生严重影响,而要控制好这些环节,在实际生产中尤其是大规模生产中是极其困难的。研究表明,采用麻秆、棉秆、甘蔗渣等材料制造无胶胶合人造板比许多种木材更好,其中尤以麻秆效果最好,其内结合强度值最高。经过适当蒸汽处理或爆破工艺处理的植物材料更适合制造自胶合人造板。此外,在密闭条件下或喷蒸条件下热压的无胶胶合人造板其性能有大幅度提高。所有这些结果均说明,有效的无胶胶

合的形成需要多种因素的优化。

②大部分研究和生产线上达到一定水平的无胶胶合人造板的密度一般都在 0.9～1.1 g/cm³，无胶胶合的成功实际上很大一部分是利用材料强度随其密度呈线性升高的特点。湿法无硬质纤维板的密度如果下降到 0.8 g/cm³ 以下，性能将很难达到使用要求。而利用密度提高材料性能是以牺牲原料用量为代价的，势必提高产品成本，企业十分关注这一点。近年来为地板基材而开发的干法高密度纤维板，也可认为是利用密度的提高增强材料性能的一例，由于地板的高附加值使得企业能够接受该产品而使其顺利进入市场。

③在研究和生产无胶胶合人造板中，往往加入酸、碱或氧化剂一类的物质，这些物质的加入一方面增加了工艺过程和成本，另一方面对设备的腐蚀和操作工人的防护也都成为需要考虑的问题。

④以前无胶胶合人造板的研究与应用主要集中在非木材植物原料的开发上，这些原料在当时制造无胶胶合人造板方面确实比一般木材有成本和技术上的优势。随着工业人工林木材在木材加工原料方面的优势日益显露，非木材植物原料开发利用已受到制约，这一定程度上影响到无胶胶合人造板的研究与应用。

1.2 金属粉末温压成形

1.2.1 温成形的基本概念

材料成形方法按成形环境温度范围可分为冷成形、温成形和热成形三类。对于金属材料而言，不论是轧制、挤压、拉拔、锻造，还是冲压成形，在实施成形时都会发生不同程度的塑性变形。在室温条件下实施成形时，变形过程中只有加工硬化而无再结晶现象，变形后的材料只具有加工硬化组织，这种成形方法称为冷成形（如冷轧、冷挤压、冷冲压）。在再结晶温度以上温度条件下实施成形时，变形过程中产生的加工硬化会随再结晶过程消失，变形后的材料具有细腻和均匀的再结晶组织而无任何加工硬化痕迹，这种成形方法称为热成形（如自由锻、热模锻、热轧、热挤压)。在高于室温但低于再结晶温度的温度范围内对金属材料实施成形时，金属材料在变形过程中加工硬化与再结晶同时存在，即金属材料在产生加工硬化的同时，伴随有动态回复软化和变形间隙时间内的静态软化，但加工硬化程度大于软化程度；与冷变形相比，金属的屈服强度低，塑性高，变形抗力低，这种成形方法称为金属材料温成形(如温轧、温拔、温挤压)。很显然，温成形是集冷、热成形的优点而发展形成的一项新技术；与热成形相比，温成形的零件精度高，氧化、脱碳倾向小模具寿命高；与冷成形相比，成形力小，成形性好且不需要软化退火等辅助工序[31-33]。作者认为，对木质材料而言，不论是胶合板、纤维板、刨花板、压缩木、炭化木，还是木质粉末模压成形件，其成形方法按材料被成形时的温度范围同样可分为冷成形、热成形和温成形三类。当成形温度为室温时，其成形方法可定义为木质材料的冷成形。对于木质粉末的模压成形，处于室温的粉末体在压力作用下，纤维素、半纤维素、木质素等分子团会发生有限的变形、延展，其内部相邻颗粒间因发生相互啮接而获得具有较低强度、吸水性很强的坯块。当成形温度处于木质素软化点以上、木质材料炭化温度以下时(如150 ℃～170 ℃)，其成形方法可定义为木质材料的温成形。传统人造板的热压成形实际上就属于这一类[34-36]。对于木质粉末的模压成形，处于木质素软化点以上、木质材料炭化温度以下区间的粉末体在压力作用下，纤维素、半纤维素、木质素等分子团会发生明显的变形、延展，加上木质素的热塑融合而具有较强的黏结力，其内部相邻颗粒间在发生相互啮接的同时发生黏连而获得具有较高强度、吸水性较弱的坯块。如芦苇秆粉、棉梗粉、麻秆粉、毛竹粉、杨木粉、松木粉等，当成形温度为150 ℃～170 ℃，成形压力为50～70 MPa时，获得的成形件不仅尺寸稳定性好、强度高，而且吸水率非常低(＜3％)。当成形温度处于木质材料炭化趋势明显的温度范围(如180 ℃～250 ℃)时，其成形方法可定义为木质材料的热成形，如炭化木的制备。

1.2.2 金属粉末温压成形

粉末冶金是一项集材料制备与零件成形于一体的节能、节材、高效、近净(终)成形、无(少)污染的先进制造技术，在材料和零件制造中具有不可替代的地位和作用。密度对粉末冶金材料至关重要，它显著地影响着粉末冶金材料的力学性能。生产高密度、高性能粉末冶金零件一直是粉末冶金行业追求的目标之一。要扩大粉末冶金零件的应用范围，必须实现制品的高性能化和低成本化，而要实现这一目标的最有效办法就是使粉末材料高致密化。为此，粉末冶金界的研究者们对获得高密度、高性能、高精度、低成本的粉末冶金零部件的新技术、新工艺进行了长期不懈的努力，并取得了重大进展，从而促进了粉末冶金产业的快速发展。温压成形(Warm Compaction，简称 WC)就是这样一门粉末成形新技术。它实际上是在传统粉末冶金工艺基础上，对配粉和压制两道工序做了调整后的粉末一次压制/烧结改进工艺。传统方法是在室温下对混合粉进行压制，而温压工艺是通过改进传统的粉末冶金压机，采用特制的粉末加热、粉末输送和模具加热系统，将混有温压专用润滑剂/黏结剂的混合粉末加热到一个特定温度(一般为 130 ℃～150 ℃)进行压制(压制压力 300～500 MPa)，再按传统的烧结工艺烧结，以获得较高密度的产品。温压成形的基本工艺流程如图 1.1 所示[37]。

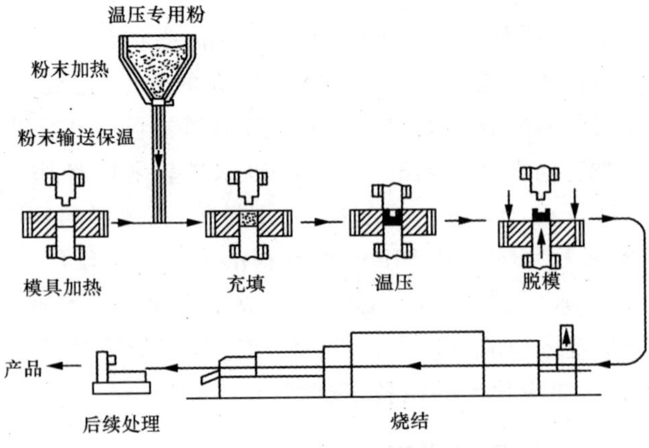

图 1.1 温压成形的基本工艺流程

从图1.1可以看出，常规温压成形工艺主要包括配粉与混料、粉末和模具加热、温压、烧结四个阶段。

第一阶段：配粉与混料。包括几个独立的步骤，即原料粉末的预混合、润滑剂（或黏结剂）的选择、粉末与润滑剂/黏结剂的混合。温压成形的这一阶段与传统粉末冶金压制工艺最大的区别在于温压成形采用了特殊的粉末作为原料。由于温压成形通常的温度为130 ℃～150 ℃，而传统的润滑剂/黏结剂均不能用于这一温度区间，需要采用特殊的润滑剂/黏结剂。原料粉末一般为预混合粉，预混合好的粉末需要与润滑剂/黏结剂以一定的方式混合成均匀的、具有良好流动性的混合粉进行加热。

第二阶段：粉末和模具加热。完全不同于传统粉末冶金压制工艺，是温压成形独有的步骤，传统粉末冶金压制过程无须加热。而温压成形是将加有特殊润滑剂的预混合粉末和模具分别加热到130 ℃～150 ℃，为保证良好的粉末流动性和粉末充填行为，粉末和模具温度应控制在±2.5 ℃以内。然后，将加热的粉末经具有保温功能的输粉管由送粉靴装入阴模型腔内，再进行压制。

第三阶段：温压。几乎与传统粉末冶金压制工艺一样，只是在一定温度下压制。

最后一个阶段：烧结。也与传统粉末冶金中的烧结类似，但是在烧结前要采用较长时间的预烧，以便将润滑剂脱除。因为温压成形压坯的相对密度较高，如果预烧时间过短，会因润滑剂急剧挥发而来不及从压坯中逸出，导致烧结体产生裂纹等缺陷。温压系统的基本结构如图1.2所示。

温压成形发展到今天，不再局限于常规温压，在常规温压的基础上发展了流动温压和热模压制。压制过程也已从粉末内润滑发展到了同时使用有效的模壁润滑；最佳温压温度的确定，已从试验探索发展到了定量的预测分析；温压的对象，已从钢铁粉末发展到不锈钢粉末、金属基复合粉末，甚至延伸到了木质粉末[38-39]。

1.2.2.1 流动温压

流动温压成形是在金属粉末冷模压成形、常规温压成形基础上，综

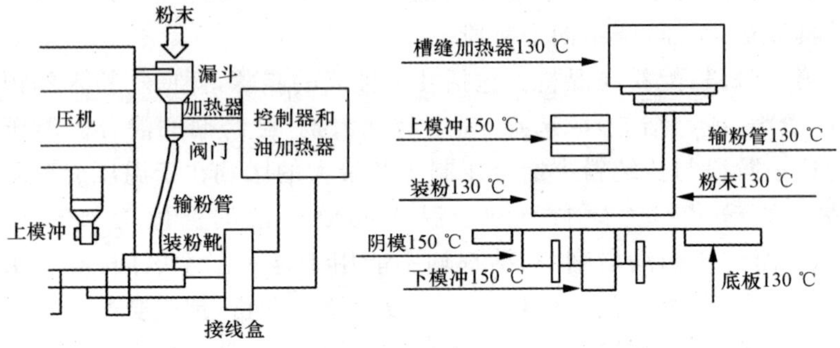

(a)粉末加热装置　　(b)温压系统各部位的温度设定

图 1.2　温压系统结构示意图

合金属粉末注射成形工艺优点发展起来的一种可精密制造复杂形状零部件的一种新型近净成形工艺[40-49]。

实际上,金属粉末温压成形与注射成形是当今金属粉末成形技术研究的两大热点。首先,金属粉末温压成形作为一种在传统金属粉末冷模压基础上发展起来的新工艺,可以较低的成本制备出高密度、高性能的烧结零部件,是一种高性价比的粉末冶金零件生产工艺。一段时期以来,人们围绕温压成形对其粉末的制备、温压与烧结工艺的优化、温压与烧结行为、材料致密化机理、温压过程的数值模拟与装备等进行了广泛的研究,并已采用温压成形工艺大批量生产烧结金属零部件。其次,金属粉末注射成形技术是传统粉末冶金与塑料制品注射成形工艺相结合的产物,适合大批量生产具有复杂形状与高性能、高精度要求的零部件,这种技术已在产业化方面取得较大成功。但粉末注射成形工艺需在粒度≤20 μm 的近球形粉末中加入多达 25%～50%体积比的黏结剂,从混料到脱脂、烧结,工序复杂且要求严格,特别是因脱脂时间较长,导致制造成本较高。

由于流动温压成形采用的混合粉末在 80 ℃～130 ℃温度范围内具有黏流行为,因而可在传统粉末冶金压机上精密成形带有与压制方向垂直的凹槽、孔和螺纹孔等复杂形状的制品,而无须补充加工。专门配制的流动温压成形混合粉具有很高的黏度与临界剪切力，在加热过程中不会产生变形，可像冷模成形零件一样直接在烧结过程中脱除黏结剂，而不必像注射成形零件那样需经较长时间的脱脂。这对缩短复杂粉冶零件的工艺流程、降低生产成本意义重大。流动温压成形既克服了传统冷模压制成形复杂形状零件时的各种困难，又避免了注射成形工艺的高成本，是一项应用前景广阔的新技术新工艺。

流动温压主要具有以下特点：

(1)适合复杂形状零部件的生产

采用流动温压成形工艺可直接压制带有与成形方向垂直的凹槽甚至带有螺纹孔的零件，而采用冷模成形工艺制备此类复杂形状零件就显得非常困难甚至不可能，往往需要通过后续补充机加工来完成，即使采用数控成形压机来实现复杂、精准的动作，也只能生产出较为简单的这类零件。例如，Fraunhofer 研究所应用流动温压工艺且采用特制模具，成功地制备出了“T”形零件。

(2)适合压坯密度要求高而均匀的零部件的生产

由于流动温压成形的装粉密度比常规粉末冶金模压的装粉密度高，所以得到的压坯密度较高。除压坯密度较高外，还因粉末流动性好，获得的零件的密度也更均匀。因此采用简单的模冲(无须辅助浮动多级模冲)就能成形多台阶的零件。例如，对于难压制成形的纯钛(Ti)粉末，应用流动温压成形工艺效果很好，获得的“T”形零件压坯密度高而均匀，压坯的烧结性能良好。

(3)适合各种粉末体系的成形

Fraunhofer 研究所的研究人员对多种金属粉末展开了流动温压成形的工艺研究，都收到了较好的效果，其中包括纯钛粉末、低合金钢粉、不锈钢粉和 WC-Co 粉末等。可以说，流动温压成形技术适用于所有的粉末体系(包括金属粉末体系和非金属粉末体系)，前提是粉末必须有足够好的烧结性能或其他结合性能，以便最终达到制品所要求的密度和性能。

(4)工艺简单、成本低廉

采用传统冷模压成形带有与压制方向垂直的槽、孔等形体的零件，要么需要设计十分复杂的模具，要么需要通过烧结后的补充加工才能得到最终零件。而粉末注射成形却对零件的外形几乎没有限制，可以非常复杂。但是，一方面因黏结剂的添加量较多，常常需要设计专门的脱脂工序，另一方面因要求原料粉末为细的近球形粉末，使成本变得较高。而流动温压成形可以和冷模压成形一样无须专门的脱脂工序，从而既缩短了生产工艺流程，又降低了生产成本。

1.2.2.2 热模压制成形

尽管常规温压成形工艺有许多优点，但因这种成形工艺技术要求把粉末和模具同时加热到 130 ℃～150 ℃，而且对粉末的要求非常严格，对设备的要求也很高，而从国外进口温压粉末价格十分昂贵，因而目前在粉末冶金行业应用得还不是很普遍，目前国内也只有宁波东睦新材料和扬州保来得引进了温压成形生产线。为了克服上述种种不便，许多粉末冶金工作者都在不停地寻求新的更行之有效的压制成形工艺与技术。2002 年 Hoeganaes 的 Michael L 等人[50-52]提出了 AncorMax D 成形技术，使用铁粉预混合料应用 AncorMax D 工艺生产的制品基本没有孔隙。与常规温压成形相比，AncorMax D 工艺无须加热模冲与混合粉末，只需加热型腔。与常规温压成形相比，型腔的加热温度要低约 50%，只需 60 ℃～70 ℃，采用模内加热能很方便达到工艺温度，称之为热模压制[53-56]。

与传统粉末冶金一次冷模压制、复压复烧、浸铜及常规温压工艺相比，热模压制的技术特点主要体现在以下两方面[50,57-62]：

(1)混合粉压缩性/成形性更好

热模压制采用了熔化温度仅为 60 ℃左右的新型黏结剂和润滑剂，且加入量仅约 0.45%。一方面，提高了合金粉末的流动性和填充能力，使得制品质量的可控能力增强；另一方面，提高了润滑效果和粉末的压缩性，使得脱模力降低。

(2)生坯密度/强度更高

利用热模压制生产的铁基制品，压坯的致密度可达到 98.5%，烧结坯的密度可达 7.4～7.5 g/cm^3。而利用复压复烧、熔浸、常规温压等工艺获得的压坯的相对密度却只能达到 94%～95%，烧结坯的密度最高也只能达到7.3 g/cm^{3}左右。通过热模压可使压坯强度提高20%～25%。其实,开发温压技术与热模压制工艺的驱动力就在于能够最大限度地提高压坯强度。

1.2.3　金属粉末温压成形的特点、致密化机理与启示

(1)特点

以上分析表明,金属粉末温压成形具有以下主要特征:

①以生产高密度、高性能、高精度、低成本复合材料与制品为目标;

②原料粉末与成形模具都需加热,通常的加热温度为130 ℃～150 ℃;

③可成形具有复杂几何形状的各种零件,且压坯密度高而均匀,强度高;

④对不同粉末材料的适应性较好。

(2)致密化机理[37,42,63-66]

温压工艺可提高压坯的密度,其致密化机理一般认为是添加到金属粉末中的润滑剂改善了温压过程的润滑效果,从而促进了粉末颗粒重排;与此同时,温度的提高改善了粉末颗粒的塑性变形能力,使小颗粒粉末得以充分添入大颗粒粉末的间隙中,最终使压坯的密度得到提高。但通过对金属粉末温压动态压制过程的分析,结合温压粉末的摩擦与塑性变形行为,认为金属粉末温压成形致密化机理是:由于聚合物润滑剂的加入,在粉末颗粒表面形成润滑膜,温压条件下改善了颗粒之间以及粉末与模壁之间的润滑状态,减少了摩擦阻力,使粉末颗粒的移动和重排变得容易,因而润滑是温压致密化的主导机制;同时由于温度的升高,使粉末颗粒的加工硬化得以有效消除,使得粉末颗粒的塑性变形能力得到改善,从而使压坯的密度得到进一步提高,是温压致密化的次要机制。

(3)启示

①不论粉末冶金温压成形机理还是木质材料无胶热压成形机理,都认为合适的温度条件可有效减少原料基本单元(颗粒或纤维)之间以及基本单元与模壁之间的摩擦阻力对成形过程的阻碍作用,从而促进

压坯密实化。因此，木质粉末的成形必然也存在一个合适温度，这个合适温度是多少值得探讨。

②金属粉末温压成形机理认为合适的温度可使粉末颗粒的加工硬化得以有效消除，使得粉末颗粒的塑性变形能力得到改善，使小颗粒粉末得以充分添入大颗粒粉末的间隙中，最终使压坯的密度得到提高，合适的温度范围为 130 ℃～150 ℃；木质素热塑融合理论认为木质材料的无胶成形得益于在温度的作用下木质素逐渐软化，当温度达到 160 ℃时，木质素熔化为液态，在高压下产生流展，覆盖在纤维表面而消除了纤维之间的界面，融为一体，冷却后将纤维结合起来。这些数据显示，150 ℃～170 ℃也许就是木质粉末合适的成形温度。

③刚性封闭模、高压是金属粉末温压成形和木质颗粒塞莫戴恩法无胶模压成形使原料最大限度密实化，从而获得高密度、高精度和优异力学性能的压坯的有力保障。因此采用封闭模高压成形，有可能成为木质粉末高质量工业化应用的突破口。

1.3 木质粉末温压成形研究的意义与现状

1.3.1 木质粉末温压成形的提出

“两型社会”与低碳经济的根本追求就是资源的高质利用与人类的高质生活。那么，木材与竹材的枝丫材、木材与竹材的加工剩余物、木本藤条与秆茎、农作物秸秆与果壳等的高质利用的途径是什么呢？制造传统人造板显然不是最佳选择，而追求高质工业应用（如高密度木质滑动轴承、木粉/金属复合平板电磁屏蔽材料、汽车高档木质内饰件等）则是较好的选择。可以预见，木质粉末基环境功能材料必将为资源的高质利用与人类的高质生活带来福音。那么怎样获得高品质的木质粉末基环境功能材料及其制品呢？通过上述木质材料无胶热压与金属粉末温压成形机理等的分析，笔者认为借助封闭式刚性模具在不添加任何胶黏剂的前提下对木质粉末实施高压塑化成形（以下简称木质粉末温压成形）既有理论基础，也有实践基础，更有实践对象。

(1)温压成形的理论基础

作者提出借助封闭式刚性模具在不添加任何胶黏剂的前提下对木质粉末实施高压塑化成形以获得高品质的木质粉末基环境功能材料及其制品，是建立在木质材料无胶热压成形理论与金属粉末温压成形理论基础之上的。以木质素热塑融合为主要机制，灵活运用金属粉末温压成形之刚性模与高压(一般为 300～500 MPa)策略，通过一系列试验与分析，提出新的木质粉末温压成形理论，总结、制定、优化出木质粉末温压成形新工艺。

(2)温压成形的实践基础

木质粉末温压成形的实践基础扎实，不仅体现在木质粉末原料来源广、比表面积大，同时体现在封闭式刚性模为获得高密度、高精度、高附加值木质粉末基复合材料制件提供了硬件保障。

①木质粉末原料优势明显：木材与竹材的枝丫材、木材与竹材的加工剩余物、木本藤条与秆茎、农作物秸秆与果壳等都是木质粉末的直接原料。这些原料，一是来源广、廉价易得，二是质轻、比表面积大。经机械粉碎后获得的木质粉末比松装密度小，而且比表面积大。如：－20目的芦苇秆粉末的松装密度仅为 0.23 g/cm^3，比表面积高达 0.72 m^2/g。木质粉末的低密度特性为制备高品质轻量化工业制件打下了物质基础，大的比表面积为原料颗粒间热塑融合与复合提供了充分的界面保障。

②封闭式刚性模优势突出：封闭式刚性模具有惊人的承压能力。金属粉末温压成形所需压制压力一般为 300～500 MPa，封闭式刚性模具即使在如此高的压制压力下仍能保持其既定尺寸、形状与精度。木质粉末的温压成形压制压力即使只取金属粉末温压成形的 1/10～1/5(30～100 MPa)也可堪比人造板行业所用压制力的 10 倍，完全可以定义为高压。在这样的高压下，木质粉末无胶模塑制品的尺寸、形状与精度可得到充分保障。

(3)温压成形的实践对象

高密度、高精度、高附加值的木质环境功能材料及其制品的开发既是本书所研究课题的最终目标，也是其实践对象。木质滑动轴承材料与制品、木质/金属电磁屏蔽复合材料及其制品、汽车高档内饰件(如离合器手柄、仪表盘、饰条等)等都是很有希望投入实际应用的实践对象。

1.3.2 木质粉末温压成形研究的意义

(1)意义

木质粉末温压成形理论与技术研究的实质,就是将无胶人造板新技术新工艺与粉末冶金温压成形新技术新工艺有机结合并进行创新性研究,以获得材料成形新技术,并为材料成形理论添砖加瓦,其意义在于:

①探讨制备高密度、高附加值的木质环境功能材料的可能性。

②开发一种生产新型环境功能材料的新技术、新工艺,为人造木质材料绿色制造、木质环境功能材料产业化提供理论指导。

③拓宽木质原料利用范围,将诸如木材与竹材的枝丫材、木材与竹材的加工剩余物、木本藤条与秆茎、农作物秸秆与果壳等低等级木质原料用于高品质、高附加值工业品的制造。

④创新木质材料成形理论与技术体系,促进木材科学与技术的创新与发展。木材科学和技术的创新务必两眼对外,要广泛吸纳金属材料、复合材料、粉末冶金、高分子材料以及机械工程、石油化工等学科专业或领域的高新技术(如新材料技术、现代检测技术、优化设计技术、信息技术等),与社会、经济、资源和环境的发展紧密结合,促进学科前沿新的生长点和交叉点的出现,使学科边缘向其他相关学科不断延伸,在促进木材科学与技术学科自身发展的同时,丰富森林工程和材料科学的内涵[67-69]。

(2)发展方向

木质粉末的温压成形既涉及木材与竹材的枝丫材、木材与竹材的加工剩余物、木本藤条与秆茎、农作物秸秆与果壳等的粉末材料(特别是杨木和芦苇秆的粉末材料)的无胶热塑成形原理与技术,也涉及金属粉末的刚性模温压成形原理与技术。

①使木材科学与技术的基础学科范围和研究对象扩大。从传统的木材构造、物理、力学、化学、缺陷和材质改性,扩大到木质材料加工利用学、木质粉末无胶塑化成形学;研究对象由天然林木材转移到人工林

木材，并扩展到竹林、经济作物的茎/秆/渣/壳和其他禾本植物等，向植物功能材料学方向发展。

②使木材科学与技术专业课程与相关学科不断交叉、渗透，促成新的学科增长点不断出现；使人造板工艺学与复合材料学、材料成形工艺学相结合，向木质粉末基复合材料方向发展；使木材加工学与环境材料学相结合，向木质环境功能材料学方向发展；使木材保护学与陶瓷学、粉末冶金学相结合，向木基陶瓷材料学方向发展。

③使木材科学与技术的研究方法与手段更先进、更系统。通过计算机接口，将原有测试仪器构建成先进测试系统（如 TD-GC/MS）以不断加深对木材和木质材料的认识。通过显微技术（如 3D SDDM、SEM）、波谱技术（GC/MS、FTIR、C-SNMR 等）等的应用以及木质粉末材料的成形过程数学模型的建立，使研究木质粉末材料的成分与工艺性能的关系更加明晰，使木质粉末材料的无胶复合、各向同性与高质工业化利用成为可能。

④使木材科学与技术的研发，不仅注重木质材料基本性能的改进，更注重赋予其新的功能。使木质材料的基本性质如变质、易燃、尺寸不稳定、各向异性等得到大幅度改观。木基陶瓷、炭化木材将被赋予新的硬度、摩擦性、磨耗性以及远红外线放射性和吸收性；木质导电材料将被赋予新的导电性、电磁屏蔽性和体积电阻率；木质轴承材料将被赋予新的概念、功能与价值。

⑤形成系统的木质粉末高压模塑成形理论与技术，为工程材料成形理论与技术体系添砖加瓦。

1.3.3 木质粉末温压成形研究的现状与前景

1.3.3.1 研究现状

有关木质粉末模压成形的研究时有报道，近几年的相关报道要数有关玉米秆碎料模压成形、微米木纤维模压成形的研究报道最具代表性。

2005 年，程佩芝等[70]通过对无胶胶合玉米秆碎料模压成形制品径向密度分布、轴向密度分布和平均密度的研究发现：压力和含水率对压坯径向密度的平均值影响显著，温度与含水率的交互作用对压坯轴向密度的平均值影响较大。同期,程佩芝等[71]还研究了玉米秸碎料无胶模压成形过程中温度、压力和碎料含水率等工艺因素对其蠕变特性的影响,发现温度、压力和碎料含水率3个因素均对玉米秸碎料模压成型蠕变特性有显著影响;模压温度120 ℃、压力5.6 MPa和碎料含水率12%时,玉米秸碎料的压缩蠕变量最大。

2008年,马岩等[72]通过微米木纤维模压制品形成的试验装备与工艺的研究,提出了基于细胞裂解的微米木纤维模压制品试验设备与初步的工艺方法,给出了模压设备的结构,对微米木纤维模压制品的试验和研究奠定了前期的试验基础;分析了模具和模压机的设计原则和存在问题,为微米木纤维模压制品的关键设备设计提出建议。同期,潘承怡等[73]研究了微米木纤维模压制品质量控制的工艺方法,认为微米木纤维模压制品因原料易得,可有效利用废劣木材,节约木材资源,成本低廉而极具开发前景。发现微米木纤维模压制品的外观形状、表面形态、内部状态、尺寸均匀及强度等的控制必须有科学、精良的加工工艺作为保障。潘承怡等[74]认为微米木纤维模压制品利用次小薪材生产新型实木替代产品,可实现小材大用、劣材优用、废材有用,弥补今后20年大径实体木材资源的不足;微米木纤维模压制品具有天然木本色和纹理,其外观优美,强度高,档次高,易加工,是实木制品和仿实木制品的新一代替代产品,产业化前景广阔。

不论是玉米秆碎料、微米木纤维的模压成形,还是含胶纤维板、无胶纤维板的干法热压成形[75-87],还是纤维模压制品、木塑模压制品的成形,或是木质粉末基陶瓷材料坯体的热模压制[88-97],都立足于林木与竹材的枝丫材、林木与竹材的加工剩余物、木本藤条与秆茎、农作物秸秆与果壳等的粉末(或短纤维)原料的高品质功能化利用的有效模压成形制备方法。这些成形方法归纳起来不外乎开放式模压成形与封闭式模压成形两大类。其成形压力大多数在10 MPa以下,只有个别方法(如塞莫戴恩法)达到了20～30 MPa。而木质粉末温压成形要探讨的是受金属粉末温压成形(300～500 MPa高压)启发的高压无胶模塑成形新方法。

(1)开放式模压成形

所谓木质粉末或短纤维的开放式模压成形，就是用于木质粉末或短纤维的成形模具没有型腔（最多只有一个基本无抗张强度的围栏），只有上下模板或砧板（如图1.3所示），如干法施胶纤维板的热压成形、干法无胶纤维板的热压成形等。这种成形方式的特点是：①用于成形的木质粉末或短纤维颗粒流动性极差但不结团，上下模板对其压实时基本无侧向流动；②制品周边形状不整齐、密度低而不均匀，须做切边处理。而本书研究的木质粉末温压成形试图获得的高而均匀的密度、尽可能复杂的几何形状、尽可能高的尺寸精度的木质粉末基复合材料。所以开放式模压成形不在本书讨论范围。

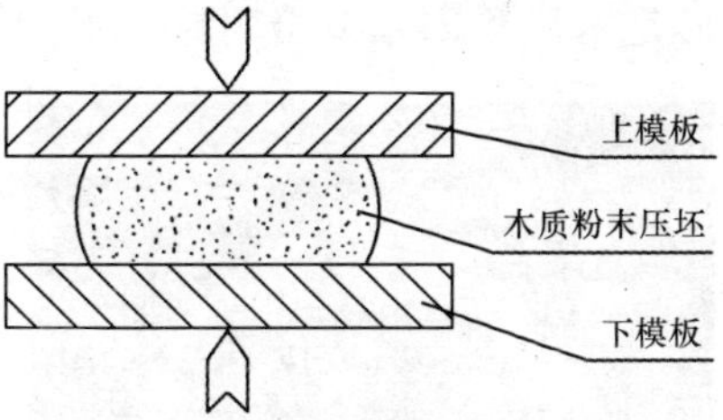

图1.3　开放式模压成形示意图

(2)封闭式模压成形

所谓木质粉末或短纤维的封闭式模压成形，就是用于木质粉末或短纤维的成形模具完全遵循粉末冶金模具设计理论设计了刚性型腔（或阴模）和上下模冲（如图1.4所示），如木质粉末基滑动轴承（图1.5）的高压塑化成形、棉梗质概念烟灰缸（如图1.6所示）的高压模塑成形、木质粉末基复合材料抗拉强度试验标准试件（如图1.7所示）的高压模塑无胶成形以及车用微米木纤维制品的模压成形等等[98-99]。

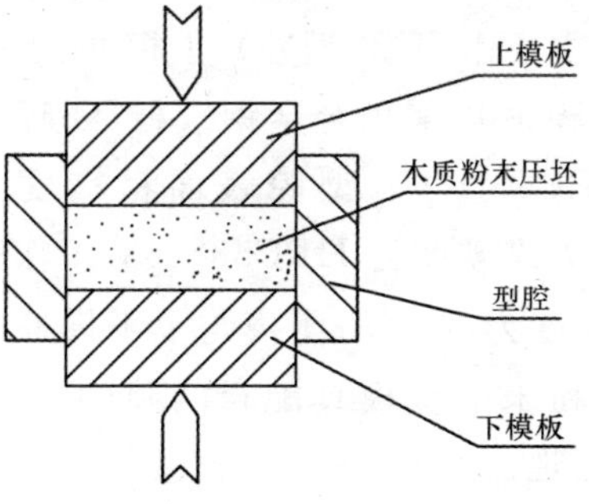

图1.4　封闭式模压成形示意图

图1.5　芦苇秆粉末温压成形滑动轴承

这种成形方式的特点是:①用于成形的木质粉末或短纤维颗粒不结团，具有较好的流动性，当上下模冲对其压实时可做有限侧向流动;②制品的尺寸精度高，形状可以很复杂，密度高而均匀。所以，封闭式模压成形是木质粉末基复合材料成形的基本方法。

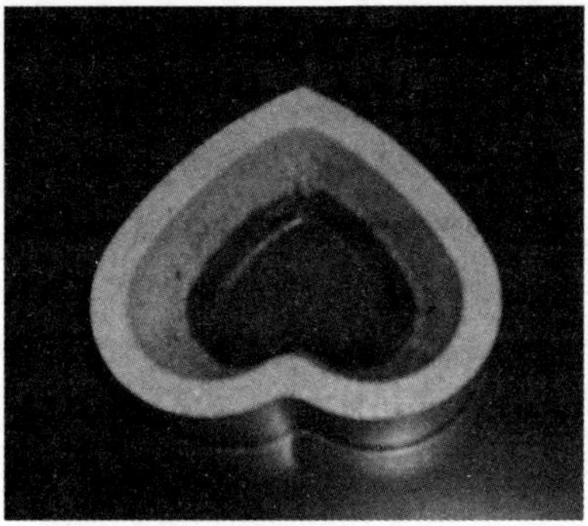

图 1.6　芦苇秆粉末温压成形概念烟灰缸

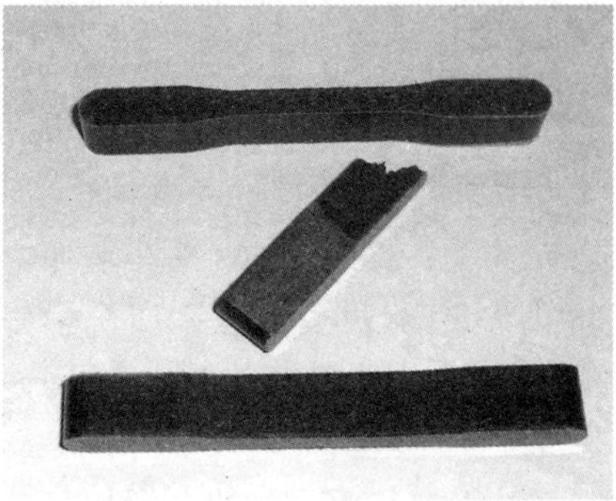

图 1.7　芦苇秆粉末温压成形抗拉强度测试标准试件

1.3.3.2　研究进展

(1)木质粉末温压成形的基本工艺流程

木质粉末的温压成形(高压无胶模塑成形)的基本工艺流程拟定如图 1.8 所示，主要包括模具与无胶木质粉末的准备(a)、装粉(b)、高压模塑成形(c)、随模冷却(d)、脱模(e)五个阶段。

①模具与木质粉末的准备。模具主要由阴模(型腔)、上模冲、下模冲和加热元件组成。阴模、上模冲、下模冲均采用合金钢锻材(Cr12);阴模的淬火/回火热处理硬度为 HRC60～65，型腔表面粗糙度为 R_a0.4;上模冲、下模冲的淬火/回火热处理硬度为 HRC58～63，工作表面粗糙度为 R_a0.4，与阴模配合面粗糙度为 R_a0.8;阴模与上下模冲的单边配合间隙为 0.05～0.08 mm，是粉末冶金模具配合间隙的 2～3 倍，为模塑成形过程中的挥发物提供通道。

木质粉末的原材料可以是林木与竹材的枝丫材、林木与竹材的加工剩余物、木本藤条与秆茎、农作物秸秆与果壳等的某种，也可以是两

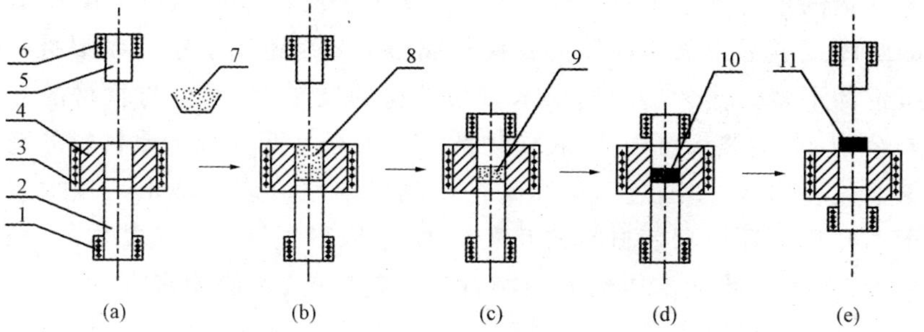

图1.8 木质粉末温压成形系统

1,3,6—加热元件;2—下模冲;4—阴模;5—上模冲;

7,8—木质粉末;9,10,11—压坯

种或两种以上的混合物。经机械破碎与过筛后所得木质粉末的基本粒度为−20目(≤0.85 mm)~−100目(≤0.15 mm),含水率为12%~15%。

②装粉。装粉之前,应在型腔面工作部位、上模冲下端面、下模冲上端面涂上一薄层液体蜡,以避免制品黏模。由于木质粉末质轻且颗粒大多为不规则短纤维状,颗粒间易纠结,流动性差,为确保制品或试件密度的均匀性,装粉过程用力务必小而均匀,装入阴模的木质粉末应均匀而平整。装粉完毕,上模冲与阴模闭合的速度应尽可能小,以避免型腔中的木质粉末因受到突然冲击而扬起导致损失。

③温压成形。木质粉末的温压成形过程是一个很复杂的热塑融合致密化过程,保持温度、压力、保温保压时间的合理匹配是关键。

④随模冷却。获得高密度、高强度、高尺寸精度的无胶温压成形木质粉末基复合材料或制品的关键,除了保持温度、压力、保温保压时间的合理匹配外,"冷进冷出"至关重要。模塑成形过程保温保压时间终了,不能卸压,更不能马上脱模,只能切断电源使其自然随模冷却。

⑤脱模。脱模温度过高对制品的强度与尺寸精度均有影响,当仪表温度显示值降低到50℃以下时方可考虑脱模。

(2)木质粉末温压成形的研究进展

借助传统施胶人造板热压工艺,采用开放式成形模研究干法无胶人造板的报道并不少见[84-87,100-107]，而基于金属粉末温压成形高压概念的封闭式成形模采用高压无胶模塑成形工艺制备木质粉末模塑材料的报道却不多。作者出于追求木材与竹材的枝丫材、木材与竹材的加工剩余物、木本藤条与秆茎、农作物秸秆与果壳等低等级木质材料的高质工业化利用，试图通过学科交叉把金属粉末温压成形理论与技术应用于木质粉末环境功能材料的开发，并力求取得理论与工艺技术的创新，从 2006 年开始从木质粉末的制备与工艺性能、木质粉末挥发物、木质粉末基复合材料成形工艺与模具设计、木质粉末基复合材料性能与结构表征方法以及木质粉末基复合材料的环境友好性评价等多方面展开研究，取得实质性进展，已申请发明专利两项[108-109]。

1.3.3.3 应用前景

当今社会所追求的低碳经济、低碳生活以及我国倡导的“两型社会”建设，实质就是要“节能、省材、环保”，就是要追求资源的高质利用与人类的高质生活，人与社会和谐发展。研究木质粉末温压成形的原理与技术，就是要高效、环保地利用低等级木质材料资源，研发环境功能材料（如木质滑动轴承材料、电磁屏蔽材料、汽车高档内饰材料等等），并形成可指导规模化生产的系统理论，因此其应用前景十分广阔。

1.4 木质粉末温压成形理论与技术的研究方法

对木质粉末温压成形的研究，可根据选定的木质粉末原料和温压试件理化分析、性能与结构表征的需要，采用气体吸附 BET 法、热脱附-气相色谱/质谱分析法（TD-GC/MS）、超景深三维立体数码显微镜法（3D SDDM）、扫描电子显微镜法（SEM）、热失重分析法（TGA）、傅立叶变换红外光谱分析法（FTIR）、核磁共振光谱分析法（NMR）、同轴法兰/频谱分析法等分析手段。

1.4.1 热脱附-气相色谱/质谱分析法（TD-GC/MS）

热脱附-气相色谱/质谱分析法（TD-GC/MS）用于木质粉末温压成形材料分析的主要作用包括以下两点：

第一,测定木质粉末在不同温度环境中的热释放行为,得到色谱离子流谱图和质谱数据。以总离子流图为依据,由 HP5973/6890™型气相色谱-质谱联用仪(如图 1.9 所示)配置的微处理机采用面积归一化法计算出各峰峰面积的相对百分含量;通过 NIST 标准谱库,用计算机自动检索,配合人工图谱解析和查阅公开的有关质谱资料得出各峰的质谱数据[110-122],从而确认木质粉末在不同温度环境中释放出的化学成分。据此考察木质粉末在粉碎加工、室内外存放与干燥等过程中,在相应环境温度下的挥发物的热释放行为,分析其环境友好性;考察木质粉末在木质素软化点和木质材料炭化温度点之间实施高压无胶模塑成形时,其挥发物的热释放行为,为木质粉末温压成形工艺参数的选择提供参考[123-132]。

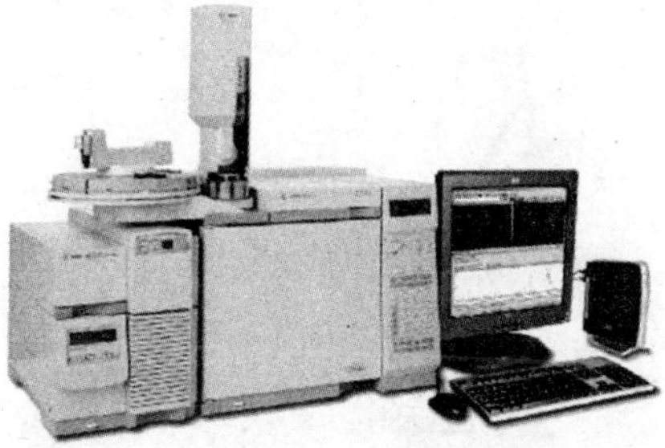

图 1.9 气相色谱-质谱联用仪

第二,通过测定温压成形工艺获得的木质粉末基材料在不同温度环境中的热释放行为,获得色谱离子流谱图和质谱数据。以总离子流图为依据,由 HP5973/ 6890™型气相色谱-质谱联用仪配置的微处理机采用面积归一化法计算出各峰峰面积的相对百分含量;通过 NIST 标准谱库,用计算机自动检索,配合人工图谱解析和查阅公开的有关质谱资料得出各峰的质谱数据,从而确定木质粉末基复合材料在不同温度环境中释放出的化学成分。据此评价利用低等级木材、木材加工剩余物、竹材碎料、木质农作物秸秆、木质果壳等木质原材料的粉末通过高压无胶模塑成形制备木质粉末基材料工艺技术的环境友好性。

1.4.2 超景深三维立体数码显微镜法(3D SDDM)

用超景深三维立体显微镜(3D Super Depth Digital Microsc-ope)观察木质粉末形貌及其温压材料的断口形貌与微观结构,可获得高清晰图片。图 1.10 所示为 Keyence 公司生产的 VHX-600 型超景深三维立体显微镜,具有最快的实时深度合成和 3D 功能的数码显微镜,放大倍数达 100×～5000×；拥有 5 400 万像素 CCD 摄像机，浓缩了“观察”、“保存”、“测量”所有功能。用 VHX-600 型超景深三维立体显微镜获得芦苇秆粉末温压材料断口形貌如图 1.11 所示。

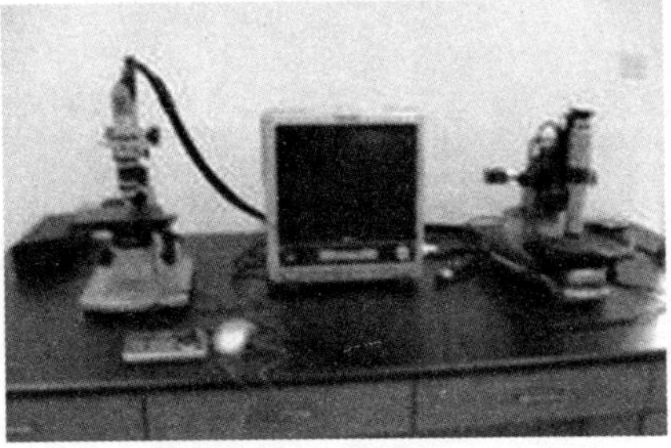

图 1.10　VHX-600 型超景深三维立体显微镜

图 1.11　芦苇秆粉末温压材料断口形貌(×50)

1.4.3　场发射扫描电子显微镜法

场发射扫描电子显微镜法用于木质粉末温压材料的分析，主要作用是观察木质粉末温压材料的断口形貌与微观结构，获得高倍高清晰图片。图 1.12 所示为 FEI Electron Optics B. V/捷克生产的 Nova NanoSEM 230 型场发射扫描电子显微镜，分辨率为：“二次电子成像：①高真空 1.0 nm(15 kV)/1.6 nm(1 kV)，②低真空 1.5 nm(10 kV)/1.8 nm(3 kV)；背散射电子成像：<2.5 nm(30 kV)。”适合于任何固体材料表面的微观形貌观察。用 Nova NanoSEM 230 型场发射扫描电子显微镜观察到的 5 000 倍温压金属化木材断口形貌如图 1.13 所示。

1.4.4　热失重分析法(TGA)

热失重分析(TGA)用来测定木质粉末温压材料在一定温度环境范围内的质量损失和老化速度；也可在恒定温度下测定试件质量随时间的变化情况。这些质量损失和变化与材料的化学成分和结构变化密切相关。热重分析可在空气、氧气及惰性气体环境下进行，可以用来研

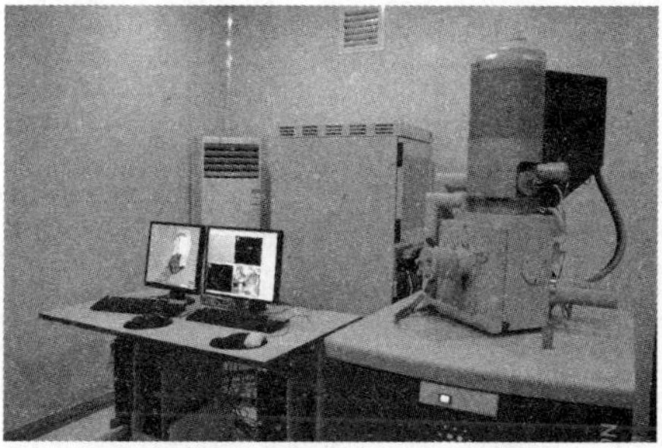

图1.12　Nova NanoSEM 230型场发射扫描电子显微镜

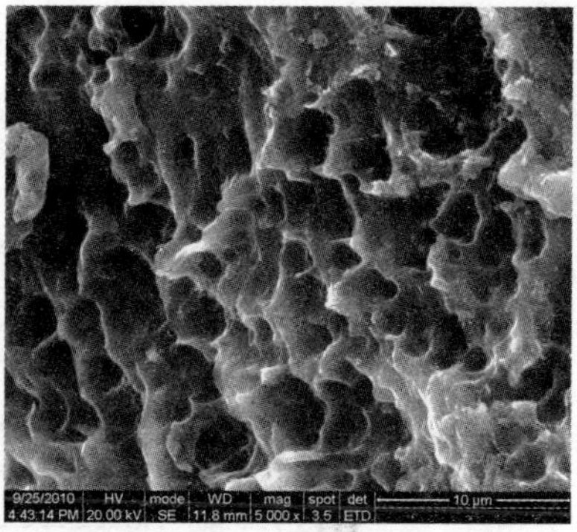

图1.13　温压金属化木材断口形貌(SEM,×5000)

究木质粉末温压材料的热脱附或热分解反应,研究其抗老化能力。图1.14为美国PE公司生产的Pyris6 TGA分析仪,图1.15是通过该仪器测得的芦苇粉末温压材料的TG曲线。

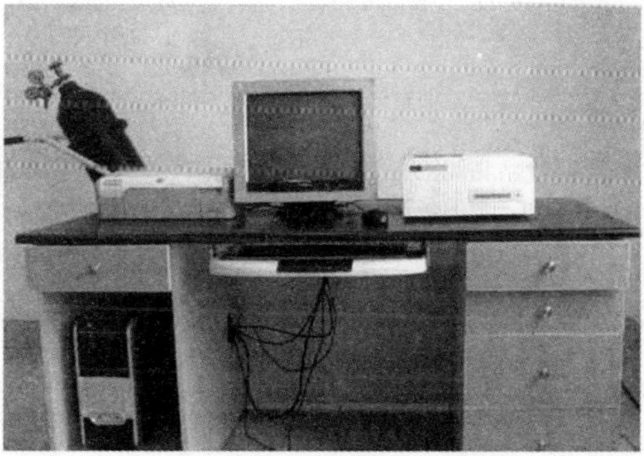

图1.14　TGA分析仪

1.4.5　红外光谱分析法(FTIR)

许多研究成果表明[133-144],采用傅立叶变换红外光谱仪可对木质复合材料的结构等进行表征和分析。通过FTIR图谱分析木质粉末高

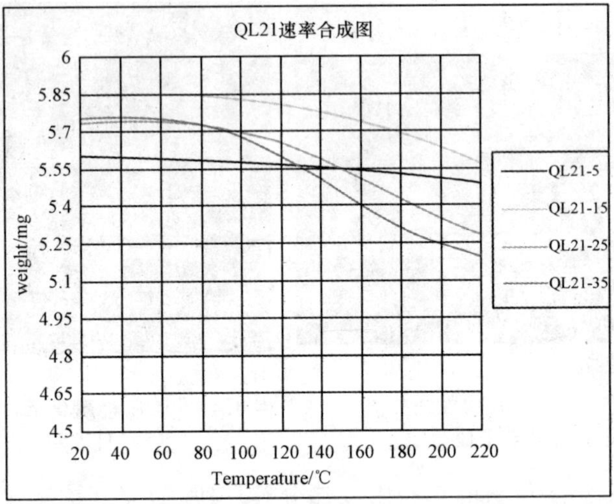

图 1.15　芦苇粉末温压材料的 TG 曲线

压无胶模塑成形材料的成分与基团变化。芦苇秆粉末高压无胶模塑材料的红外光谱如图 1.16 所示。

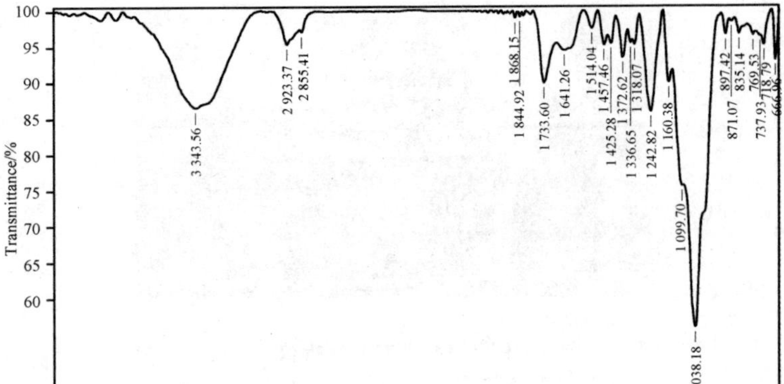

图 1.16　芦苇秆粉末温压材料的红外光谱

1.4.6　核磁共振光谱分析法(NMR)

核磁共振是一种结合傅立叶变换红外光谱仪分析木质粉末温压材料结合机理的有力工具。木质粉末温压成形过程中新形成的化学结合与基团可以通过核磁共振光谱(^{1}H 谱、^{13}C 谱)加以分析[140-143]。图1.17是芦苇秆粉末温压材料的核磁共振光谱。

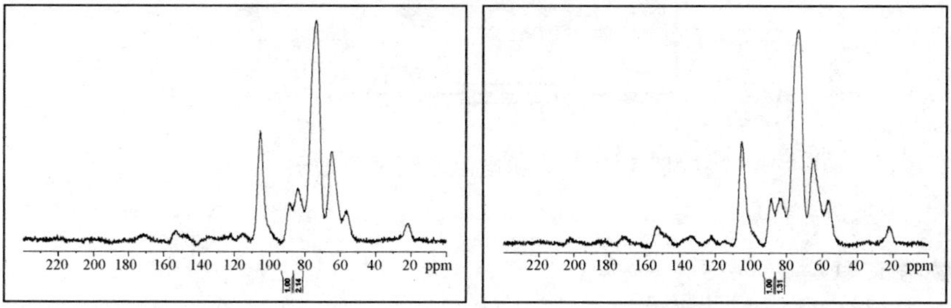

(a)芦苇秆粉末温压材料　　(b)杨木粉温压材料

图1.17　木质粉末温压材料的固体核磁共振光谱

1.4.7　体积电阻四探针测量法

采用四探针测量仪按照GB/T1410标准[144]的规定测量木质粉末温压复合材料的体积电阻率,其测试原理如图1.18所示。将电流源连到样品的两端,电压表的引线按已知的距离放置,根据样品的横截面积和电压表引线之间的距离计算出体积电阻率。具体测试方法是:根据四电极法测定木质粉末温压复合材料的体积电阻,再根据得到的体积电阻及公式(1.1)计算体积电阻率。

$$\rho v = \frac{Rv \times A}{L} \tag{1.1}$$

式中:ρv—体积电阻率/Ω·cm;

A　试样的截面积($w \times t$)/cm^2;

Rv—测量段的体积电阻/Ω;

L—试样在测量段的长度/cm。

在电学上，将电阻率小于 $10^{-5}\ \Omega\cdot cm$ 的称为导体，电阻率大于 $10^{8}\ \Omega\cdot cm$ 的称为绝缘体，介于两者之间的称为半绝缘体，据此评判木质粉末温压材料的导电性能[145]。

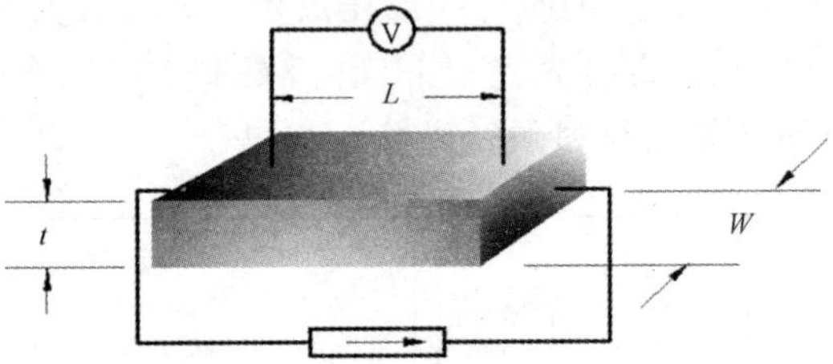

图 1.18 体积电阻率测试原理图

参考文献

[1]吴新泉，罗裕民，齐盛田. 人造板多层热压机[M]. 北京：中国林业出版社，1985.

[2]刘波. 连续平压热压机的发展[J]. 中国人造板，2005(11)：5-7.

[3]袁东，费本华，陈永光，等. 世界人造板机械发展现状与趋势[J]. 世界林业研究，2007，20(2)：60-67.

[4]王恺. 木材工业实用大全(胶黏剂卷)[M]. 北京：中国林业出版社，1996.

[5]王恺. 木材工业实用大全(纤维板卷)[M]. 北京：中国林业出版社，2002.

[6]王恺. 木材工业实用大全(刨花板卷)[M]. 北京：中国林业出版社，1998.

[7][德]F. F. P. 科称曼. 木材学与木材工艺学原理[M]. 北京：中国林业出版社，1984.

[8]东北林学院. 纤维板制造学[M]. 北京：中国林业出版社，1981.

[9]林德敏. 碎料模压成型技术[J]. 建筑人造板，1989(3)：40-46.

[10]向仕龙，李赐生. 木材加工与应用技术进展[M]. 北京：科学出版社，2010.

[11]金春德. 无胶人造板制造工艺的研究[D]. 哈尔滨：东北林业大学出版社，2002.

[12]Suchsland O. Effect of cooking condition fiber bonding in dry-formed binderlss hardboard[J]. Forest Prod. J. ，1987，37(11-12)：25-28.

[13]Okuda N，Hori K，Sato M. Chemical changes of kenaf core binderless boards duringhot pressing(II)：effects on the binderless board properties[J]. J Wood Sci，2006(52)：249-254.

[14]Ragil W idyorini, Jianying Xu, Takashi Watanabe, etal. Chemical changes in steam-pressed kenaf core binderless particleboard[J]. TheJapan Wood Research Society,2005(51):26-32.

[15]Jianying Xu, Guangping Han, E. D. Wong, etal. Development of binderless particleboard from kenaf core using steam-injection pressing[J]. TheJapan Wood Research Society,2003(49):327-332.

[16]沈隽,胡国民,赵钟声,等.高温蒸汽处理制造"自胶结"人造板技术的研究与发展[J].东北林业大学学报,2000,28(4):64-68.

[17]程良松,张明龙,郑睿贤,等.无胶胶合板试验研究[J].林业机械与木工设备,2006,34(2):13-15.

[18]张建辉,严永林.无胶竹材碎料板的制造工艺初探[J].木工机床,2003(1):26-28.

[19]蔡静蕊,李光沛,鹿振友.烟秆无胶纤维板的研制与应用前景[J].林产工业,2002,29(5):16-18.

[20]陈育如,欧阳平凯.农作物秸秆的蒸爆处理与无胶纤维板的制造[J].化工进展,1994(6):40-42.

[21]何翠芳,周晓燕,朱亮.蒸爆法棉秆无胶纤维板热压工艺初探[J].林产工业,2009,36(1):15-17.

[22]何翠芳,周晓燕,朱静,等.汽爆压力对无胶棉秆纤维板性能的影响[J].木材工业,2009,23(2):4-6.

[23]郭颖艳,徐剑莹,金涛.苎麻秆的基本特性及无胶碎料板制造工艺[J].林业科技开发,2008,22(3):74-76.

[24]周晓燕,成书生,何翠芳.杨木/棉秆复合无胶纤维板制备工艺初探[J].林业科技开发,2008,22(1):87-89.

[25]蒋维祖.从木材变化谈纤维板结合机理[J].林产工业,1983(2):26-30.

[26]金春德,龙传文,吴义强,等.优质高密度对称结构湿法纤维板的制造工艺[J].延边大学农学学报,2001,23(2):140-144.

[27]李坚.木质材料的界面特性与无胶胶合技术[M].哈尔滨:东北林业大学出版社,1989.

[28]阎昊鹏,曹忠荣,郭文莉.干法无胶纤维板黏合机理的研究Ⅰ.制板过程中化学成分的变化及作用[J].木材工业,1996,10(4):3-7.

[29]曹忠荣,阎昊鹏,郭文莉.干法无胶纤维板黏合机理的研究Ⅱ.干法无胶纤维板的红外光谱分析[J].木材工业,1996,10(5):3-6.

[30]曹忠荣，郭文莉，闫昊鹏. 干法无胶纤维板黏合机理的研究Ⅲ. 木材主要化学成分的影响[J]. 木材工业，1996，10(6)：3-5.

[31]沈其文. 材料成形工艺基础[M]. 武汉：华中科技大学出版社，2003.

[32]闫洪，周天瑞. 塑性成形原理[M]. 北京：清华大学出版社，2006.

[33]李尧. 金属塑性成形原理[M]. 北京：机械工业出版社，2004.

[34]王天佑. 木材工业实用大全(纤维板卷)[M]. 北京：中国林业出版社，2002.

[35]周定国，张洋，徐泳兰. 农作物人造板研究——机理与工艺[M]. 北京：中国林业出版社，2008.

[36]向仕龙，蒋远舟. 非木质植物人造板[M]. 北京：中国林业出版社，2008.

[37]李元元. 金属粉末温压成形原理与技术[M]. 广州：华南理工大学出版社，2008：1-3.

[38]果世驹. 粉末冶金温压技术的进展[J]. 粉末冶金工业，2003，13(2)：3-8.

[39]Wu Qing-ding，Xiang Shi-long. Analysis on Volatiles of Temperature-Pressure Forming Materials by Cotton stalk[J]. SOPO2009 光盘版，5-20.

[40]Capus J，Pickering S，Weaver A. Hoeganes offers higher density at lower cost [J]. Metal Powder Report，1994，49(7/8)：22-24.

[41]果世驹，林涛，李明怡. 粉末烧结钢温压黏结剂玻璃化温度调整的预测方程[J]. 粉末冶金技术，1997，15(2)：85-88.

[42]曹顺华，易建宏，曲选辉，等. 温压粉末原料的设计[J]. 中南工业大学学报(自然科学版)，2000，31(6)：532-535.

[43]Li Yuan-yuan，Xiao Zhi-yu，Ngai Tungwai Leo，etal. Warm compacted NbC particulate reinforced ironbased composite(Ⅰ)-effect of fabrication parameters [J]. Trans Nonferrous Met Soc China，2002，12(4)：659-663.

[44]Xiao Zhi-yu，Ke Mei-yuan，Chen Weiping，etal. A study on warm compacting behaviors of316L stainless steel powder [J]. Materials Science Forum，2004，471-472：443-447.

[45]李元元，肖志瑜，罗术华，等. 粉末冶金流动温压成形技术及其思考[J]. 粉末冶金材料科学与工程，2006，11(4)：189-193.

[46]李益民，黄伯云，曲选辉. 当代金属注射成形技术[J]. 粉末冶金工业，2000，10(1)：14-19.

[47]梁淑全，黄伯云，曲选辉. 金属注射成形中高技术新概念对其产业化进程的影响[J]. 材料导报，1996，10(1)：15-20.

[48]Vel Tl G，Oppert A，Petzoldt F. Warm flow compaction fosters more complex

PM parts[J]. Metal Powder Report,2001,56(2):26-28.

[49]Shiou F J,Chen C H. Freedom surface finish of plastic injection mold by using ball-burnishing process[J]. Journal of Materials Processing Technology,2003,140(1-3):248-254.

[50]叶途明,易健宏,彭元东,等. 粉末冶金温压工艺的技术特点及其新发展[J]. 材料工程,2007,5:61-65.

[51]Marucci M L,Baran M C,Narasimhan K S. Properties of high density sinter-hardening P/M steels processed using an advanced binder system [A]. Advances in Powder Metallurgy & Particulate Materials-2002[C]. Princeton,NJ:MPIF,2002:48-59.

[52]Donaldson I W,Lu K S H,Poszmik G,etal. Processing of hybrid alloys to high densities [A]. Advances in Powder Metallurgy & Particulate Materials22002 [C]. Princeton,N J:MPIF,2002. 170-185.

[53]Anon. Ancormax fills in the pores [J]. Metal Powder Report,2002,57(7/8):10.

[54]Anon. Powder metal gears up for a hard-nosed approach[J]. Metal Powder Report,2003,58(6):24-30.

[55]Marucci M L. AncorMax D:a unique binder-lubricant for high-density applications[J]. MPR,2003,58(supl):16-17.

[56]Hal E T. P/M premix plus lubricant builds high-density parts[J]. Advanced Materials & Processes,2002,160(8):18.

[57]Narasimhan K S. Specialised alloys for modern sintering techniques [J]. Furnaces International,2003,1(3):15-16,18.

[58]Poszmik G,Marucci M L. Technology pushes green strength up in single press and sinter cycle[J]. MPR,2004,59(7):26-28,31-32.

[59]Johnson P K. P/M industry:trends in 2005[J]. Advanced Materials & Processes,2005,163(3):25-28.

[60]James W B. High-density processing of powders[J]. Int J Powder Metall,2005,41(5):31-36.

[61]Poszmik G,Marucci M L,Narasimhan K S. Single pressed single sintered PM products for high density,high performance applications[A]. Panninger H,Ratzi R. Euro PM 2004 Conference Proceedings[C]. Vienna:EPMA,2004:75-80.

[62]Arnhold V,Dollmeier,Kruzhanov V,etal. Advanced techniques for the production of high density powder metal parts[A]. Panninger H,Ratzi R. Euro PM 2004 Conference Proceedings [C]. Vienna:EPMA,2004:558-563.
[63]Degoix C N,Griffo A,German R M. Effect of lubrication mode and compaction temperature on the properties of Fe-Ni-Cu-Mo-C[J]. International Journal of Powder metallurgy,1998,34(2):29-33.
[64]Bocchini G F. Warm compaction of metal powder: why it works, why it requires a sophisticated engineering approach[J]. Powder metallurgy,1999,42(2):171-180.
[65]Rutz H G,Murphy T F,Cimino T M. Effect of microstructure on fatigue properties of high density ferrous P/M materials[J]. Metal Powder Report,1997,52(5):54.
[66]Capus J M. Warm compacted turbine hub leads new PM thrust[J]. Metal Powder Report,1997,52(9):19.
[67]李坚. 木材科学[M]. 北京:高等教育出版社,2002.
[68]吴庆定. 木材科学与技术的创新[J]. 家具与室内装饰,2004(12):14-17.
[69]赵仁杰. 人造板研究方略[M]. 长沙:湖南科学技术出版社,2005.
[70]程佩芝,赵东,张建中,等. 玉米秆碎料模压成型密度的试验研究[J]. 研究与探讨:2005(5):19-22.
[71]程佩芝,赵东,张建中. 玉米秸碎料无胶模压成型蠕变特性初探[J]. 木材工业,2005,19(3):28-30.
[72]马岩,潘承怡. 微米木纤维模压制品成形的试验装备与工艺[J]. 林业科学,2008,44(6):113-117.
[73]潘承怡,马岩. 微米木纤维模压制品质量控制工艺方法研究[J]. 林业科技,2008,33(2):40-43.
[74]潘承怡,杨春梅. 我国微米木纤维模压制品工业化前景与效益预测[J]. 林业机械与木工设备,2007,35(11):18-20.
[75]顾继友. 浅析干法中密度纤维板施胶工艺与产品质量的关系[J]. 建筑人造板,1991(3):13-15.
[76]李斌. 干法中密度纤维板生产综述[J]. 林业科技开发,1993(4):15-16.
[77]贾晋民. 纤维板湿法生产线改产干法中密度纤维板工业化生产技术[J]. 林产工业,1994,21(5):30-32.
[78]徐朴. 湿法硬质纤维板生产线改造生产干法中密度纤维板[J]. 建筑人造板,

1996(2):13-16.
[79]李光沛,张忠明,于志明.我国干法中密度纤维板生产中亟待解决的几个技术问题[J],林产工业,2000(4):3-5.
[80]贾晋民,张荣怀.湿法纤维板改干法中密度纤维板专利技术的实施成果[J].林产工业,2000,27(4):3-5.
[81]官成果.E_1级干法中密度纤维板的研究[J].木材加工机械,2005(3):31-35.
[82]George E Woodson. Effect of hardboard precess varidbles on fiberbonding[J]. F P J,1983,33(4):58-64.
[83]Otto Sachsland. Bindeless fiberboard from two different types of fiber furnishes[J]. F P J,1985,35(2):63-68.
[84]蒋远舟,向仕龙,龙中芳.无胶干法硬质纤维板热压工艺的探讨[J].中南林学院学报,1990,11(1):87-91.
[85]向仕龙,李远幸.干法蔗渣中密度纤维板热压工艺的研究[J].林产工业,1996,23(2):5-7.
[86]徐朴,严义清,张永兴.干法无胶纤维板工业化生产技术[J].林产工业,1997,24(6):27-30.
[87]何东亮.干法无胶纤维板生产工艺与产品性能特点浅析[J].木材工业,1998,12(2):37-38.
[88] http://www.chemyq.com/expert/ep119/1183983_CC1E8.htm
[89]陈绪和.木质纤维模压制品　　　种有发展前景的高性能产品[J].林产工业,1994,21(1):31-34.
[90]潘承怡,杨春梅.我国微米木纤维模压制品工业化前景与效益预测[J].林业机械与木工设备,2007,35(11):18-20.
[91]马岩,潘承怡.微米木纤维模压制品形成的试验装备与工艺[J].林业科学,2008,44(6):113-117.
[92]吴文涛,孙世群.甘蔗渣制备木质陶瓷及其性能表征[J].合肥工业大学学报,2001,24(6):1133-1136.
[93]钱军民,王继平,金志浩.由椴木木粉和酚醛树脂制备木制陶瓷的研究[J].无机材料学报,2004,19(2):335-341.
[94]宋强,王洪,靳向煜.以秸秆纤维为基体的本质陶瓷材料的制备[J].非织造布,2005,13(4):18-20.
[95]R. Ozao,T. Okabe,T. Arii,etal. Whitely,W.-P. Pan. TG-DTA/GC-MS study of odorless woodceramics from chicken wastes[J]. Journal of Thermal Analy-

sis and Calorimetry,2005,80(2):45-49.

[96]Kiyotaka Shibata, Toshihiro Okabe, Kouji Saito, etal. Electromagnetic Shielding Properties of Woodceramics Made from Wastepaper[J]. Journal of Porous Materials,1997,4(4):55-60.

[97]Takashi Hirose, Binyuan Zhao, Toshihiro Okabe, etal. Effect of carbonization temperature on the basic properties of woodceramics made from carbonized bamboo fiber and liquefied wood[J]. Journal of Materials Science, 2002, 37 (16):66-71.

[98]潘承怡,逄海峰,马岩. 车用微米木纤维模压制品设备的研究与试验[J]. 机械工程师,2007(9):29-31.

[99]周兆,曹建春,汤佩钊,等. 蔗渣模压制品工艺研究[J]. 材料导报,2002,16(6):76-77.

[100] Okuda N, Sato M. Manufacture and mechanical properties of binderless boards from kenaf core[J]. J Wood Sci,2004,50(1):53-61.

[101]Velasquez JA, Ferrando F, Farriol X, etal. Binderless fiberboard from steam exploded Miscanthus sinensis[J]. Wood Sci Technol 2003,37:269-278.

[102] Laemsak N, OkumaM. Development of boards made from oil palm frond Ⅱ: properties of binderless boards from steam exploded fibers of oil palm frond [J]. J Wood Sci,2000,46:322-326.

[103]邵顺流,朱汤军. 毛竹无胶黏剂蒸爆板的制造和特性研究[J]. 浙江林业科技,2007,27(3):34-37.

[104]Jianying Xu, Guangping Han, E. D. Wong, etal. Development of binderless particleboard from kenaf core using steam-injection pressing[J]. Journal of Wood Science 2003,49(4):327-332.

[105]Jianying Xu, Ryo Sugawara, Ragil Widyorini, etal. Manufacture and properties of low-density binderless particleboard from kenaf core[J]. Journal of Wood Science,2004,50(1):62-67.

[106]C. Mancera, F. Ferrando, J. Salvado. Cynara carduncculus as raw material for the production of binderless fiberboards: optimization of pretreatment and pressing conditions[J]. Journal of wood chemistry and Technology, 2008 (28):207-226.

[107]周晓燕,何翠芳,范竞成. 冷等离子体处理对棉秆无胶纤维板性能影响[J]. 林业科技开发,2008,22(5):47-49.

[108]吴庆定.一种木质植物基电磁屏蔽装饰材料的制备方法[P].中国发明专利:CNCN200710102709.2,2008-10-22.

[109]吴仪.一种绿色环保人造木材的生产方法[P].中国发明专利:201010166601.1,2010-09-15.

[110]施钧慧,汪聪慧.香料质谱图集[M].北京:中国质谱学会有机专业委员会,1992.

[111]Jose A. B Baptista, Joaquim F. da P Tavaresa, Rita C. B. Carvalhob. Comparison of catechins and aromas among di. erent green teas using HPLC/SPME-GC[J]. Food Research International, 1998, 31(10): 729-736.

[112]Bilia A R, Flamini G. GC-MS analysis of essential oil of some commercial Fennel teas[J]. Food Chemistry, 2002, 76: 307-310.

[113]丛浦珠,李笋玉.天然有机质谱学[M].北京:中国医药科技出版社,2003.

[114]李运朋,林洁芳.GC-MS分析圆柚油的化学成分[J].理化检验(化学分册),2004,40(5):299-230.

[115]Wang Hao-Yang, Guo Yin-Long. Rapid Analysis of the Volatile Compounds in the Rhizomes of Rhodiola sachlinensis and Rhodiola sacra by Static Headspace-Gas Chromatogrphy-Tandem Mass Spectrometry[J]. Analytical Letters, 2004, 37(10): 2151-2161.

[116]王玲玲.运用热脱附/GC/MS分析研究室内空气中TVOC浓度及种类分布[J].中国环境监测,2005,21(6):7-10.

[117]王玲,陈红平,夏锋.气相色谱-质谱法分析到手香挥发油的化学成分[J].质谱学报,2005,26(1):62-63.

[118]窦宏亮,李春美,乔宇,等.炒青绿茶香气成分的GC-MS分析[J].食品科学,2007,28(5):258-261.

[119]张兴旺,陶燕铎,梅丽娟,等.蒙青绢蒿挥发油化学成分分析[J].光谱试验室,2010,27(3):1139-1142.

[120]尚雪波,张菊华,单杨,等.GC-MS法分析杂柑皮中挥发性精油成分[J].食品科学,2010,31(2):175-178.

[121]郑华,孔永强,张汝国,等.云南产皱皮木瓜挥发物的热脱附-气相色谱/质谱联用分析[J].云南农业大学学报,2010,25(1):135-141.

[122]郑华,张弘,甘瑾,等.菠萝蜜果实挥发物的热脱附-气相色谱/质谱(TCT-GC/MS)联用分析[J].食品科学,2010,31(6):141-144.

[123]Lundquist K, Simomson R. Lignin preparation with very low carbohydrate

content[J]. Svensk Papperstidn,1975,78(11):390.

[124]Xie Y M, Yasuda S C, Terashima N. Selective carbon 13-enrichment ofside chain carbons of oleander lignin traced by carbon 13 nuclear magneticresonance[J]. Mokuzai Gakkaishi,1994,40(20):191.

[125]Lin J X,He X. Q. ,Hu Y. X. ,etal. Lignification and lignin heterogeneity for various age classes of bamboo(Phyllostachys pubescens)sterns[J]. Physiologia Plantarum,2002,114:296-302.

[126]Gosselink R J A,De Jong E,Guran B,etal. Co-ordina-tion network for lignin-standardisation,production andapplications adapted to market requirements (EUROLIG-NIN)[J]. Industrial Crops and Products,2004,20(2):121-129.

[127]Hu Z. Yeh,T. F. Chang,H. M. Matsumoto,etal. Elucidation of the structure of cellulolytic enzyme lignin[J]. Holzforschung,2006,60:389-397.

[128]蒋挺大. 木质素[M]. 北京:化学工业出版社,2009.

[129]Viitaniemi Pertti,Ranta-Maunus Alpn,Jämsä Saila,etal. Method for processing of wood at elevated temperatures[P]. Finland,95918005,1995-09-11.

[130]Tariqnr Rabbani Blmiyan,Nobnynki Hirai. Study of crystalline behav-ior of heat-treated wood cellulose during treatments in water[J]. Journal of Wood Science,2005,51(1):42-47.

[131]Wang J. Y. ,and Cooper P. A. Effect of oil type,temperature and time on moisture properties of hot oil-treated wood[J]. Holzals Roh-und Werkstoff, 2005,63(6):417-422.

[132]顾炼百,涂登云,于学利. 炭化木的特点及应用[J]. 中国人造板,2007(5):30-32.

[133]雷文,杨涛. 不饱和聚酯树脂/大麻纤维复合材料性能的研究[J]. 工程塑料应用,2008,36(4):25-28.

[134]张汉辉,江凤玲,杨融生,等. 红外辐射材料的制备与光谱研究[J]. 光谱学与光谱分析,2000,20(6):761-764.

[135]吴帅,于志明. 橡胶木炭化技术的初步研究[J]. 中国人造板,2008(12):7-11.

[136]Zhang Zhong-hou, Sun Bin, Liu Ting, etal. UV Light Degradation of Poly (phenylene sulfide)/nano-TiO_2 Composites[J]. Acta Scientiarum Naturalium Universitatis Sunyatseni,2007,46(s1):134-135.

[137]Yang Hanseung,Kim Hyunjoong,Park Heejun,etal. Water ab-sorption behavior and mechanical properties of lignocellulosic fill-er-polyolefin bio-com-

posites[J]. Composite Structures,2006,72:429-437.

[138] Jen Borda, Beáta Teslry, Miklós Zsuga. Biologically degradable fiber-reinforced urethane composites from wheat straw[J]. Polymer Composites, 1999,20(4):511-514.

[139] Luyt A S, Malunka M E. Composites of low-density polyethylene and short sisal fibres: The effect of wax addition and peroxide treat-ment on thermal properties[J]. Thermochimica Acta,2005,426:101-107.

[140] 顾晓华,西鹏,李青山,等. P(AN/VAc)/Clay 纳米复合材料的制备及表征[J]. 高分子材料科学与工程,2006,22(3):235-238.

[141] Gu Xiao-hua, Xi Peng, Liu Zhao-hui, etal. Study on Polyurethane Solid-Solid Phase Change Materials[J]. Acta Scientiarum Naturalium Universitatis Sunyatseni,2007,46(s1):220-222.

[142] Liu Y F, Hua H, Zhou Z F, etal. Study evolve of Opal Shale Exploitation and Application[J]. Chemical Industry Times,2005,19(4):36-41.

[143] Gu X H, Xi P, Li Q S, etal. Study on the Composite of ABS resin/Nano-Opal [J]. China Plastics,2006(6):27-31.

[144] 中华人民共和国国家质量监督检验检疫总局/中国国家标准化管理委员会. GB/T 1410—2006 固体绝缘材料体积电阻率和表面电阻率试验方法[S]. 北京:中国标准出版社,2006.

[145] 电工手册编写小组. 电工手册[M]. 上海:上海科学技术出版社,1978.

第2章　温压成形木质粉末原料

绿色高质利用低等级木材、木材加工剩余物、竹材碎料、木质农作物秸秆、木质果壳等，是木质粉末温压成形理论与技术研究的基本出发点。温压成形用木质粉末的内在质量非常重要，不论低等级木材、木材加工剩余物、竹材碎料、木质农作物秸秆、木质果壳的任何一种，制成一定粒度组成的粉末后必须具备足够的压缩性和成形性。

2.1　木质粉末的制备与性能检测方法

2.1.1　木质粉末的制备方法

首先将原料或锯或劈成小段或小片，在55 ℃下真空干燥至含水率12%～15%，然后粉碎、过筛制成－20目（＜0.85 mm）、－60目（＜0.25 mm）、－100目（＜0.15 mm）3种粒度的粉末备用。

（1）粉碎设备

可采用图2.1所示F160型或其他型号的试验粉碎机。由于F160型粉碎机的粉碎机构带有十字锤片和阶梯环形碾齿，具有切、锤、碾、磨功能，因而特别适合农作物秸秆等木质原料的粉碎。

（2）筛分设备

可采用图2.2所示拍击式标准振筛机和ϕ200标准试验筛。

2.1.2　木质粉末的性能检测方法

2.1.2.1　木质粉末粒度组成的测定

木质粉末的粒度组成可选用图2.2所示200系列标准试验筛，按

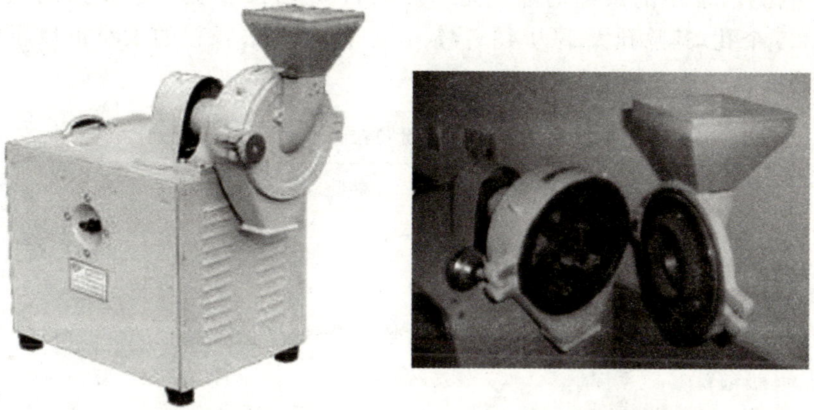

(a)粉碎机外形　　(b)粉碎机内部结构

图 2.1　F160 型试验粉碎机

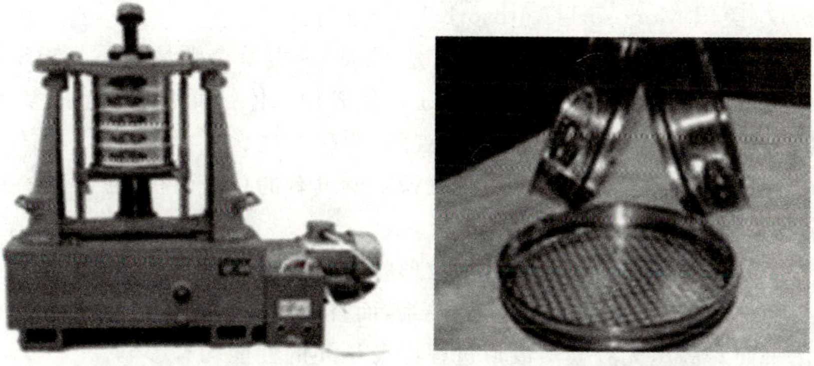

(a)拍击式标准振筛机　　(b) ϕ200标准试验筛

图 2.2　筛分设备

金属粉末粒度组成的测定(干筛分法)国家标准(GB1480)进行。

粉末粒度是指颗粒的大小。对于粉末体而言,粒度是指颗粒的平均大小。实际上,筛分析不能精确测定粉末颗粒的大小,只能测定粉末颗粒的范围。如"－60 目～＋100 目"表示这批粉末能通过 60 目筛网,而不能通过 100 目筛网。"目数"是指 1 英寸(25.4 mm)长度筛网上的筛孔数;常用的最细的筛网是 325 目;325 目即 1 英寸长度筛网上有 325 个孔,其筛孔大小为 43～45 μm。木质粉末颗粒的大小可以粗略地按表 2.1 来分级。

表 2.1　木粉颗粒大小分级

级别	目数/孔·英寸$^{-1}$(泰勒标准筛)	颗粒大小/μm
粗粉	−20～+60	246～883
中等粉	−60～+100	147～246
细粉	−100～+200	74～147
极细粉	−200～+325	74～43
超细粉	−325	<43

2.1.2.2　木质粉末比表面积的测定

本书涉及的木质粉末比表面积的测定采用图 2.3 所示比表面积分析仪(美国 Monosorb Autosorb-1 型)进行。

比表面属于粉末体的一种综合性质,是由单个颗粒性质与粉末体性质共同决定的。同时,比表面还是代表粉末体粒度的一个单值参数,同平均粒度一样,能给人们以直观的、明确的概念。

粉末的比表面一般是指每克粉末所具有的总表面积,通常用 cm^2/g 表示。

粉末的比表面与粉末的颗粒形状、粉末的颗粒大小、粉末粒度组成及粉末的松装密度等有密切的关系,而且互相制约。因此,木质粉末的比表面对高压无胶模塑成形过程以及压坯的性能均有影响。

比表面积的分析测试方法有很多种,气体吸附法因其测试原理科学,测试过程可靠,测试结果一致性好,而被各行各业广泛采用,并逐渐取代了其他比表面积测试方法,成为公认的最权威测试方法。许多国际标准组织都已将气体吸附法列为比表面积测试标准,如 ASTM D3037,ISO—9277。我国比表面积测试最具代表性的是 GB/T 19587—2004《气体吸附 BET 法测定固体物质比表面积》。

气体吸附法测定比表面积的原理是依据气体在固体表面的吸附特

性，在一定压力下被测样品颗粒表面在超低温下对气体分子具有可逆物理吸附作用，并对应一定压力存在确定的平衡吸附量。通过测定出该平衡吸附量，利用理论模型等效求出被测样品的比表面积。由于实际颗粒外表面不规则，该方法测定的只是吸附质分子所能到达的颗粒外表面和内部通孔总表面积之和，如图 2.4 所示位置。

图 2.3　比表面积分析仪
（美国 Monosorb Autosorb-1）

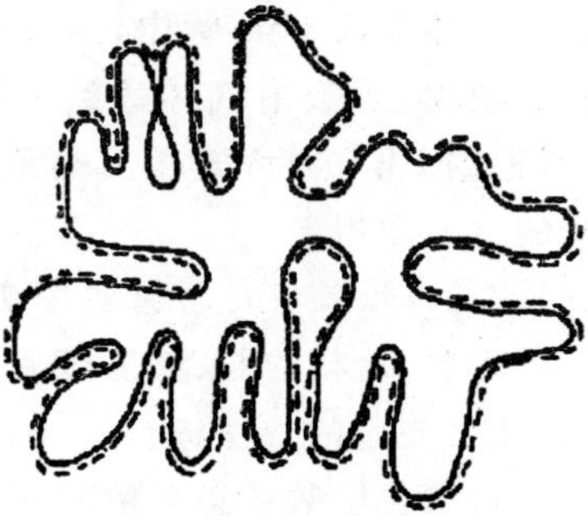

图 2.4　用虚线表示吸附法
测定的颗粒表面积

氮气因易获得且可逆吸附特性好，因而成为最常用的吸附质。通过该法测定的比表面积为“等效”比表面积，即样品的比表面积是通过其表面密排包覆的氮气分子数量和分子最大横截面积来表征。实际测定出氮气分子在样品表面平衡饱和吸附量（V），通过不同理论模型计算出单层饱和吸附量（V_m），进而得出分子个数，采用表面密排六方模型计算出氮气分子等效最大横截面积（A_m），即可求出被测样品的比表面积。计算公式如下：

$$S_g = \frac{V_m \cdot N \cdot A_m}{22400 \cdot W} \times 10^{-18} \tag{2.1}$$

式中：S_g—被测样品比表面积（m^2/g）；

V_m—标准状态下氮气分子单层饱和吸附量（mL）；

A_m—氮分子等效最大横截面积（密排六方理论值 $A_m = 0.162\ nm^2$）；

W—被测样品质量（g）；

N—阿伏伽德罗常数(6.02×10^{23})。

代入上述数据,得到氮吸附法计算比表面积的基本公式:

$$S_g = 4.36V_m/W \tag{2.2}$$

木质粉末比表面积测定使用的 Monosorb Autosorb-1 型比表面积分析仪的操作步骤如下:秤取木质粉末 0.1 克,在氮气或氦气保护下进行加热,蒸干水分,干燥温度为 105 ℃,干燥时间为 30~60 min,干燥后的样品装入 U 形管中,通过调节液氮杯上升或下降,实现样品的吸附和脱附,当吸附气体达到平衡时,测量平衡吸附压力和吸附的气体量,根据 BET 方程式求出被测样品的单分子层吸附量,从而计算出试样的比表面积。

2.1.2.3 松装密度与振实密度的测定

木质粉末的松装密度和振实密度的测定可参照 GB1479 和 GB5162 规定的方法进行。

粉末在松散状态下精确落入一个已知体积的杯中,测得的单位容积质量叫粉末的松装密度。习惯上也称松装比重,常用 g/cm^3 表示。粉末的松装密度是设计成形模具的一个重要参数。同时,粉末的松装密度对粉末的压制成形等工艺过程及产品的性能具有一定的影响。粉末的松装密度是一个综合性能,它受粉末粒度、粒度组成、颗粒形状、颗粒内孔隙等因素影响。机械粉碎的木质粉末的松装密度主要与粉末粒度、粒度组成和原料种类密切相关。

松装粉末受到机械振动(或叩击)时,粉末的松装状态会被振实。由于机械振动(或叩击)时,颗粒发生移动,使小颗粒充填于大颗粒间的间隙中,致使粉末的密度增加,最后变成一个常数。这个随机械振动而不再升高的密度称为粉末的振实密度。

2.1.2.4 压缩性与成形性的测定

粉末的化学成分和物理性能,最终反映在工艺性能上,特别是压制性能和热处理性能(如金属粉末的烧结性能、木质粉末的碳得率/石墨化性能)上。粉末的压制性能包括压缩性和成形性。

(1)木质粉末的压缩性测定

①木质粉末压缩性的概念。木质粉末的压缩性是指木质粉末在压

制过程中的压缩能力。在标准模具中，用规定的加压方式、单位压力或其他规定条件（如模壁润滑、模具加热）下粉末所能达到的压坯密度称为压缩性，其单位为 g /cm^3 。

②木质粉末压缩性的测定。木质粉末的压缩性是检验木质粉末工艺性能的重要指标。本书采用封闭模具用单轴双向压制法[1]，在常温或加热的情况下木质粉末实施压制，借助测定压坯密度来测定木质粉末的压缩性。将木质粉末样品在规定的一组压力下（20 MPa、35 MPa、50 MPa、65 MPa、80 MPa）进行压制，用所得到的一组压坯密度值描述出压坯密度与压制压力的关系曲线，用该曲线来表示木质粉末的压缩性能。

a. 符号与名称（表 2. 2）。

表 2. 2　木质粉末压缩性符号名称

符号	说明	单位
ρ	压缩性（压坯密度）	g /cm^3
m	压坯的质量	g
V	压坯的体积	cm^3

b. 设备。

(a)模具：模具材料采用 Cr12，硬度 60～65 HRC。模具的尺寸与形状如图 2. 5 所示。

(b)压机：HX100 型试验压机（如图 2. 6 所示），其吨位为 500 kN (50 t)，能在不大于 50 kN/s 速度下平稳加压工作，具有自动控温、保温、保压、定时功能。

(c)天平：称试样粉末与压坯，量程 0～100 g，感量±0. 1 g。

(d)游标卡尺：测量压坯的几何尺寸，规格 0～150 mm，精度为±0. 01 mm。

c. 取样。

首先通过真空干燥法（55 ℃、0. 01 MPa 真空度）将木质粉末的含水率调整到 15%左右，试样的单重可通过预备试验或计算确定，本书

中定为 100 g,计算公式为

$$m = \rho V \tag{2.3}$$

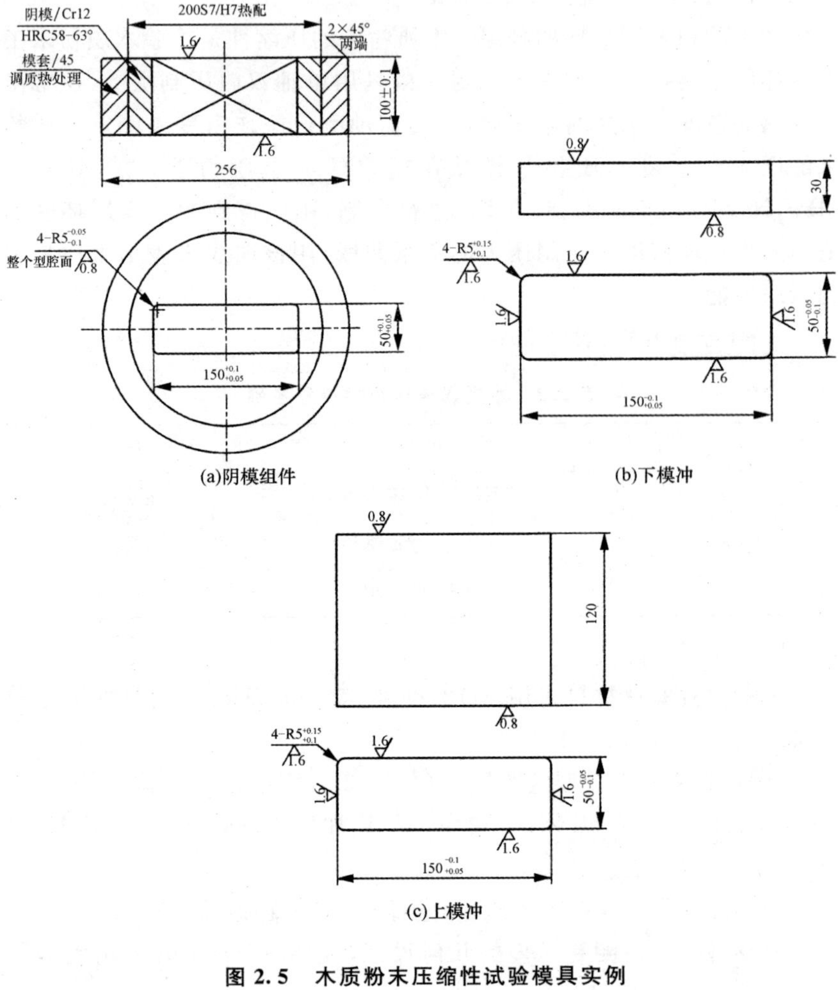

图 2.5　木质粉末压缩性试验模具实例

d. 测定方法。

(a)模具的清理:用浸有分析纯酒精的干净棉布或棉纱擦净模具型腔与模冲。

图 2.6　HX100 型试验压机外观照片

(b)润滑方式：采用模壁润滑：将 10 g 硬脂酸锌溶于 100 mL 分析纯酒精中，用细而软且不易脱毛的毛刷蘸适量酒精溶液刷涂模具型腔与上下模冲工作面，待酒精挥发后会留下硬脂酸锌薄膜。

(c)压制与脱模：试件采用双向压制成形(如图 2.7 所示)：将下模冲插入阴模型腔，并使下模冲落入后压垫内孔；把称量好的木质粉末倒入阴模型腔，并使粉末在型腔中均匀分布；放稳上模冲；施加预负荷(5～20 kN)，保压 30 s，随后卸掉预负荷，取出后压垫，以不超过 50 kN/s 的压制速度施压到选定压力；将压坯从阴模中脱出。

压坯取出后，首先清除毛刺，然后称量压坯质量，精确到 0.01 g；测量压坯尺寸，精确到 0.01 mm。

(d)结果计算及表示：压缩性(g /cm³)由下式计算

$$\text{粉末压缩性}\ \rho_p = \frac{m}{V} \tag{2.4}$$

求得的各指定压强 P(20 MPa、35 MPa、50 MPa、65 MPa、80 MPa)下的粉末压缩性都是 3 个试样的平均值，其精度计算到 0.01 g /cm³。粉末的压缩性曲线以压强为横坐标，相应的平均密度为纵坐标来描绘。

(2)木质粉末的成形性测定

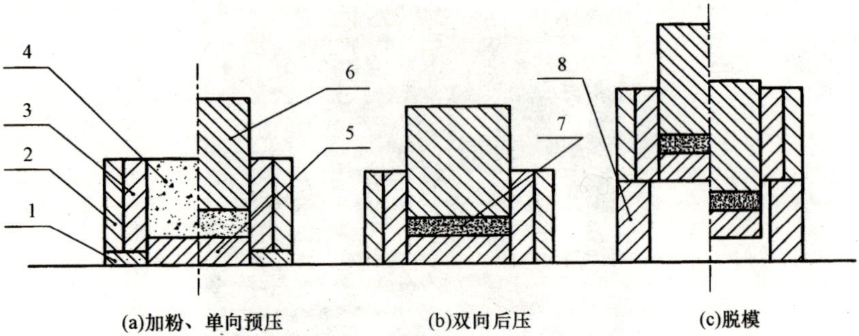

图 2.7 试样的双向压制过程

1—后压垫；2—模套；3—阴模；4—木质粉末；
5—下模冲；6—上模冲；7—压坯；8—脱模座

①木质粉末成形性的概念。木质粉末的成形性是指木质粉末压制后，压坯保持既定形状的能力。用木质粉末得以成形的最小单位压力来表示。木质粉末的成形性可从压坯有无裂纹和压坯的表面状态来做定性估计。

木质粉末的成形性与压坯强度密切相关。因此，木质粉末的成形性也可用长方形压坯的静曲强度或抗弯强度定量表示。压坯的静曲强度或抗弯强度愈高，也就表示该木质粉末的成形性愈好。

②木质粉末成形性的测定。木质粉末的成形性的测定既可参照GB12626.9(纤维板静曲强度的测定)标准进行，也可参照ISO3995(金属粉末——用矩形压坯的横向断裂来测定压坯强度的方法)进行。

本课题直接采用木质粉末压缩性试验试件进行断裂力的测定。压坯强度按下式计算获得：

$$\text{压坯强度}\ S=\frac{3PL}{2t^2W} \tag{2.5}$$

式中：P—断裂所需的力，kgf；

L—加剧支点间跨距，(80±0.2)mm；

t—试样厚度，mm；

W—试样宽度，mm。

2.2 木质粉末的性能

2.2.1 化学成分与物理性能

2.2.1.1 主要化学成分

化学成分是判断试材质量优劣的主要参数之一。木质粉末的主要化学成分为纤维素、半纤维素和木质素;此外,还含有抽提物和灰分等多种少量成分[2-3]。

纤维素是构成植物细胞的主要成分,一般纤维素含量高的,细胞壁较厚,纤维的抗拉强度大。试材的纤维素含量愈高,制成的试件性能愈好。

半纤维素的主要成分是聚戊糖,高温下易分解,其含量高时会增加产品吸水率,会增加试件高压无胶模塑成形时的黏模可能性,不利于板材的耐水性。

木质素又称作木质素,是构成植物细胞壁的成分之一,在木材等硬组织中含量较多,是数量仅次于纤维素的天然芳香族高分子材料。木质素具有黏性,可直接用做胶黏剂。天然植物中,木质素就像胶黏剂一样,分布在纤维的周围,以及纤维内部的细小纤维之间,使之成为强有力的骨架结构,树木之所以能够挺立几十米甚至上百米不倒,就是因为木质素的黏合力。随着石化能源的日益枯竭和人们环保意识的日益增强,加上木质素丰富的储量与较低的成本,木质素作为胶黏剂的应用前景十分广阔。在高压无胶模塑成形试件制备中,可利用其热塑融合黏结纤维的作用实施无胶成形,含量高可提高板材的强度与耐水性。

抽提物是采用乙醇、苯、乙醚、丙酮或二氯甲烷等有机溶剂以及水、碱从木质材料中抽提出来的物质的总称。例如,树脂酸、脂肪、糖、无机盐等。抽提物对木质材料的性能、加工工艺以及生产/使用环境均有不同程度的影响;同时可作为化工、医药等许多行业的重要原料,具有一定的经济价值。

灰分存在于木质粉末中,因二氧化硅含量很高使得材料的湿润性变差。非木材植物原料的灰分均高于木材原料，因而成为非木材植物原料制材的不利因素。

本书中试验用木质粉末的主要化学成分列于表 2.3。从表 2.3 可看出 5 种木质粉末原料中，杨木粉末和芦苇秆粉末的纤维素、木质素和半纤维素的含量十分接近，只是芦苇秆粉末的灰分略高；而松木粉末和毛竹粉末的木质素高达 30% 左右；而棉梗粉末的灰分则几乎达到 10%。这些成分的差异必将对模塑材料的性能带来一定影响。

表 2.3　试验用木质粉末的主要化学成分(%)[36,148-149]

原料名称	纤维素	木质素	半纤维素	灰分
杨木	59.00	20.60	19.50	0.52
松木	48.45	29.12	11.45	0.31
棉梗	41.42	23.16	20.76	9.47
芦苇秆	56.30	21.17	21.17	4.40
毛竹	45.50	30.67	21.12	1.10

2.2.1.2　主要物理性能

(1)木质粉末的粒度与粒度组成

采用金属粉末标准振动筛筛分法测得的试验用 3 种粒度(－20 目、－60 目、－100 目)的 5 种木质粉末的粒度分布列于表 2.4～表 2.6。

表 2.4　5 种－20 目木质粉末的粒度分布　　% / wt

目数/孔·英寸$^{-1}$ (泰勒标准筛)	杨木粉	松木粉	棉梗粉	芦苇秆粉	毛竹粉
＋20	0.1	0.8	0.5	0.1	0.9
－20～＋60	17.7	35.6	34.2	7.5	28.7
－60～＋100	40.3	34.9	32.9	34.3	21.9
－100～＋200	29.3	24.6	30.0	43.1	29.6
－200～＋325	9.2	2.1	1.9	11.7	12.2
－325	3.2	0.2	0.3	2.6	6.2

从表 2.4 可以看出，－20 目的 5 种木质粉末，杨木粉末和芦苇秆粉末的粒度分布主要集中在－60～＋200 目，而棉梗粉末、松木粉末和毛竹粉末的粒度分布则主要集中在－20～＋200 目；而表 2.5 则显示，－60 目的 5 种木质粉末的粒度分布则主要集中在－60～＋200 目；而从表 2.6 不难发现，－100 目的 5 种木质粉末的粒度分布主要集中在－100～＋200 目，表明杨木和芦苇秆的粉碎性和粉末的粒度分布较好。

表 2.5　5 种－60 目木质粉末的粒度分布　　% / wt

目数/孔·英寸$^{-1}$（泰勒标准筛）	杨木粉	松木粉	棉梗粉	芦苇秆粉	毛竹粉
＋60	痕量	痕量	痕量	痕量	痕量
－60～＋100	49.1	56.3	50.2	37.3	31.3
－100～＋200	35.7	39.7	46.1	46.9	42.3
－200～＋325	11.2	3.1	2.5	12.7	17.4
－325	3.9	0.5	0.7	2.8	8.7

（2）粉末颗粒形貌

图 2.8～图 2.12 分别是杨木粉、松木粉、棉梗粉、芦苇秆粉和毛竹粉的粉体照片和粉末颗粒形貌。

表 2.6　5 种－100 目木质粉末的粒度分布　　% / wt

目数/孔·英寸$^{-1}$（泰勒标准筛）	杨木粉	松木粉	棉梗粉	芦苇秆粉	毛竹粉
＋100	痕量	痕量	痕量	痕量	痕量
－100～＋200	69.7	91.2	92.7	74.9	61.5
－200～＋325	21.9	7.8	6.1	20.3	25.2
－325	8.1	0.7	0.9	4.6	12.9

从图 2.8～图 2.12 可以看出：杨木粉末和芦苇秆粉末的颗粒形貌十分相似，大多为长条状；松木粉末和棉梗粉末的颗粒较短；而毛竹粉

末颗粒长短不一,形貌特征介于芦苇秆粉末和松木粉末颗粒之间。

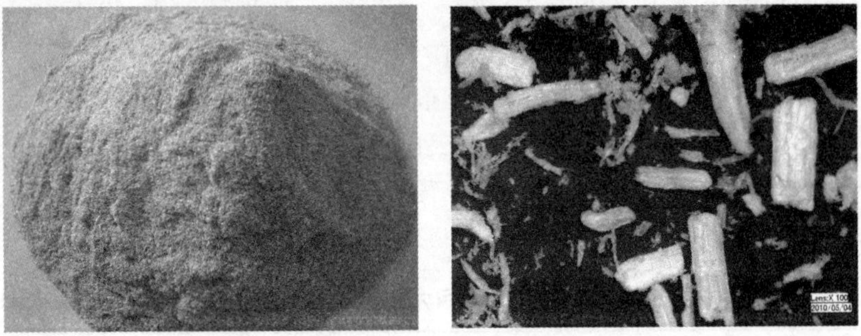

(a)粉体照片　　(b)颗粒形貌×100

图 2.8　杨木粉照片

(a)粉体照片　　(b)颗粒形貌×100

图 2.9　松木粉照片

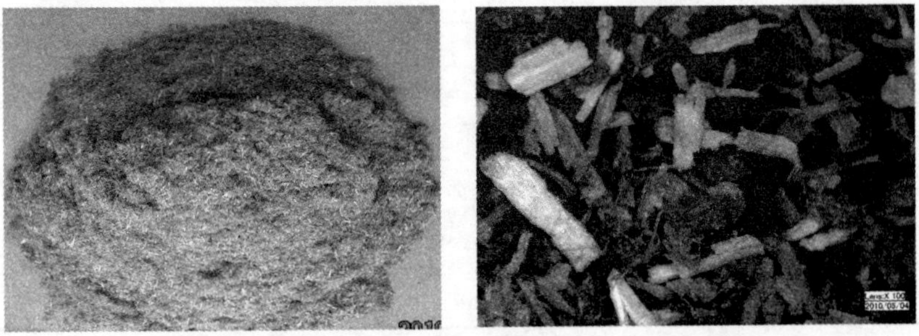

(a)粉体照片　　(b)颗粒形貌×100

图 2.10　棉梗粉照片

(a)粉体照片　　(b)颗粒形貌×100

图 2.11　芦苇秆粉照片

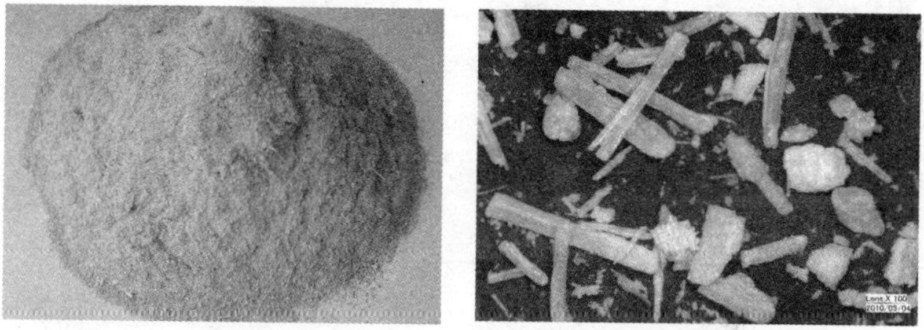

(a)粉体照片　　(b)颗粒形貌×100

图 2.12　毛竹粉照片

(3)粉末的比表面[1]

按照金属粉末比表面积的测定方法测得的木质粉末的比表面积与金属粉末具有同样的表现,即杨木、芦苇秆、毛竹、松木和棉梗等 5 类木质粉末的比表面均随着粉末粒度的增大而增大,也就是说这 5 类木质粉末的颗粒越细,则比表面积越大。木质粉末的比表面积越大意味着粉末越蓬松,松装密度越小,粉末颗粒间接触的机会越多,更有利于温压成形过程的塑合与致密化。

2.2.2 木质粉末的常温工艺性能

2.2.2.1 松装密度与振实密度

(1)松装密度

表2.7是不同粒度的5种木质粉末的松装密度。不难看出,5种木质粉末的松装密度随粒度的变化规律与粉末比表面积随粒度的变化规律正好相反。

表2.7 不同粒度的5种木质粉末的松装密度(g/cm³)

松装密度 / 粉末种类	目数/孔·英寸⁻¹(泰勒标准筛)		
	−20	−60	−100
芦苇秆粉	0.229	0.221	0.198
杨木粉	0.261	0.255	0.213
松木粉	0.186	0.167	0.182
棉梗粉	0.153	0.143	0.173
毛竹粉	0.349	0.306	0.293

(2)振实密度

表2.8是试验用5种−20目木质粉末的振实密度。显然,木质粉末的振实密度大于松装密度,特别是芦苇秆粉末和杨木粉末的振实密度高达松装密度的1.5倍,意味着5种木质粉末中芦苇秆粉末和杨木粉末的压缩性具有绝对优势。

表2.8 5种−20目木质粉末的振实密度(g/cm³)

粉末种类	芦苇秆粉	杨木粉	松木粉	棉梗粉	毛竹粉
振实密度	0.349	0.391	0.265	0.183	0.502
振实密度/松装密度	1.52	1.50	1.42	1.19	1.44

2.2.2.2 压缩性与成形性

(1)压缩性

表2.9为不同粒度的5种木质粉末的常温压缩性试验值,图2.13

～图 2.20 为相应压缩性曲线。

从表 2.9 和图 2.13～图 2.20 可以看出，常温下，5 种木质粉末的压缩性具有以下特点：①与压制压力成正比；②芦苇＜杨木＜毛竹＜棉梗＜松木；③ 颗粒粗细对木质粉末的常温压缩性的影响不大，细颗粒的木质粉末的常温压缩性略优于粗颗粒的木质粉末。

表 2.9　5 种木质粉末的压缩性

粉末种类 \ 压缩性		压力 P/ MPa				
名称	粒度/目	20	35	50	65	80
芦苇秆粉	－20	0.682	0.777	0.864	0.922	0.995
	－60	0.714	0.806	0.878	0.949	1.010
	－100	0.720	0.807	0.891	0.973	1.022
杨木粉	－20	0.707	0.807	0.889	0.958	1.026
	－60	0.733	0.830	0.902	0.967	1.028
	－100	0.737	0.868	0.947	0.997	1.057
松木粉	－20	0.788	0.909	0.993	1.085	1.187
	－60	0.803	0.916	1.001	1.089	1.223
	－100	0.819	0.931	0.999	1.082	1.185
棉梗粉	－20	0.770	0.871	0.939	1.010	1.062
	－60	0.761	0.867	0.963	1.030	1.081
	－100	0.8	0.909	0.986	1.071	1.151
毛竹粉	－20	0.720	0.834	0.915	0.975	1.037
	－60	0.749	0.863	0.942	0.999	1.050
	－100	0.788	0.893	0.961	1.019	1.073

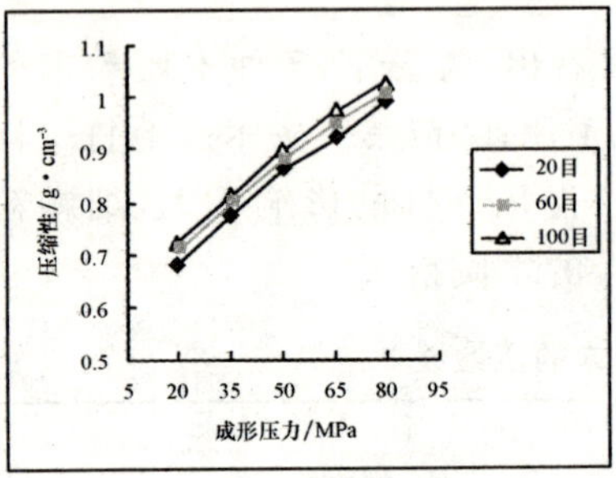

图 2.13 不同粒度芦苇秆粉末的压缩性

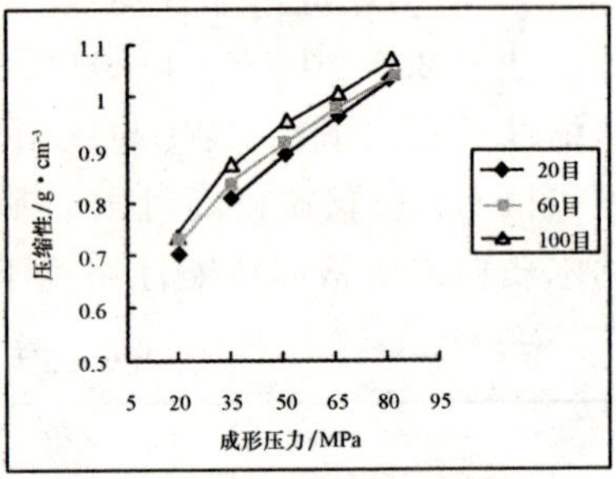

图 2.14 不同粒度杨木粉的压缩性

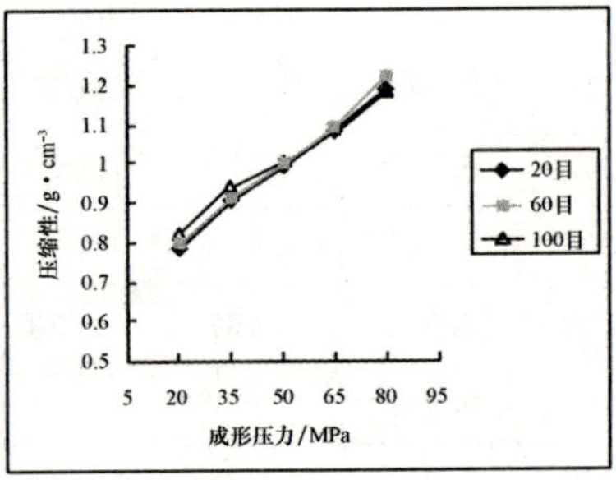

图 2.15 不同粒度的松木粉的压缩性

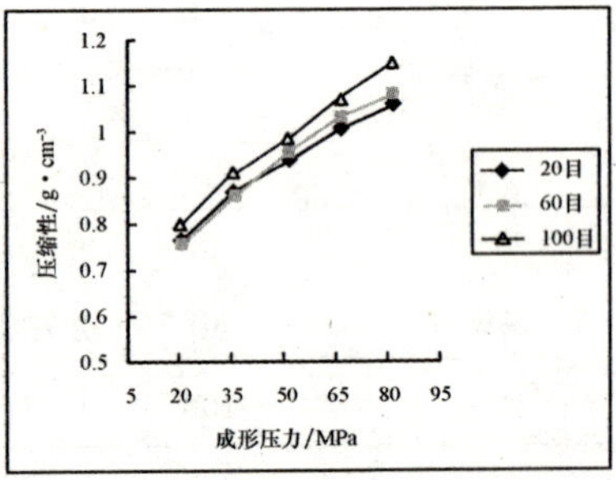

图 2.16 不同粒度的棉梗粉的压缩性

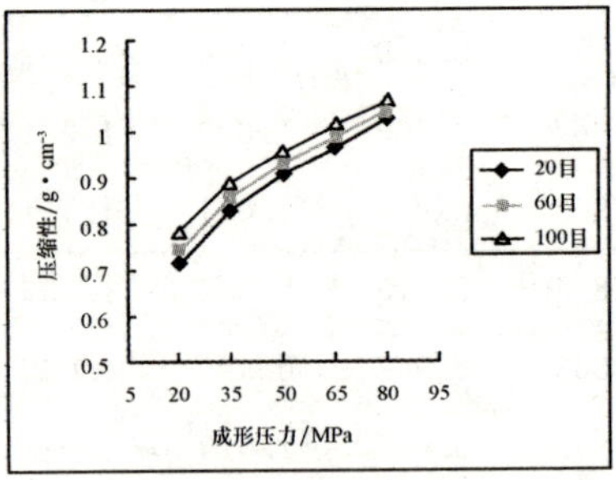

图 2.17 不同粒度的毛竹粉的压缩性

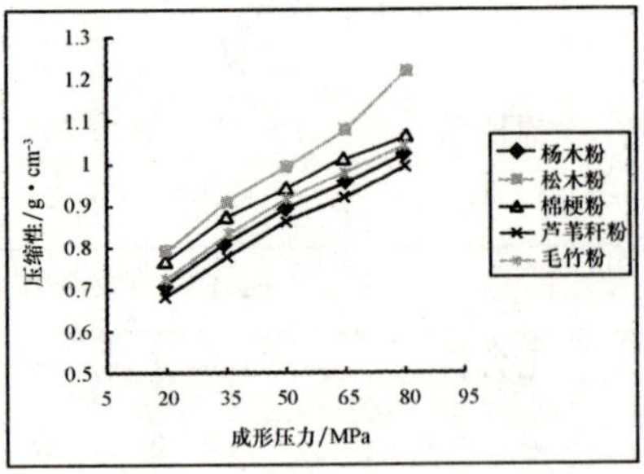

图 2.18 5 种—20 目木质粉末的压缩性

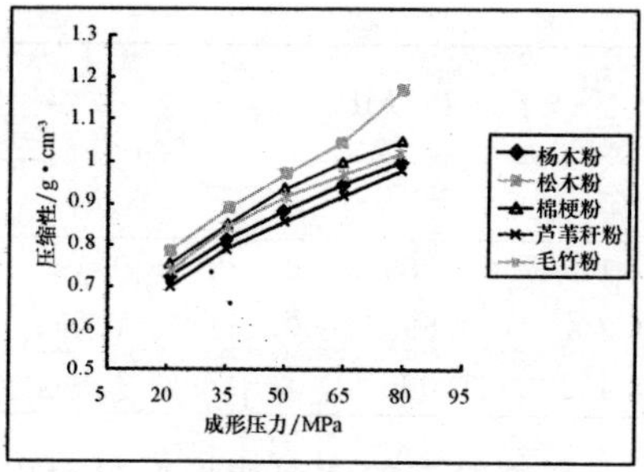

·图 2.19 5 种−60 目木质粉末的压缩性

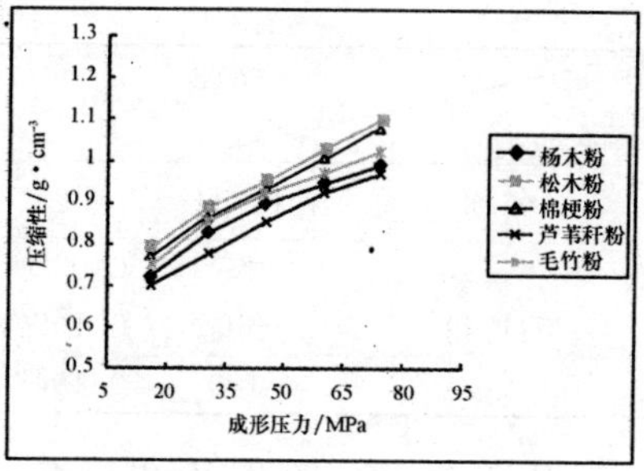

图 2.20 5 种−100 目木质粉末的压缩性

(2)成形性

表 2.10 和图 2.21～图 2.28 是不同粒度(−20 目、−60 目、−100 目)的 5 种木质粉末在指定压力 P(20 MPa、35 MPa、50 MPa、65MPa、80MPa)下的常温成形性试验结果,用压坯的静曲强度表示。

表 2.10 5 种木质粉末的成形性

粉末种类 \ 压缩性		压力 P/ MPa				
名称	粒度/目	20	35	50	65	80
芦苇秆粉	−20	0.076	0.169	0.416	0.604	0.704
	−60	0.093	0.207	0.510	0.741	0.864
	−100	0.110	0.246	0.605	0.879	1.025
杨木粉	−20	0.157	0.293	0.782	0.834	0.892
	−60	0.183	0.341	0.910	0.971	1.039
	−100	0.326	0.609	1.625	1.734	1.855
松木粉	−20	0.105	0.196	0.523	0.558	0.597
	−60	0.092	0.167	0.448	0.478	0.512
	−100	0.063	0.115	0.306	0.327	0.350
棉梗粉	−20	0.211	0.473	1.165	1.694	1.911
	−60	0.190	0.425	1.047	1.522	1.774
	−100	0.159	0.355	0.874	1.270	1.481

续表

粉末种类 \ 压缩性		压力 P/ MPa				
名称	粒度/目	20	35	50	65	80
毛竹粉	−20	0.052	0.117	0.289	0.420	0.490
	−60	0.108	0.242	0.595	0.864	1.008
	−100	0.194	0.433	1.065	1.547	1.804

从图 2.23～图 2.30 可以看出,5 种木质粉末的常温成形性具有以下特点:

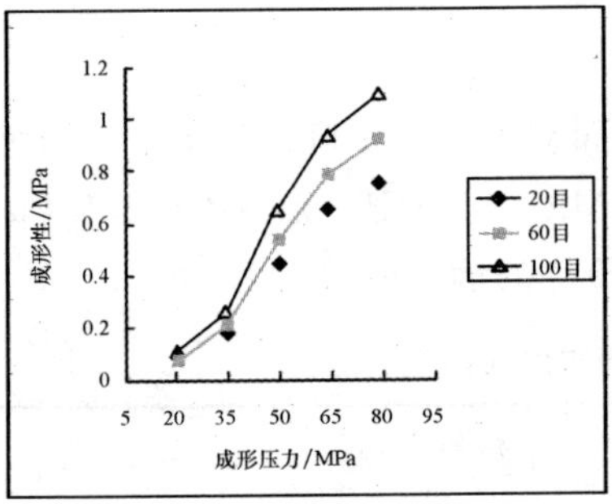

图 2.21　不同粒度芦苇秆粉末的成形性

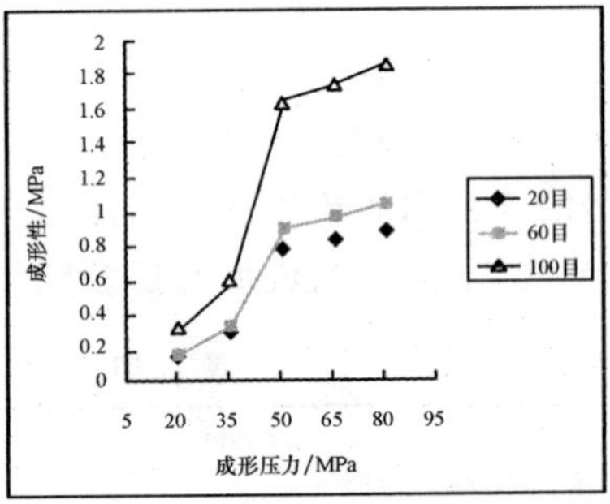

图 2.22　不同粒度杨木粉的成形性

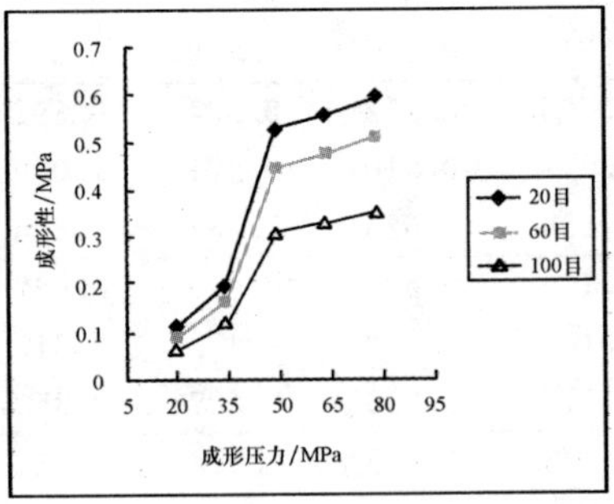

图 2.23　不同粒度松木粉的成形性

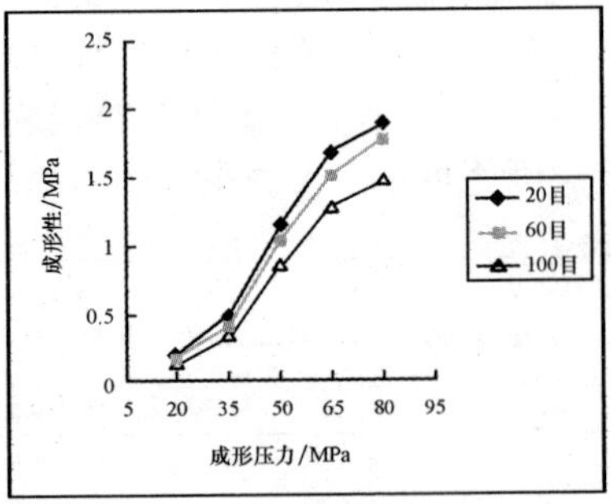

图 2.24　不同粒度棉梗粉末的成形性

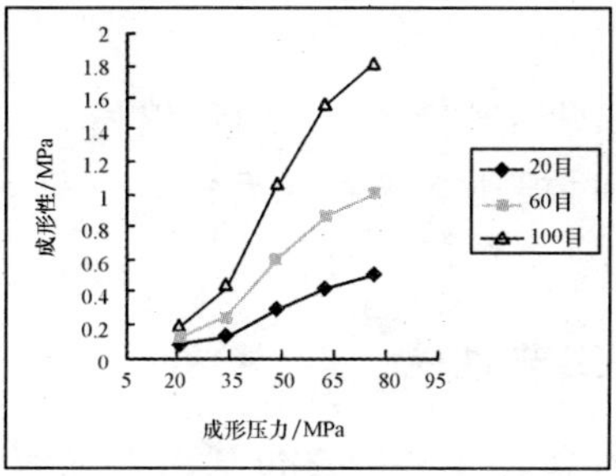

图 2.25　不同粒度毛竹粉的成形性

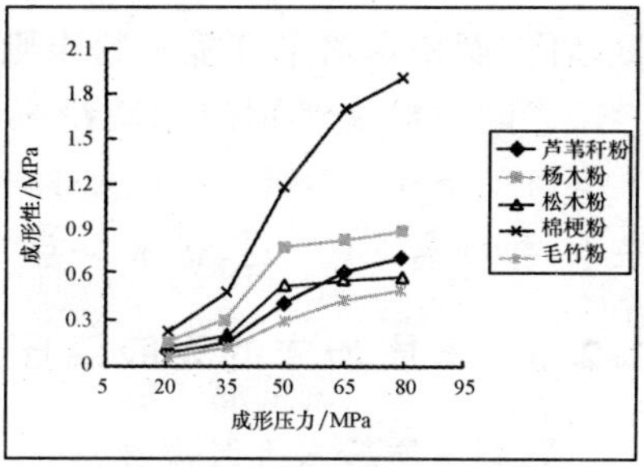

图 2.26　5 种－20 目木质粉末的成形性

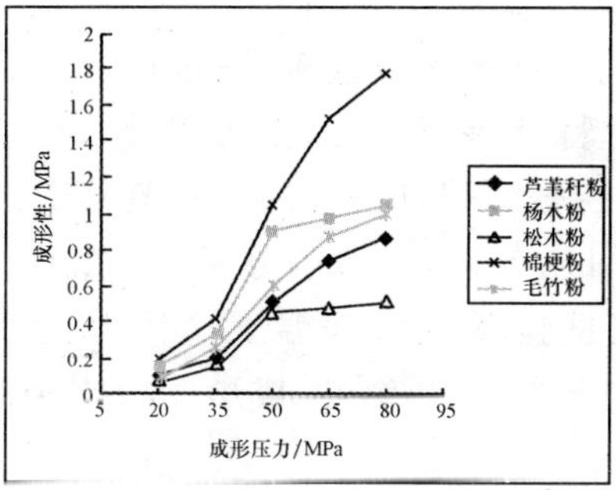

图 2.27　5 种－60 目木质粉末的成形性

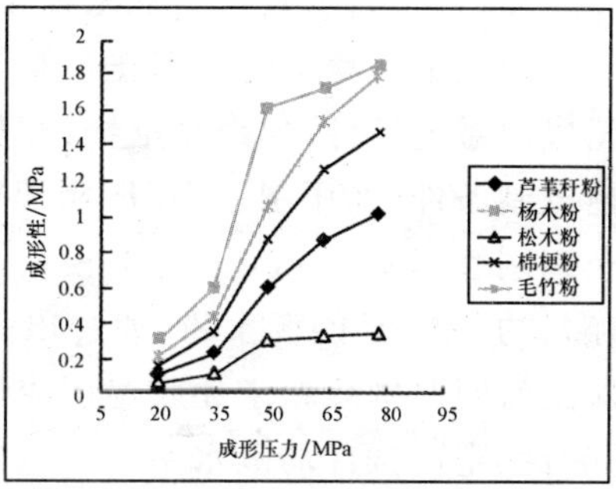

图 2.28　5 种－100 目木质粉末的成形性

①杨木粉末和松木粉末的常温成形性表现为，不论粒度大小，首先一律随着成形压力的增大快速上升，当成形压力超过 50 MPa 后增速变得十分平缓；而芦苇秆粉末和棉梗粉末的常温成形性则表现为，不论粒度大小，在整个 20～80 MPa 成形压力区间均随成形压力的增大而较快上升，没有明显减缓趋势；而毛竹粉末的常温成形性随成形压力变化的表现则界于“杨木粉末/松木粉”和“芦苇秆粉末/棉梗粉末”之间，粒度为－100 目时的表现与“芦苇秆粉末/棉梗粉末”基本相同，粒度为－20 目、－60 目时则表现为在整个 20～80 MPa 成形压力区间呈缓慢上升势态，这说明尽管毛竹属禾本植物但又体现出某些木本植物的特性。

②芦苇秆粉末、杨木粉末和毛竹粉末的常温成形性随粒度的增大而趋优，而松木粉末和棉梗粉末则正好相反。

③同一粒度级别的木质粉末的成形性：粒度为－20 目，棉梗＞杨木＞芦苇＞松木＞毛竹；粒度为－60 目，棉梗＞杨木＞毛竹＞芦苇＞松木；粒度为－100 目，杨木＞毛竹＞棉梗＞芦苇＞松木。

2.2.3 木质粉末的无胶温压成形工艺性能

影响木质粉末无胶温压成形工艺性能的主要因素包括两大方面：一是工艺参数，二是木质粉末的理化特性。本节主要探讨木质粉末在高压无胶模塑工艺条件下的压缩性和成形性。

2.2.3.1 工艺参数对高压无胶模塑工艺性能的影响

影响木质粉末无胶温压成形工艺性能的参数很多，既包括无胶温压成形系统条件（如模具结构、模具材料、压制方式、加热方式等），也包括压制条件（如压制压力、压制温度、保温/保压时间等）。本节基于合金钢刚性模双向压制、上下模板电加热条件，选取含水率为 12%～15%的－20 目的杨木粉，通过单因素试验，研究无胶温压成形、压力和保温时间对木质粉末无胶温压成形工艺性能（压缩性、成形性）的影响，同时测定了试件的吸水率。

(1)压力对无胶温压成形工艺性能的影响

图 2.29～图 2.31 是根据预研究成果，采用含水率为 12%～15%的－20 目杨木粉基于 20～80 MPa 范围内的 5 个压制压力水平，在 180 ℃温度下保温 50 min 获得的成形压力与粉末压缩性、成形性和温压压坯吸水率的关系曲线。

从图 2.31～图 2.33 可看出，65 MPa 压力水平对－20 目杨木粉获得好的压缩性、成形性和低的压坯吸水率最为有利。

(2)温度对无胶温压成形工艺性能的影响

图 2.34～图 2.36 是根据上节试验结论，采用含水率为 12%～15%的－20 目杨木粉基于 65 MPa 压制压力，在 120 ℃～200 ℃范围内的 5 个温度水平下保温 50 min 获得的成形温度与粉末压缩性、成形性及粉末温压压坯吸水率的关系曲线。

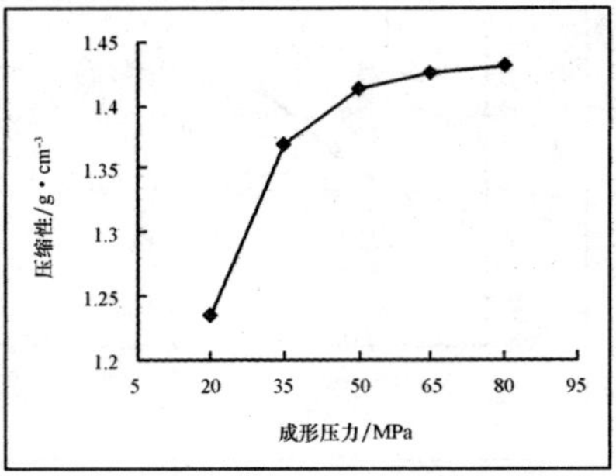

图 2.29　成形压力与粉末温压压缩性的关系

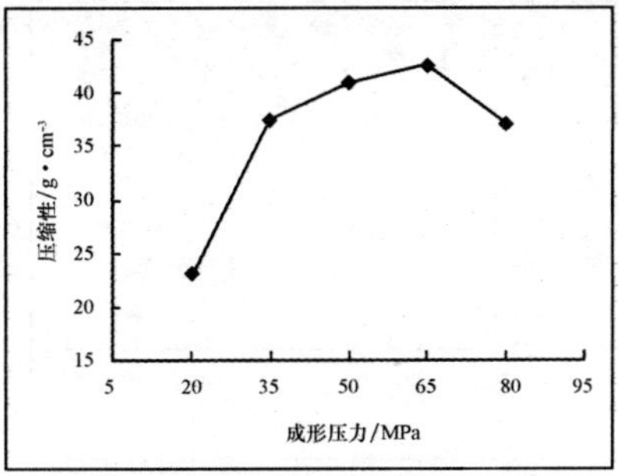

图 2.30　成形压力与粉末温压成形性的关系

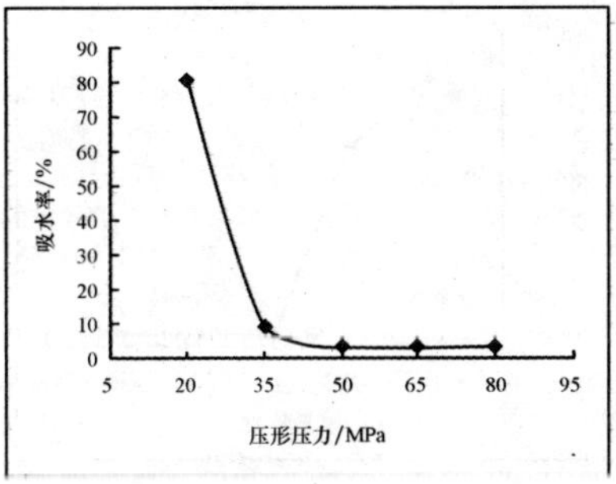

图 2.31　成形压力与温压压坯吸水率的关系

从图 2.32～图 2.34 可知，160 ℃温度水平对 20 目杨木粉获得好的压缩性、成形性和低的温压压坯吸水率最为有利。

(3)保温时间对无胶温压成形工艺性能的影响

图 2.35～图 2.37 是根据前两节试验获得的成形压力与温度条件，采用含水率为 12％～15％的－20 目杨木粉，基于 65 MPa 成形压力、160 ℃成形温度、10～50 min 保温时间展开试验，获得的保温时间与杨木粉的温压压缩性、成形性与温压压坯吸水率的关系曲线。

从图 2.35～图 2.37 可看出，30 min 保温时间水平对－20 目杨木粉获得良好的压缩性、成形性与低的模塑压坯吸水率最为有利。

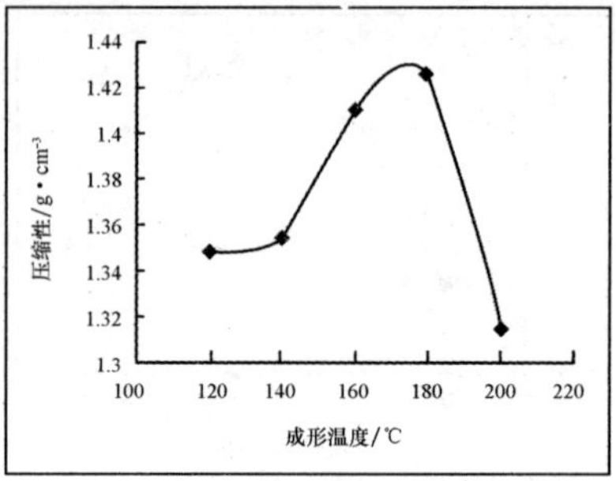

图 2.32　成形温度与粉末温压压缩性的关系

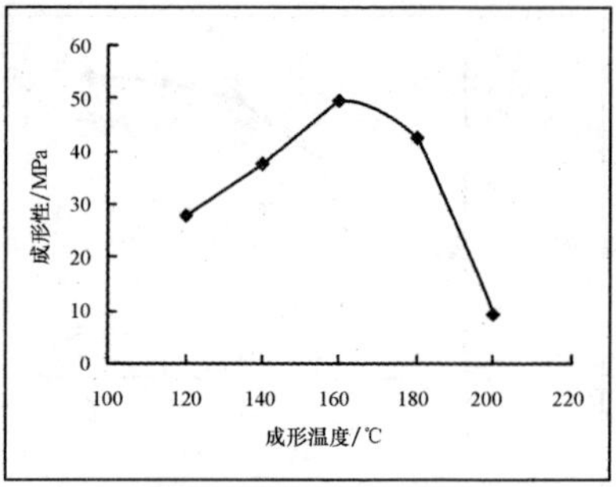

图 2.33　成形温度与粉末温压成形性的关系

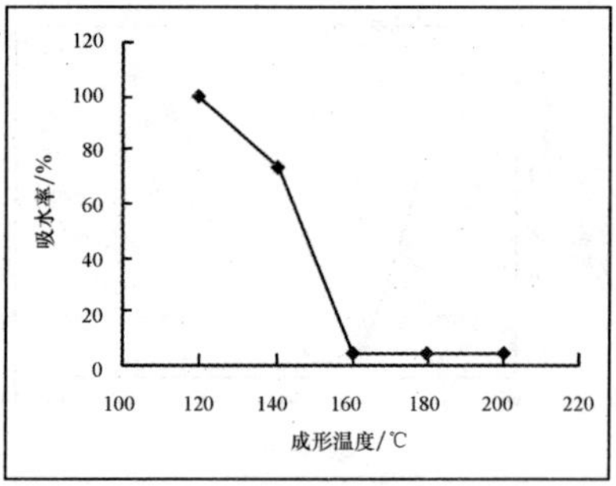

图 2.34　成形温度与温压压坯吸水率的关系

综上所述，−20 目杨木粉在"65 MPa 成形压力/160 ℃成形温度/30 min 保温时间"温压条件下的工艺性能最好。

2.2.3.2　木质粉末理化特性对高压无胶模塑工艺性能的影响

木质粉末的各种理化特性（如粉末种类、化学成分、松装密度、粒度、粒度分布、比表面积、颗粒形貌等）对其无胶温压成形工艺性能的影响程度各不相同。本节仅针对粉末种类、粒度进行了研究。

（1）木质粉末种类对无胶温压成形材料性能的影响

图 2.38～图 2.40 是基于−20 目杨木粉温压成形最优工艺条件（65 MPa/ 160 ℃/ 30 min）对 5 种−20 目木质粉末实施无胶温压成形成形获得的木质粉末种类与压缩性、成形性及模塑压坯吸水率的关系

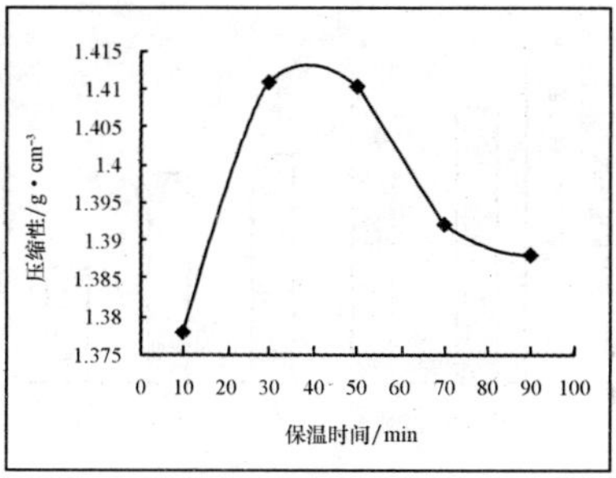

图 2.35　保温时间与粉末温压压缩性的关系

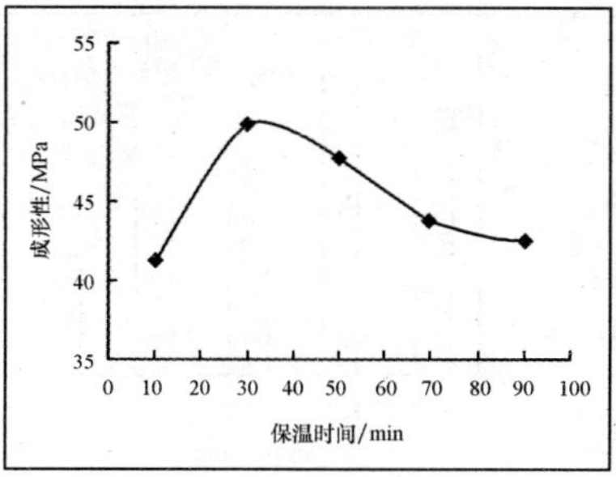

图 2.36　保温时间与粉末温压成形性的关系

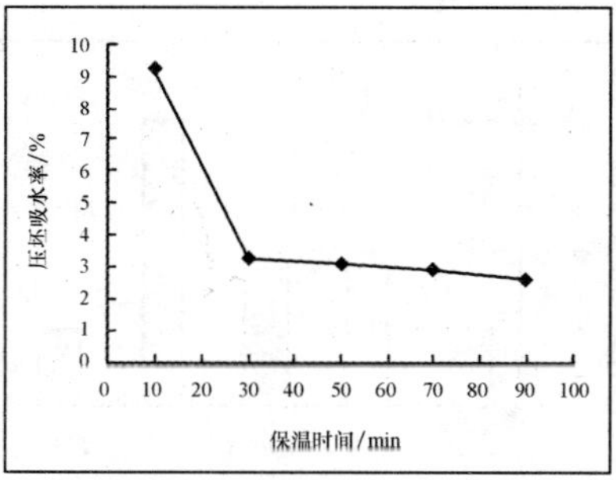

图 2.37　保温时间与温压压坯吸水率的关系

柱状图。

从图 2.38～图 2.40 可知，5 种木质粉末的温压压缩性高低顺序为：杨木粉＞芦苇秆粉＞毛竹粉＞棉梗粉＞松木粉；成形性好坏顺序为：芦苇秆粉＞杨木粉＞棉梗粉＞毛竹粉＞松木粉；吸水率大小顺序为：毛竹粉＞杨木粉＞棉梗粉＞芦苇秆粉＞松木粉。

(2)粒度对木质粉末无胶温压成形工艺性能的影响

图 2.41～图 2.43 是 3 种粒度的 5 种木质粉末，基于 65 MPa 成形压力，在 160 ℃温度下保温 30 min 的试验结果。

从图 2.41～图 2.43 可以看出：①5 种木质粉末中，芦苇秆粉和杨木粉的温压压缩性和成形性最好；棉梗粉温压压坯的吸水率最低，但棉

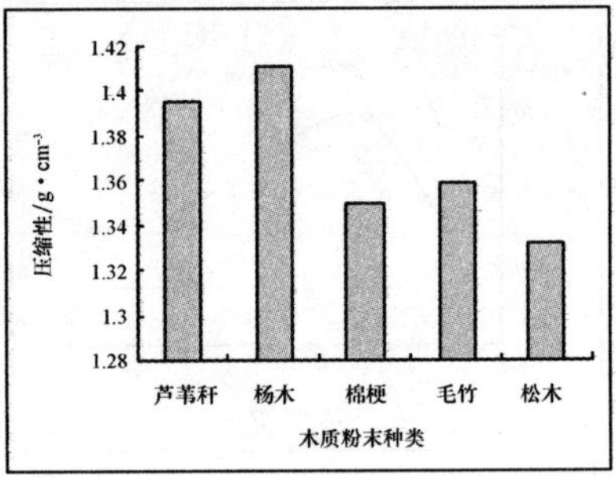

图 2.38　粉末温压压缩性与粉末种类的关系

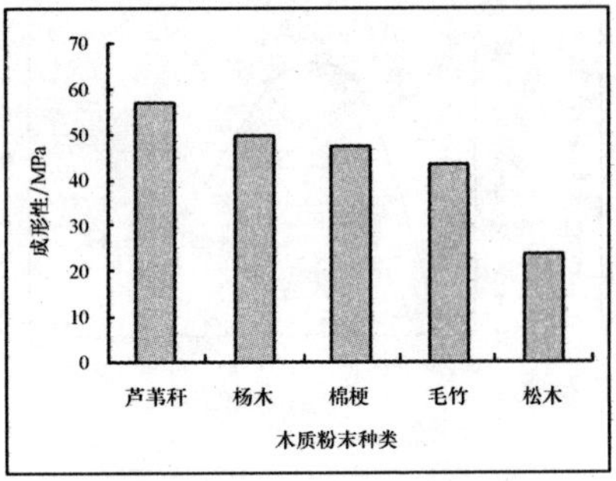

图 2.39　粉末温压成形性与粉末种类的关系

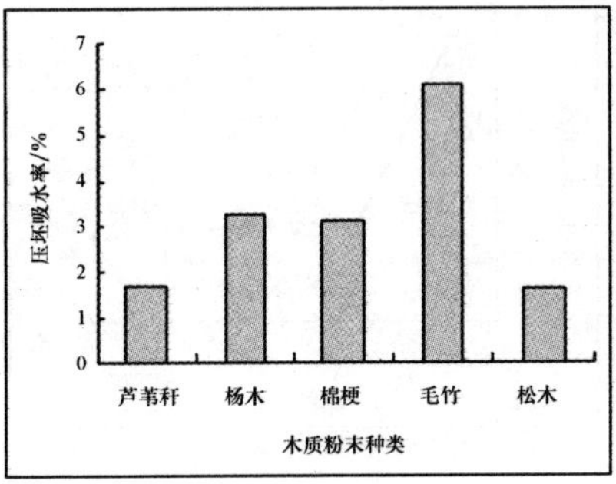

图 2.40　温压压坯吸水率与粉末种类的关系

梗粉的温压压缩性与成形性最差。②与常温工艺性能明显不同，木质粉末粒度的变化对其温压压缩性、温压成形性和温压压坯的吸水率的影响不大，这对于采用有益于降低加工难度与成本的粗颗粒木质粉末制备温压材料十分有利。

综上所述，同时出于节能降耗考虑，本书关于木质粉末温压成形的后续试验宜选用粗颗粒木质粉末（特别是－20 目芦苇秆和杨木粉末）作主要基础试材。

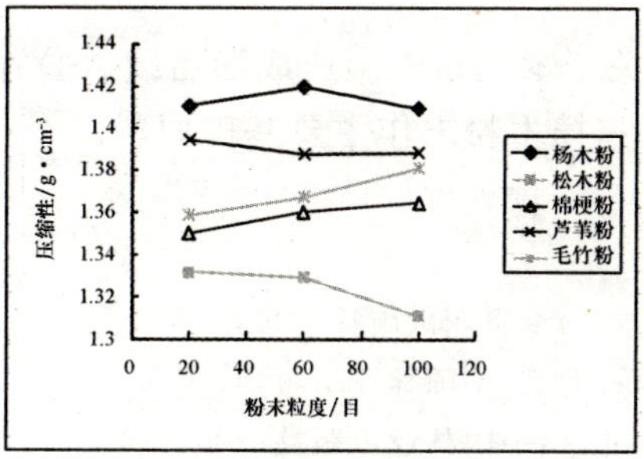

图 2.41　木质粉末粒度与温压压缩性的关系

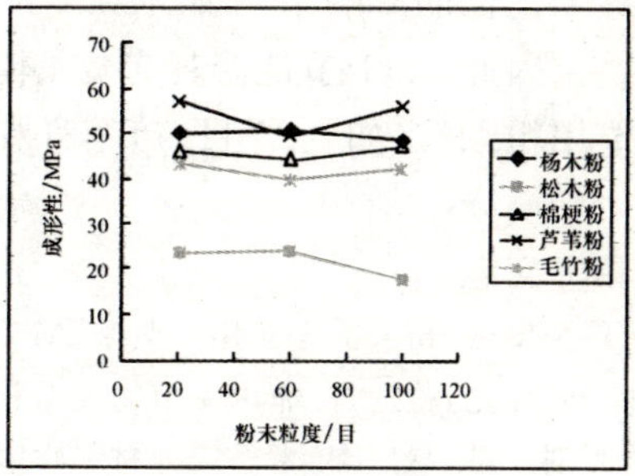

图 2.42　木质粉末粒度与温压成形性的关系

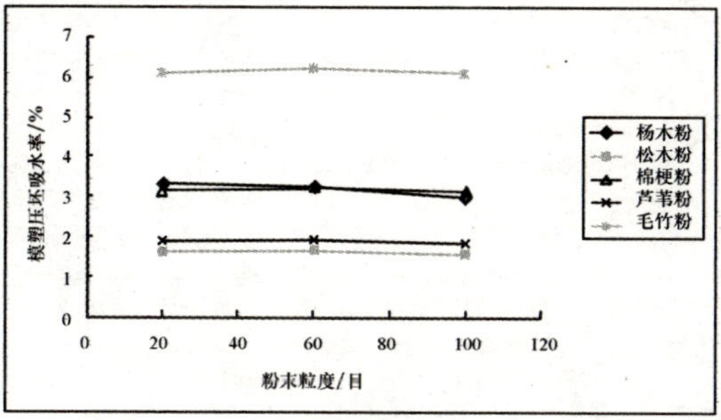

图 2.43　木质粉末粒度与温压压坯的吸水率的关系

2.3 小　结

(1)木质粉末的理化性能与工艺性能直接关系到无胶温压成形过程的成败与温压材料性能的优劣。低质木材及其加工剩余物、竹材废料、农作物秸秆、果壳等,经机械粉碎筛分后都可经无胶温压成形制备环境功能材料。

(2)木质粉末种类对木质粉末温压成形工艺性能影响较大,认为在芦苇秆、棉梗、杨木、松木和毛竹等 5 种木质粉末中芦苇秆粉末和杨木粉末的温压工艺性能最具优势,其温压材料的综合性能更具潜力。

(3)粒度对木质粉末常温压制成形工艺性能影响较大,而对温压成形工艺性能影响不明显。

因此,出于节能降耗考虑,本书关于木质粉末温压成形后续试验宜选用粗颗粒(如—20 目)芦苇秆粉末和杨木粉末作主要基础原料。

参考文献

[1]张华诚.粉末冶金实用工艺学[M].北京:冶金工业出版社,2004.
[2]向仕龙,蒋远舟.非木质植物人造板[M].北京:中国林业出版社,2008.
[3]刘一星,赵广杰.木质资源材料学[M].北京:中国林业出版社,2004.

第3章　木质粉末无胶温压成形工艺

3.1　研究方法

3.1.1　单因素试验法

根据无胶人造板(特别是无胶纤维板)制备工艺文献资料[1-10]，借助专用成形系统，将不同粒度的木质粉末温压成板条状试件，成形模具见图2.5、图3.1。无胶模塑成形工艺参数：压制压力20～80 MPa、压制温度120 ℃～200 ℃、保温时间10～90 min。

3.1.2　响应面法试验设计

根据单因素试验结果以成形压力、成形温度和保温时间为影响因素，以静曲强度、抗拉强度、内结合强度、弹性模量和吸水率为响应值，采用Dcsign Expert7.0软件进行设计与分析。通过响应面法优化杨木粉末和芦苇秆粉末的成形工艺参数，从而归纳出木质粉末无胶温压成形工艺[11-12]。

3.2　压坯主要性能指标与检测方法

静曲强度、抗拉强度、内结合强度的测定采用WDW-100微机控制电子万能试验机，MaxTest测试软件；吸水率的测定按GB12626.8规定的方法进行。试验结果均取3个试样的平均值。

静曲强度计算公式：

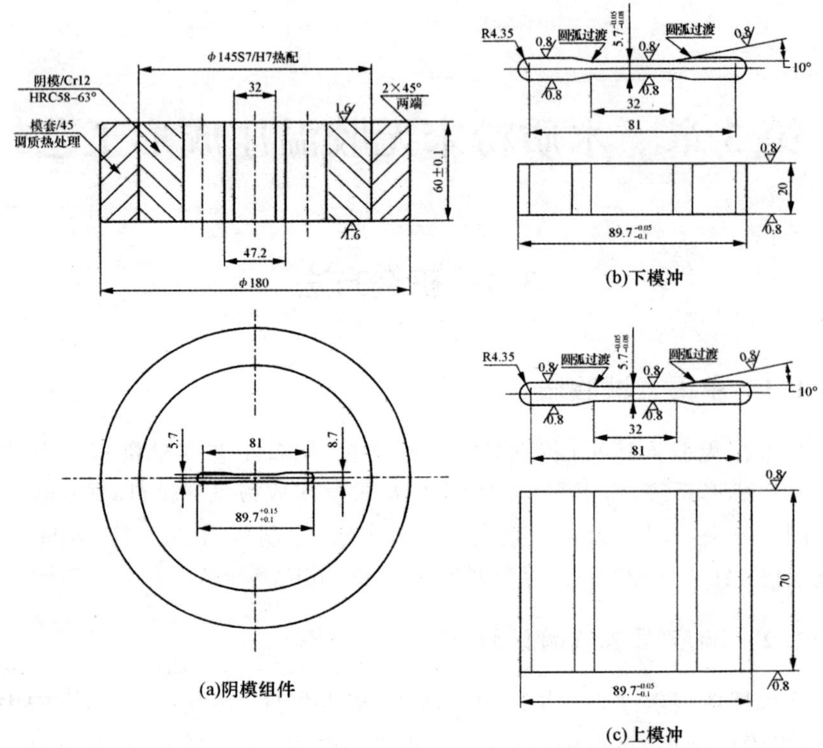

图 3.1　木质粉末抗拉强度试件成形模具零件图

$$\sigma = \frac{3PL}{2bd^2} \tag{3.1}$$

式中：σ—试件静曲强度，MPa；

P—试件最大破坏载荷，N；

L—试件支座跨距，mm；

b—试件宽度，mm；

d—试件厚度，mm。

弹性模量计算公式：

$$E_b = \frac{l^3}{2 \times b \times h^3} \times \frac{\Delta f}{\Delta s} \tag{3.2}$$

式中：E_b—试件的弹性模量，MPa；

l—两支座间的距离，mm；

b—试件宽度，mm；

h—试件厚度，mm；

Δf—在“载荷-变形图”中直线段内力的增加量，N；

Δs—在力 $f_2 \sim f_1$ 区间试件变形量，mm。

抗拉强度计算公式：

$$\sigma_b = \frac{P_b}{F_0} \tag{3.3}$$

式中：σ_b—试件抗拉强度，MPa；

P_b—试件在拉断前所承受的最大负荷，N；

F_0—试样原始横截面积，mm^2。

内结合强度计算公式：

$$Q = \frac{P}{L \times b} \tag{3.4}$$

式中：Q—试件内结合强度，MPa；

P—试件破坏时的最大负荷，N；

L—试件长度，mm；

b—试件宽度，mm。

吸水率计算公式：

$$A = \frac{m_2 - m_1}{m_1} \times 100 \tag{3.5}$$

式中：A—试件吸水率，%；

m_1—试件浸水前的质量，g；

m_2—试件浸水后的质量，g。

3.3 工艺参数对压坯性能的影响规律

3.3.1 成形压力对杨木粉试件静曲强度和吸水率的影响

取 −20 目杨木粉，分别在 20 MPa、35 MPa、50 MPa、65 MPa、

80 MPa压力下实施无胶模塑成形，在 160 ℃保温 50 min，结果见图 3.2～图 3.3。

图 3.2～图 3.3 表明，在 65 MPa 成形压力下的模塑试样静曲强度最大，50～80 MPa 成形压力下的温压试样吸水率低而稳定，具有较好的防水性能，与 2.2.3 节成形性试验结果一致。因此，65 MPa 是杨木粉无胶温压成形较为合适的成形压力条件。

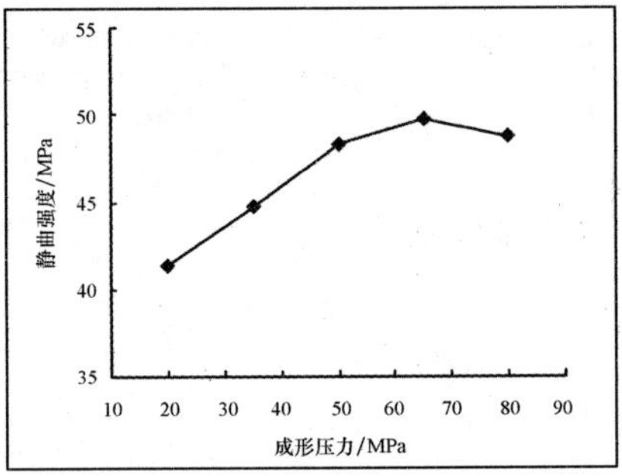

图 3.2　成形压力对－20 目杨木粉温压试件静曲强度的影响

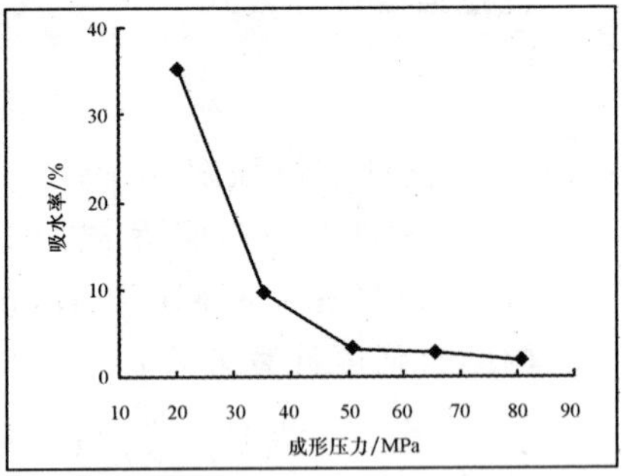

图 3.3　成形压力对－20 目杨木粉温压试件吸水率的影响

3.3.2　保温时间对杨木粉试件静曲强度和吸水率的影响

根据 3.3.1 节的试验结果，取－20 目杨木粉，在 65 MPa 压力下实施无胶温压成形，在 160 ℃分别保温 10 min、30 min、50 min、70 min、90 min，结果见图 3.4～图 3.5。

从图 3.4～图 3.5 可看出，保温时间处于 30～50 min 区间时试样的静曲强度和吸水率处于同一水平。但试件的静曲强度的最大值点出现在 30min 保温时间段，而在 50 min 保温时间段试件的吸水率更低，防水性能更好。然而，在确保材料综合性能优良的同时，兼顾材料制备工作效率与节能必不可少，因而 30 min 保温时间为首选。

3.3.3　成形温度对杨木粉试件静曲强度和吸水率的影响

根据 3.3.1～3.3.2 节的试验结果，取－20 目杨木粉，在 65 MPa

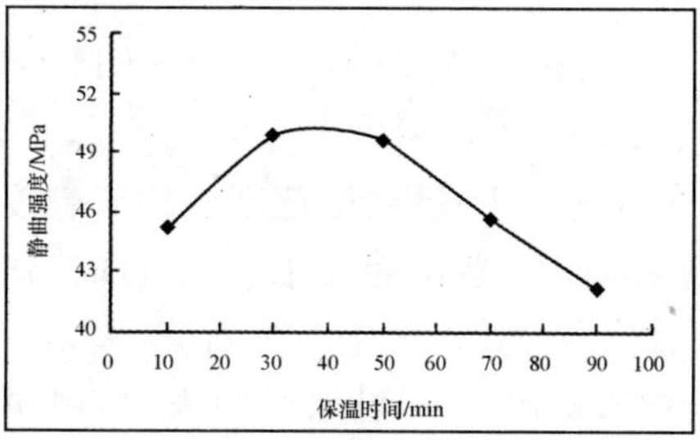

图 3.4　保温时间对－20 目杨木粉温压试件静曲强度的影响

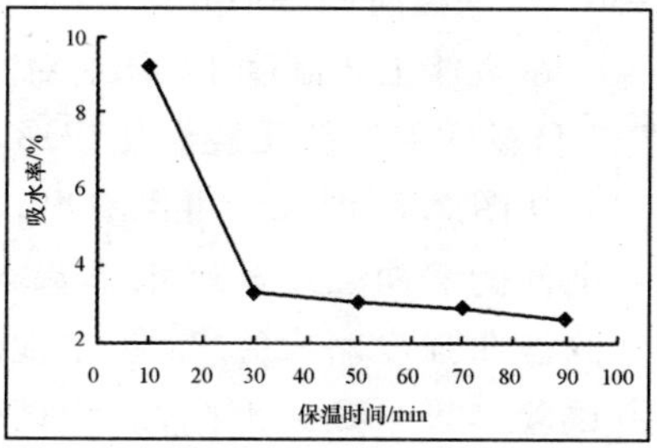

图 3.5　保温时间对－20 目杨木粉温压试件吸水率的影响

压力下实施无胶温压成形，分别在 120 ℃、140 ℃、160 ℃、180 ℃、200 ℃保温 30 min，结果见图 3.6～图 3.7。

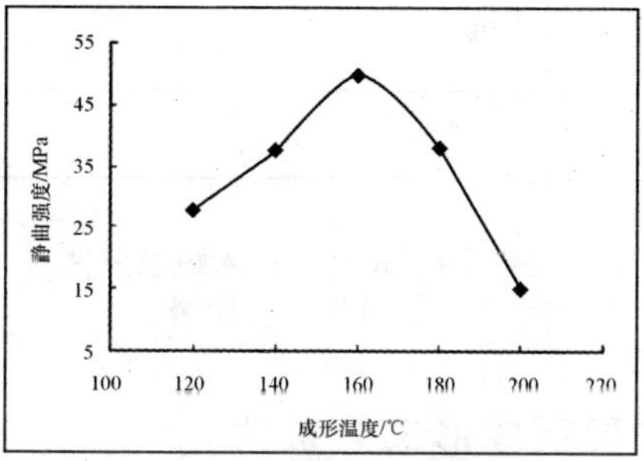

图 3.6　成形温度对－20 目杨木粉温压试件静曲强度的影响

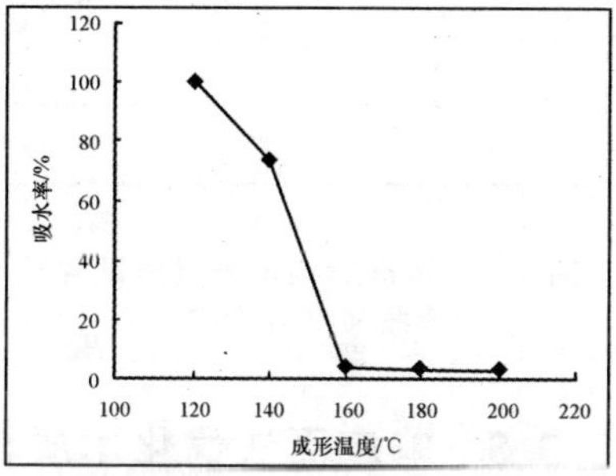

图 3.7　成形温度对－20 目杨木粉温压试件吸水率的影响

从图 3.6～图 3.7 不难看出，160 ℃温度下获得的试件静曲强度最高，而 160 ℃～200 ℃温度下获得的试件吸水率处于同一水平，都具有很好的防水性能，因而 160 ℃成形温度为首选。

3.3.4　粉末粒度对杨木粉试件静曲强度和吸水率的影响

3.3.1～3.3.3 节试验结果表明，当温压成形工艺参数取最佳组合时获得的杨木粉温压材料，不仅静曲强度最高，而且吸水率较低，具有较好的防水性能。最佳工艺参数组合为：成形压力 65 MPa，成形温度

160 ℃，保温时间 30 min。

在最佳工艺制度下，分别对－20 目、－40 目、－60 目、－80 目、－100 目杨木粉实施无胶温压成形，结果见图 3.8～图 3.9。

从图 3.8、图 3.9 可以看出，在－20～－60 目粒度范围内粉末粒度对试件的静曲强度和吸水率基本无影响；而当粒度大于－60 目时，试件的静曲强度略有降低，防水性略有改善，但其变化十分有限，与第 2 章试验结果一致。因此，后续试验全部采用－20 目木质粉末，以降低木质粉末制备能耗，节约加工成本。

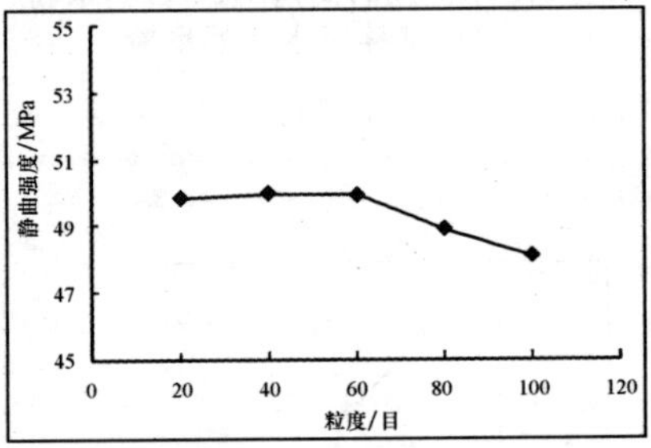

图 3.8　粒度对杨木粉温压试件静曲强度的影响

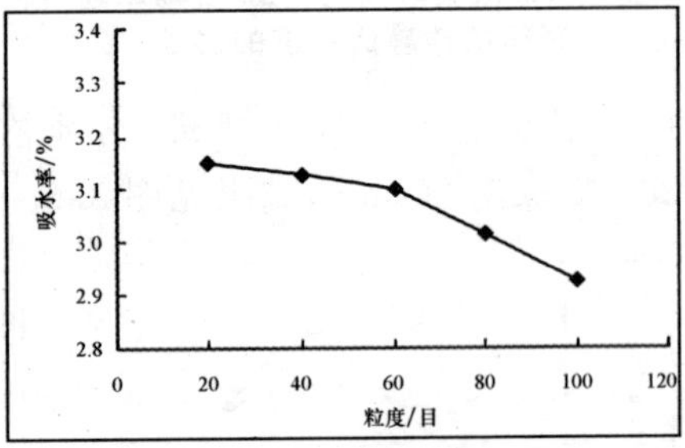

图 3.9　粒度对杨木粉温压试件吸水率的影响

3.3.5　响应面法优化木质粉末温压成形工艺条件

杨木粉的单因素试验表明：成形温度、成形压力、保温时间和粉末粒度对木质粉末温压成形效果均有影响。成形温度、成形压力、保温时间对试件的静曲强度和吸水率影响明显，而粉末粒度的影响则很小。静曲强度受成形温度、成形压力、保温时间的影响呈抛物线性变化，具有极大值点，因而能够进行最优分析。

考虑到原材料粉末的代表性和温压成形工艺的易行性，选取杨木和芦苇秆两种粉末并固定粒度为－20 目（<0.85 mm），用响应面法，以静曲强度、抗拉强度、内结合强度、弹性模量和吸水率为响应值，对成形压力、成形温度和保温时间 3 因素 3 水平进行无胶温压成形工艺条件优化。

3.3.5.1　基于杨木粉的响应面法试验设计与结果

(1)试验设计及结果

试验设计与结果见表 3.1、表 3.2。

表 3.1　响应面试验设计的因素水平

因素	符号	水平		
		−1	0	1
成形温度/℃	A	150	160	170
成形压力/MPa	B	50	65	80
保温时间/min	C	20	30	40

表 3.2　基于杨木粉温压成形材料的响应面设计与试验结果

试验组号	A:成形温度/℃	B:成形压力/MPa	C:保温时间/min	静曲强度/MPa		弹性模量/MPa		吸水率/%	
				实测值	预测值	实测值	预测值	实测值	预测值
1	−1	−1	0	44.26	43.30	3 419	3 416	6.43	6.64
2	1	−1	0	44.81	45.67	3 728	3 707	3.00	3.38
3	−1	1	0	46.48	45.62	3 734	3 755	4.81	4.43
4	1	1	0	47.03	47.99	3 777	3 780	2.80	2.60
5	−1	0	−1	39.85	40.76	3 452	3 458	6.55	6.61
6	1	0	−1	48.23	47.32	3 662	3 685	3.01	2.90
7	−1	0	1	46.22	47.13	3 688	3 665	3.95	4.07
8	1	0	1	46.22	45.31	3 760	3 754	2.75	2.69
9	0	−1	−1	42.22	42.27	3 402	3 399	5.90	5.64
10	0	1	−1	46.80	46.75	3 824	3 798	2.90	3.22
11	0	−1	1	46.57	46.62	3 703	3 730	3.66	3.34
12	0	1	1	46.83	46.78	3 742	3 744	2.50	2.77
13	0	0	0	49.77	49.85	3 900	3 911	3.36	3.15
14	0	0	0	50.29	49.85	3 850	3 911	2.95	3.15
15	0	0	0	49.39	49.85	3 983	3 911	3.14	3.15

续表

试验组号	A:成形温度/℃	B:成形压力/MPa	C:保温时间/min	内结合强度/MPa		抗拉强度/MPa		密度/ g·cm^{-3}	
				实测值	预测值	实测值	预测值	实测值	预测值
1	−1	−1	0	4.19	4.14	16.64	16.49	1.368	1.370
2	1	−1	0	4.45	4.42	17.04	17.35	1.379	1.377
3	−1	1	0	4.41	4.44	17.84	17.53	1.375	1.377
4	1	1	0	4.60	4.65	18.43	18.57	1.406	1.404
5	−1	0	−1	4.08	4.07	16.29	16.58	1.374	1.371
6	1	0	−1	4.48	4.46	18.30	18.13	1.383	1.383
7	−1	0	1	4.42	4.44	17.88	18.05	1.38	1.38
8	1	0	1	4.53	4.54	18.67	18.38	1.398	1.402
9	0	−1	−1	4.07	4.13	16.26	16.12	1.367	1.368
10	0	1	−1	4.52	4.50	17.92	17.94	1.375	1.377
11	0	−1	1	4.44	4.46	17.69	17.67	1.376	1.374
12	0	1	1	4.67	4.62	17.97	18.11	1.400	1.399
13	0	0	0	4.65	4.66	19.43	19.05	1.382	1.383
14	0	0	0	4.51	4.66	18.99	19.05	1.390	1.383
15	0	0	0	4.82	4.66	18.73	19.05	1.377	1.383

(2)模型回归方程方差分析

采用 Design Expert 软件进行二次多元回归拟合，由软件失拟项测试推荐的二次模型拟合试验数据，采用二次模型进行变异分析。在试验结果的变异分析中，通常把显著性水平 $P\leqslant0.05$ 的因素作为显著性因素，$P<0.05$ 表明该项检验结果可信[11]。

就静曲强度而言，在表 3.3 中，模型 P 项 <0.0176，表明温压试件静曲强度的模型显著；相关系数 R^2 为 $0.9341>0.8$ 说明该模型的拟合度好，可用于分析和预测响应值[12]，本试验得出的模型能很好地描述试验结果。通常情况下，离散系数（$C.V.\%$）越低，试验的可信度和精度越好，$C.V.\%=2.56$，表明试验的可信度和精度较高，适用性好；A、B、C、AC、A^2、B^2、C^2 的 P 值均在 0.05 以下，说明成形温度、成形压力、保温时间的主效应以及成形温度与保温时间的交互作用对静曲强度有显著影响；由 P 值的大小可以看出，在成形温度、成形压力、保温时间 3 个因素中，成形压力和温度对试件静曲强度的影响较保温时间显著。模型的 $P_{失拟}$ 为 0.0856 不显著，说明模型拟合度很好，建立的回归方程能代替试验的真实点解释响应结果。因素回归拟合除去不显著项的方程如下：

$$Y_{Y1} = 1.18A + 1.16B + 1.09C - 2.09AC - 1.08BC - 2.32A^2 - 1.85B^2 - 2.36C^2 + 49.82 \tag{3.6}$$

表 3.3　基于杨木粉温压成形材料的静曲强度数学模型适应性与方差分析

来源	平方和	自由度	均方	F 值	Prob>F	显著性
模型	99.98	9	11.11	7.88	0.017 6	显著
A—成形温度/℃	11.23	1	11.23	7.96	0.037 0	显著
B—成形压力/MPa	10.76	1	10.76	7.63	0.039 7	显著
C—成形时间/min	9.55	1	9.55	6.77	0.048 1	显著
AB	1.000E−004	1	1.000E−004	4.452E−005	0.994 9	不显著
AC	17.56	1	17.56	12.45	0.016 8	显著
BC	4.67	1	4.67	3.31	0.128 6	一般显著
A^2	19.93	1	19.93	14.13	0.013 2	显著
B^2	12.61	1	12.61	8.94	0.030 4	显著
C^2	20.62	1	20.62	14.62	0.012 3	显著
残差	7.05	5	1.41			
失拟项	6.64	3	2.21	10.85	0.085 6	不显著
纯误差	0.41	2	0.20			
复相关系数　R^2=0.934 1						
离散系数　$C.V.\%$=2.56						

在静曲强度回归方程中，A、B、C 变量的二次项的系数是负值，表明方程的抛物面开口向下，具有极大值点，能够进行最优分析。

利用 Design Expert 软件对表 3.2 数据进行二次多元回归拟合得到二次回归方程的响应曲面及其等高线见图 3.10～图 3.12。对二因素交互作用影响杨木粉温压成形试件的静曲强度进行分析与评价。

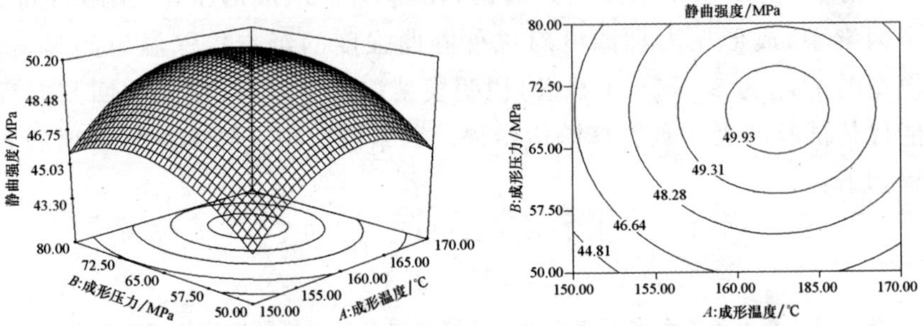

图 3.10　基于杨木粉温压成形材料的 $Y_{Y1}=f(A,B)$ 响应面和等高线图

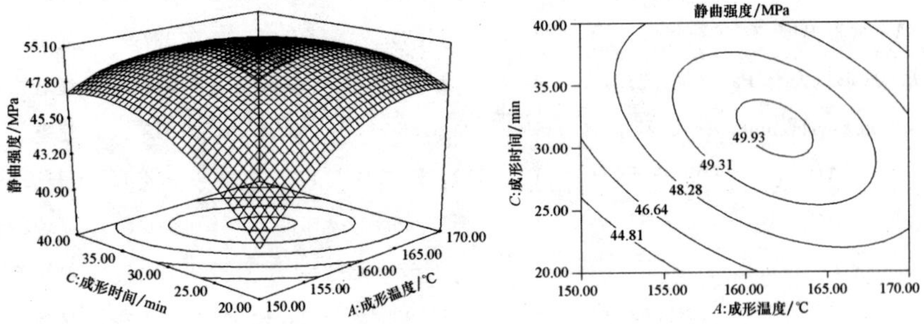

图 3.11　基于杨木粉温压成形材料的 $Y_{Y1}=f(A,C)$ 响应面和等高线图

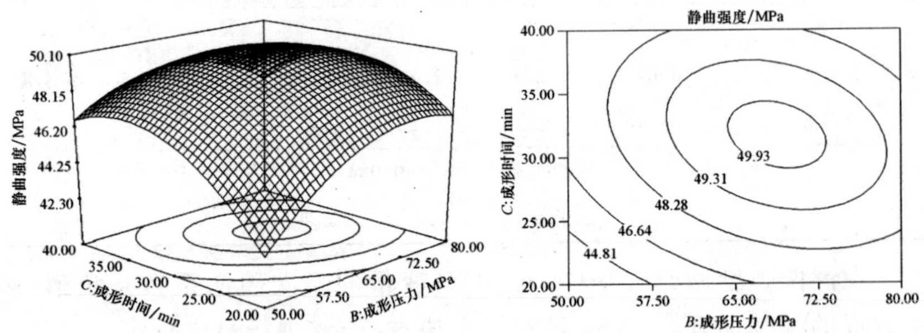

图 3.12　基于杨木粉温压成形材料的 $Y_{Y1}=f(B,C)$ 响应面和等高线图

从图 3.10 所示成形温度(A)与成形压力(B)的交互作用响应面 3D 图和等高线图可知，在保温时间(C)为 30 min，成形压力(B)一定时，随着成形温度(A)的升高，试件的响应值静曲强度(Y_{Y1})呈增加趋势，而成形温度(A)升高到一定值，试件的静曲强度(Y_{Y1})出现最大值，然后呈下降趋势；当温度(A)恒定时，静曲强度(Y_{Y1})随成形压力(B)的变化趋势基本类似。等高线图的椭圆度不明显，说明成形温度(A)与成形压力(B)的交互作用不显著，这与表 3.3 中 AB 项检验结果不显著($P_{AB}=0.994\ 9$)相符。随着成形压力(B)的增大，响应值 Y_{Y1} 出现最大值的 A 值降低；同时还可观察到，试件的静曲强度(Y_{Y1})受成形压力(B)的影响高于成形温度(A)，表 3.3 中 $P_A=0.037$，$P_B=0.039\ 7$，表示成形温度(A)对试件静曲强度(Y_{Y1})影响的显著性高于成形压力(B)。

图 3.11 表明，试件的静曲强度(Y_{Y1})受成形温度(A)与保温时间(C)的交互影响，在 65 MPa 成形压力(B)下保持成形温度(A)为定值，随着保温时间(C)的增加而增大，达到峰值后下降；而当保温时间(C)一定时，试件的静曲强度(Y_{Y1})随成形温度(A)的变化趋势具有一致性。表 3.3 中，AC 项检验结果显著($P_{AC}-0.016\ 8$)，结合等高线图可知，成形温度(A)与保温时间(C)的交互作用显著；当成形温度(A)偏高时，保温时间(C)应适当缩短才能使试件获得较高的静曲强度(Y_{Y1})。

图 3.12 是成形压力(B)与保温时间(C)的交互作用响应面 3D 图与等高线图。可以看出，当成形温度(A)为 160 ℃，成形压力(B)一定时，随保温时间(C)的延长，试件的静曲强度(Y_{Y1})呈增加趋势，而当保温时间(C)达到一定值，试件的静曲强度(Y_{Y1})出现最大值，然后呈下降趋势；当保温时间(C)恒定时，试件的静曲强度(Y_{Y1})随成形压力(B)的变化具有相同趋势。等高线图具有较小的椭圆度，说明成形压力(B)与保温时间(C)的交互作用不明显，可从表 3.3 中 BC 项检验结果($P_{BC}=0.128\ 6$，一般显著)得到证明，意味着成形压力(B)增大时，保温时间(C)应适当缩短。由等高线图形状及表 3.3 中 $P_B=0.039\ 7$、$P_C=0.048\ 1$ 可知：成形压力(B)对试件静曲强度(Y_{Y1})影响的显著性高

于保温时间(C),即成形压力(B)的对试件静曲强度(Y_{Y1})的影响作用更大。

表 3.4　基于杨木粉温压成形材料的试验数据二次回归方程

响应值	回归方程
静曲强度	$Y_{Y1}=1.18A+1.16B+1.09C-2.09AC-1.08BC-2.32A^2-1.85B^2-2.36C^2+49.82$
内结合强度	$Y_{Y2}=4.66+0.12A+0.13B+0.11C-0.018AB-0.073AC-0.055BC-0.15A^2-0.10B^2-0.13C^2$
抗拉强度	$Y_{Y3}=19.05+0.47A+0.57B+0.43C+0.047AB-0.30AC-0.35BC-0.62A^2-0.94B^2-0.65C^2$
弹性模量	$Y_{Y4}=3911+79.25A+103.12B+69.13C-66.50AB-34.50AC-95.75BC-136.87A^2-109.62B^2-133.63C^2$
吸水率	$Y_{Y5}=3.15-1.27A-0.75B-0.69C+0.36AB+0.58AC+0.46BC+0.72A^2+0.39B^2+0.20C^2$

事实上,成形温度(A)、成形压力(B)、保温时间(C)三因素对温压试件的内结合强度、抗拉强度和弹性模量的影响规律与静曲强度相似。对于这一点可从借助 Design Expert 软件对表 3.2 及其续表的相应数据进行二次多元回归拟合得到的二次回归方程(见表 3.4)的响应曲面与等高线(见图 3.13～图 3.21)得到证实。而 A、B、C 三因素对试件吸水率的影响规律则明显不同:当保温时间(C)为 30 min、成形压力(B)一定时,或成形压力(B)为 65 MPa、保持成形温度(A)为定值时,或成形温度(A)为 160 ℃、成形压力(B)一定时,随着保温时间(C)的延长,或保温时间(C)的增加,或成形温度(A)的升高,试件的含水率都是先急剧下降,然后在一个较低的水平基本趋于恒定。表 3.4 所列二次回归方程(Y_{Y5})对应的响应曲面与等高线(见图 3.22～图 3.24)即是有力证明。

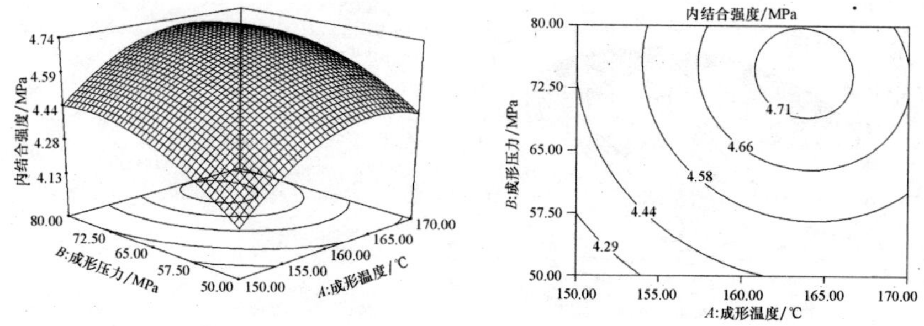

图 3.13　基于杨木粉温压成形材料的 $Y_{Y2}=f(A,B)$ 响应面和等高线图

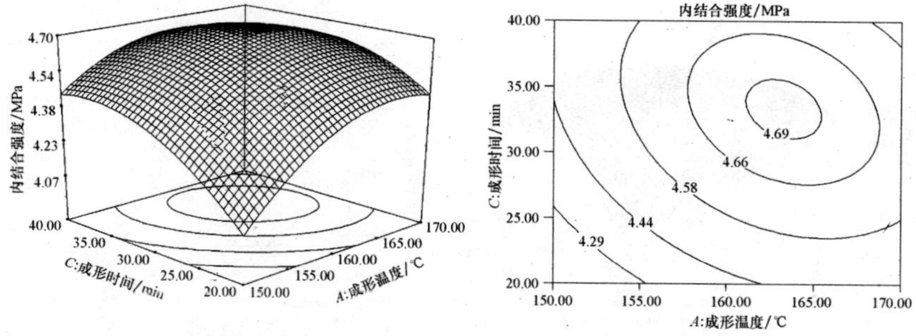

图 3.14　基于杨木粉温压成形材料的 $Y_{Y2}=f(A,C)$ 响应面和等高线图

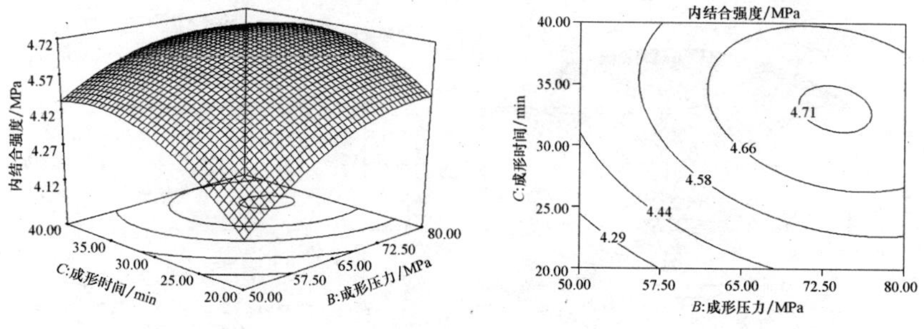

图 3.15　基于杨木粉温压成形材料的 $Y_{Y2}=f(B,C)$ 响应面和等高线图

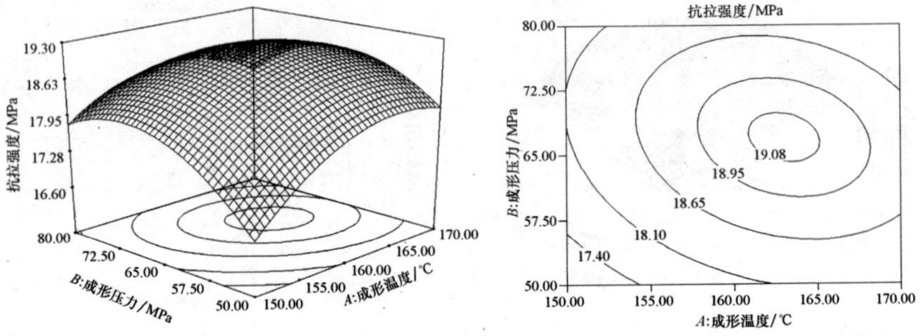

图 3.16　基于杨木粉温压成形材料的 $Y_{Y3}=f(A,B)$ 响应面和等高线图

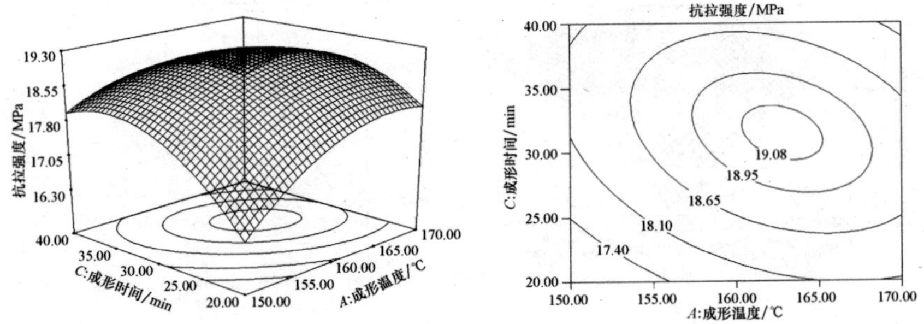

图 3.17　基于杨木粉温压成形材料的 $Y_{Y3}=f(A,C)$ 响应面和等高线图

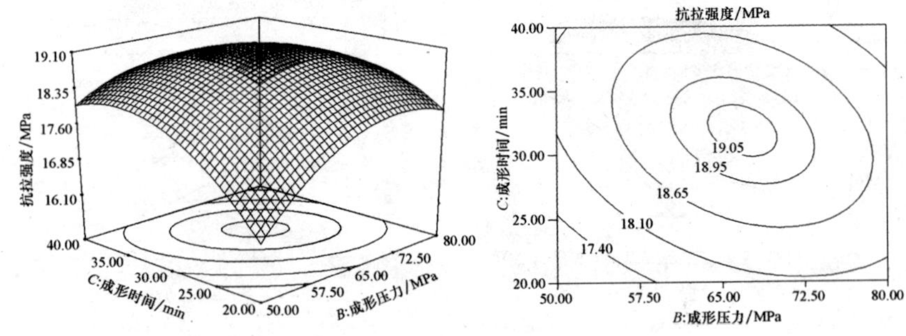

图 3.18　基于杨木粉温压成形材料的 $Y_{Y3}=f(B,C)$ 响应面和等高线图

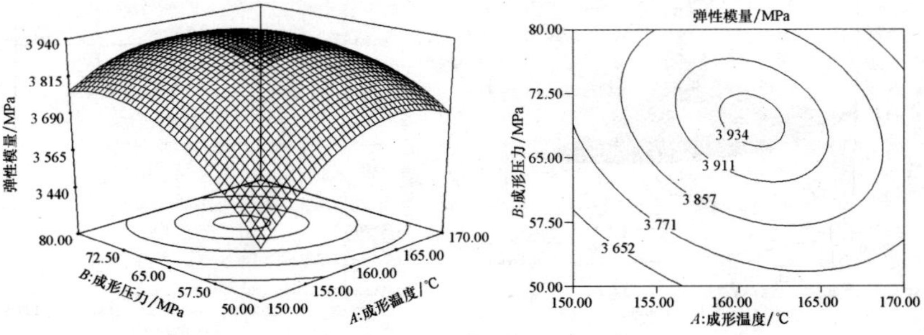

图 3.19　基于杨木粉温压成形材料的 $Y_{Y4}=f(A,B)$ 响应面和等高线图

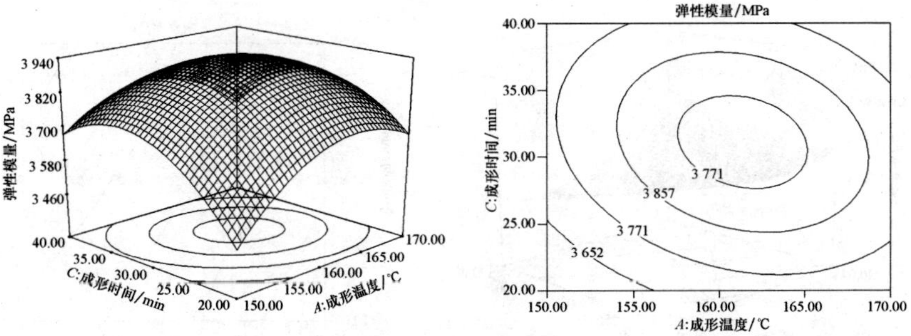

图 3.20　基于杨木粉温压成形材料的 $Y_{Y4}=f(A,C)$ 响应面和等高线图

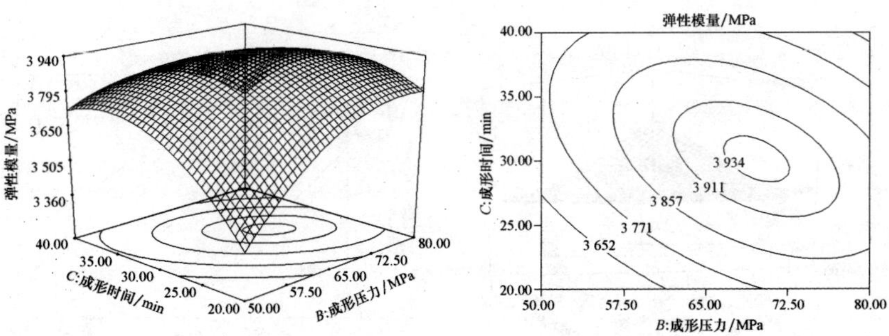

图 3.21　基于杨木粉温压成形材料的 $Y_{Y4}=f(B,C)$ 响应面和等高线图

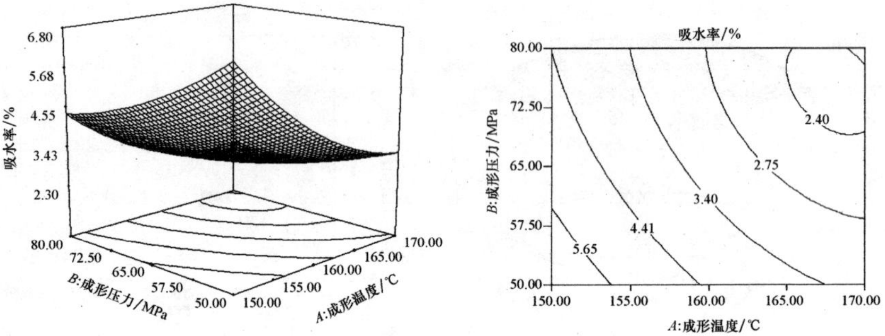

图 3.22 基于杨木粉温压成形材料的 $Y_{Y5}=f(A,B)$ 响应面和等高线图

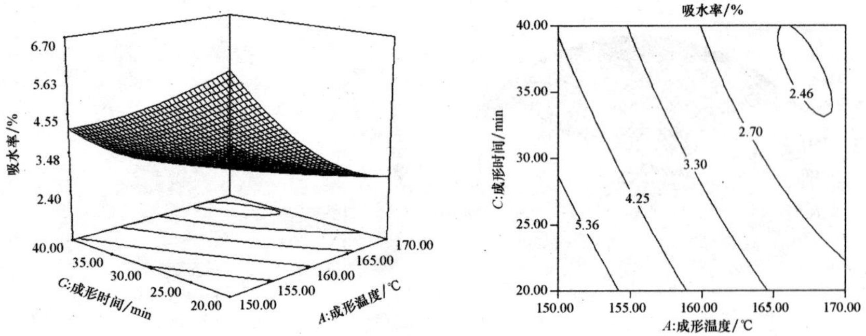

图 3.23 基于杨木粉温压成形材料的 $Y_{Y5}=f(A,C)$ 响应面和等高线图

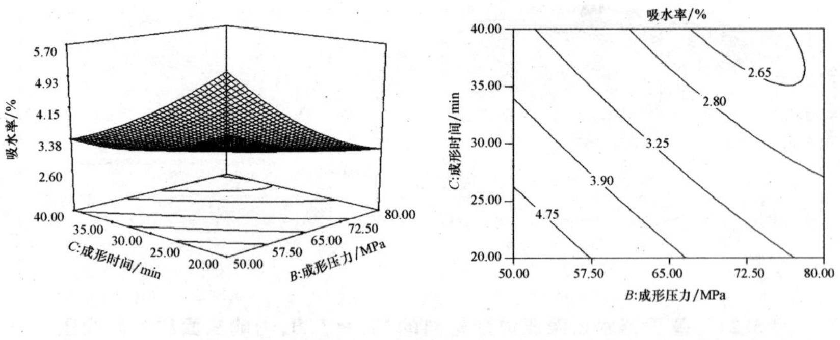

图 3.24 基于杨木粉温压成形材料的 $Y_{Y5}=f(B,C)$ 响应面和等高线图

使用 Design Expert 软件进行多响应值的最优条件选择，综合静曲强度，内结合强度、抗拉强度、弹性模量和吸水率 5 个性能指标，对杨木粉试件无胶温压成形最佳工艺条件进行综合优化。基本原则是：对于试件的吸水率不追求最低值，将其限制在一定范围内，在确保试件材料具有足够防水性能的前提下，追求其各项力学性能最优。

在 Design Expert 软件参数框中按表 3.5 分别选取各响应参数进行综合优化设置，结果列于表 3.6。

表 3.5　杨木粉温压成形工艺参数综合优化设置表

参数 响应值	Goal	Limits		表 3.2 中实测值
		lower	Upper （>极值）	
吸水率/%	in range	2.5	3	2.5～6.55
静曲强度/MPa	maximize	39.85	52	39.85～50.29
内结合强度/MPa		4.07	5.00	4.07～4.82
抗拉强度/MPa		16.26	20	16.26～19.43
弹性模量/MPa		3402	4 500	3 402～3 900

表 3.6　杨木粉温压成形工艺参数综合优化结果

最佳工艺参数			响应值预测值				
成形温度/℃	成形压力/MPa	保温时间/min	静曲强度/MPa	内结合强度/MPa	抗拉强度/MPa	弹性模量/MPa	吸水率/%
162.68	70.18	31.43	50.12	4.72	19.24	3940	2.63
满意度 (Desirability)				0.922			

3.3.5.2　基于芦苇秆粉末的响应面法试验设计与结果

(1)试验设计及结果

试验设计与结果见表 3.7。

表 3.7　基于芦苇秆粉末温压成形材料的响应面设计与试验结果

试验组号	A:成形温度/℃	B:成形压力/MPa	C:保温时间/min	静曲强度/MPa		弹性模量/MPa		吸水率/%	
				实测值	预测值	实测值	预测值	实测值	预测值
1	−1	−1	0	51.20	50.50	4 057	4 031	5.01	5.22
2	1	−1	0	52.69	53.50	4 302	4 320	1.31	1.67
3	−1	1	0	54.10	53.29	4 358	4 340	3.22	2.86
4	1	1	0	54.30	55.00	4 273	4 300	1.26	1.05
5	−1	0	−1	46.81	47.67	3 965	3 995	5.05	5.10
6	1	0	−1	55.17	54.51	4 250	4 236	1.41	1.31
7	−1	0	1	53.49	54.15	4 201	4 215	2.60	2.70
8	1	0	1	52.87	52.02	4 253	4 223	1.17	1.12
9	0	−1	−1	50.41	50.25	3 993	3 990	4.41	4.15
10	0	1	−1	54.08	54.04	4 360	4 348	1.36	1.67
11	0	−1	1	53.85	53.89	4 295	4 307	2.18	1.87
12	0	1	1	54.23	54.39	4 235	4 238	1.11	1.37
13	0	0	0	57.45	57.44	4 519	4 528	1.65	1.79
14	0	0	0	56.62	57.44	4 466	4 528	2.01	1.79
15	0	0	0	58.25	57.44	4 600	4 528	1.71	1.79

试验组号	A:成形温度/℃	B:成形压力/MPa	C:保温时间/min	内结合强度/MPa		抗拉强度/MPa		密度/ $g \cdot cm^{-3}$	
				实测值	预测值	实测值	预测值	实测值	预测值
1	−1	−1	0	4.70	4.67	19.48	19.63	1.397	1.399
2	1	−1	0	4.96	4.94	20.84	20.94	1.408	1.407
3	−1	1	0	4.92	4.94	21.25	21.15	1.412	1.413
4	1	1	0	5.11	5.14	22.01	21.86	1.444	1.442
5	−1	0	−1	4.59	4.59	20.01	19.86	1.409	1.406
6	1	0	−1	4.99	4.98	21.08	20.98	1.419	1.420
7	−1	0	1	4.93	4.94	20.52	20.62	1.418	1.417
8	1	0	1	5.04	5.04	21.37	21.52	1.437	1.440
9	0	−1	−1	4.58	4.61	19.66	19.66	1.396	1.397
10	0	1	−1	4.93	4.91	20.84	21.09	1.412	1.413
11	0	−1	1	4.85	4.87	20.76	20.51	1.405	1.404
12	0	1	1	5.08	5.05	21.54	21.54	1.437	1.437
13	0	0	0	5.16	5.17	21.85	21.90	1.419	1.418
14	0	0	0	5.06	5.17	21.65	21.90	1.406	1.418
15	0	0	0	5.30	5.17	22.20	21.90	1.429	1.418

(2)模型回归方程方差分析

按照基于杨木粉的“模型回归方程方差分析”同样的方法，利用 Design Expert 软件进行二次多元回归拟合，由软件失拟项测试推荐的二次模型拟合试验数据，采用二次模型进行变异分析，分析结果与“基于杨木粉的模型回归方程方差分析”结果有着惊人的相似。表 3.8 所列为静曲强度的“模型回归方程方差分析”结果。

表 3.8　芦苇粉温压成形材料的静曲强度数学模型适应性与方差分析

来源	平方和	自由度	均方	F 值	Prob>F	显著性
模型	106.71	9	11.86	9.87	0.010 7	显著
A—成形温度/℃	11.12	1	11.12	9.25	0.028 7	显著
B—成形压力/MPa	9.16	1	9.16	7.62	0.039 8	显著
C—成形时间/min	7.94	1	7.94	6.61	0.050 0	显著
AB	0.42	1	0.42	0.35	0.581 8	不显著
AC	20.16	1	20.16	16.78	0.009 4	显著
BC	2.71	1	2.71	2.25	0.193 7	一般显著
A^2	27.17	1	27.17	22.61	0.005 1	显著
B^2	10.11	1	10.11	8.42	0.033 7	显著
C^2	25.78	1	25.78	21.46	0.005 7	显著
残差	6.01	5	1.20			
失拟项	4.68	3	1.56	2.35	0.3126	不显著
纯误差	1.33	2	0.66			
复相关系数　$R^2=0.9467$						
离散系数　$C.V.\%=2.04$						

借助 Design Expert 软件对表 3.7 所列试验数据进行二次多元回归拟合得到的二次回归方程(见表 3.8)的响应面与等高线(见图 3.25～图 3.39)表明，成形温度(A)、成形压力(B)、保温时间(C)三因素对试件的静曲强度、内结合强度、抗拉强度、弹性模量和吸水率的影响规律与杨木粉一致。

表 3.9 基于芦苇秆粉末温压成形材料的试验数据的二次回归方程

响应值	回归方程
静曲强度	$Y_{L1}=57.44+1.18A+1.07B+1.00C-2.25AC-0.82BC-2.71A^2-1.65B^2-2.64C^2$
内结合强度	$Y_{L2}=5.17+0.12A+0.12B+0.10C-0.072AC-0.11A^2-0.14B^2-0.17C^2$
抗拉强度	$Y_{L3}=21.90+0.50A+0.61B+0.33C-0.48A^2-0.52B^2-0.68C^2$
弹性模量	$Y_{L4}=4528.33+62.12A+72.37B+52.00C-82.50AB-58.25AC-106.75BC-167.17A^2-113.67B^2-193.92C^2$
吸水率	$Y_{L5}=1.79-1.34A-0.75B-0.65C+0.44AB+0.55AC+0.50BC+0.60A^2+0.31B^2$

使用 Design Expert 软件进行多响应值的最优条件选择，综合静曲强度、内结合强度、抗拉强度、弹性模量和吸水率 5 个性能指标，对芦苇秆粉末试件无胶温压成形最佳工艺条件进行综合优化。基本原则和杨木粉一致，仍然是：对于试件的吸水率不追求最低值，将其限制在一定范围内，在确保试件材料具有足够防水性能的前提下，追求其各项力学性能最优。

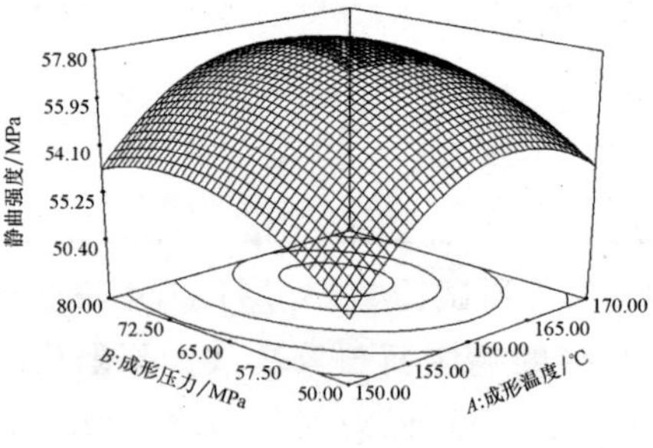

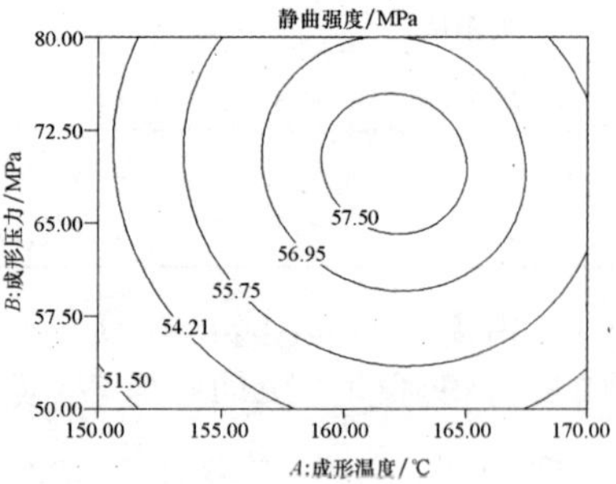

图 3.25 基于芦苇秆粉末的 $Y_{L1}=f(A,B)$ 响应面和等高线图

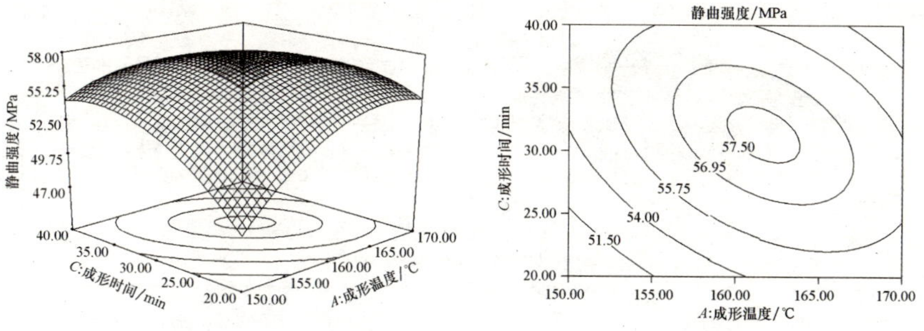

图 3.26　基于芦苇秆粉末的 $Y_{L1}=f(A,C)$ 响应面和等高线图

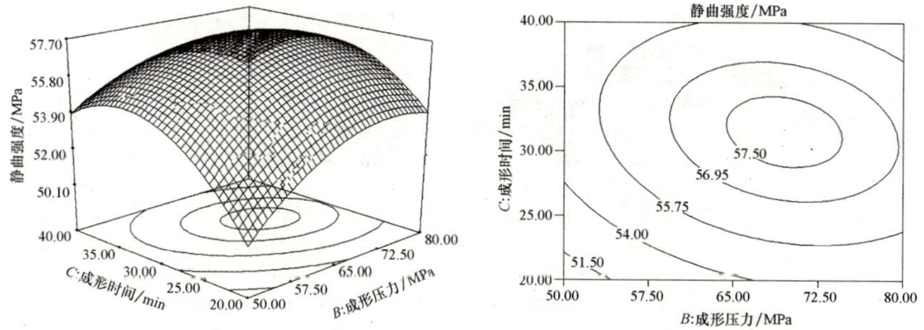

图 3.27　基于芦苇秆粉末的 $Y_{L1}=f(B,C)$ 响应面和等高线图

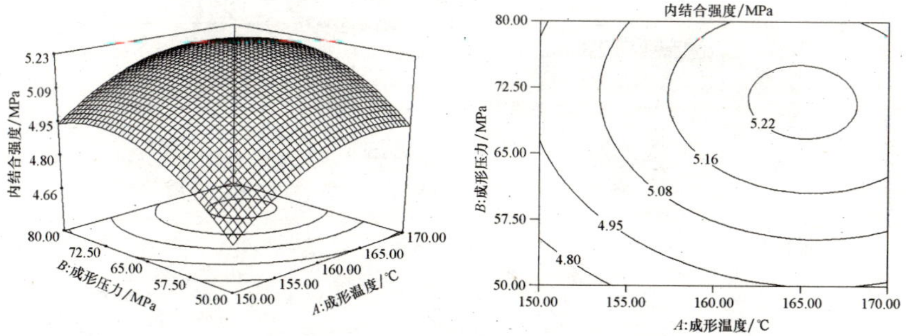

图 3.28　基于芦苇秆粉末的 $Y_{L2}=f(A,B)$ 响应面和等高线图

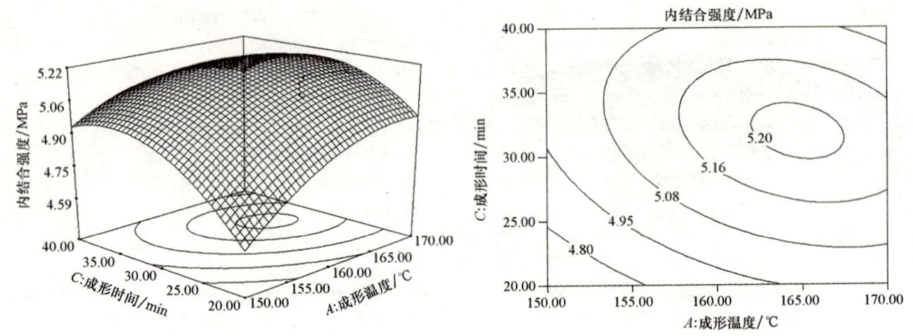

图 3.29　基于芦苇秆粉末的 $Y_{L2}=f(A,C)$ 响应面和等高线图

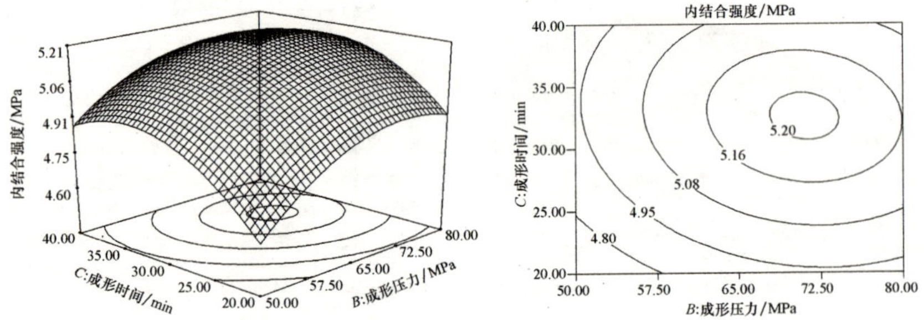

图 3.30　基于芦苇秆粉末的 $Y_{L2}=f(B,C)$ 响应面和等高线图

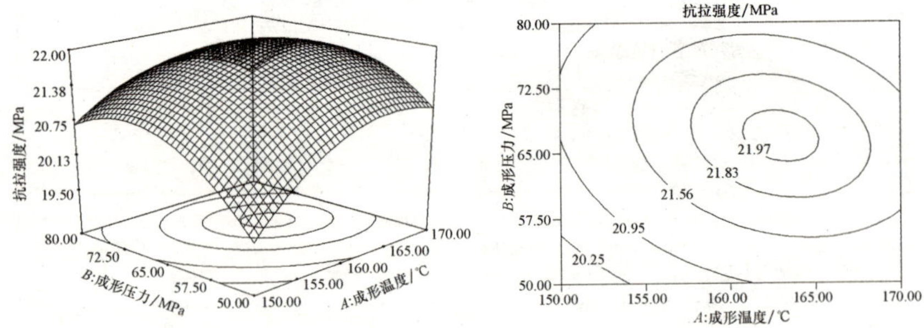

图 3.31　基于芦苇秆粉末的 $Y_{L3}=f(A,B)$ 响应面和等高线图

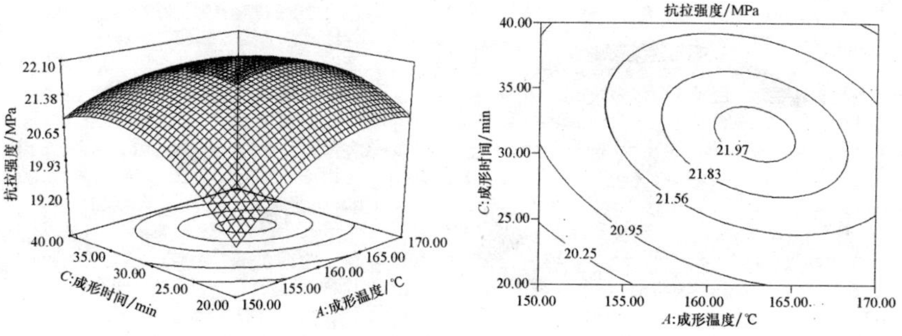

图 3.32　基于芦苇秆粉末的 $Y_{L3}=f(A,C)$ 响应面和等高线图

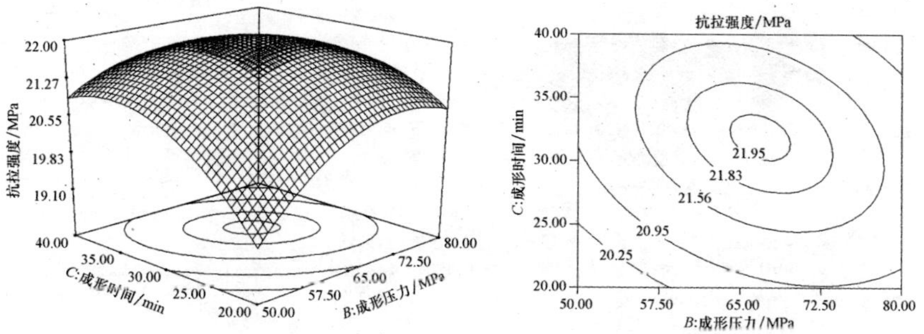

图 3.33　基于芦苇秆粉末的 $Y_{L3}=f(B,C)$ 响应面和等高线图

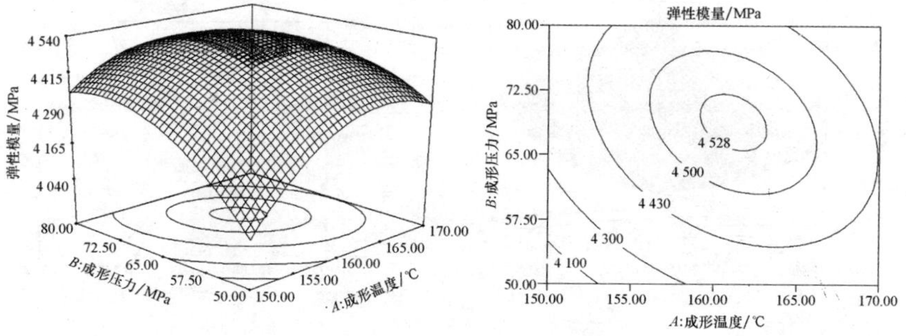

图 3.34　基于芦苇秆粉末的 $Y_{L4}=f(A,B)$ 响应面和等高线图

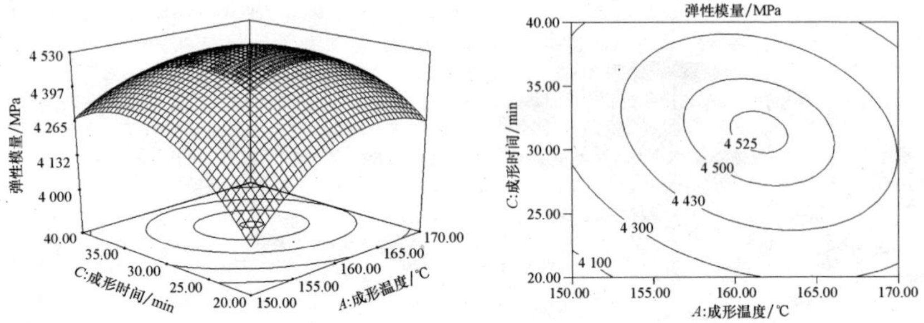

图 3.35　基于芦苇秆粉末的 $Y_{L4}=f(A,C)$ 响应面和等高线图

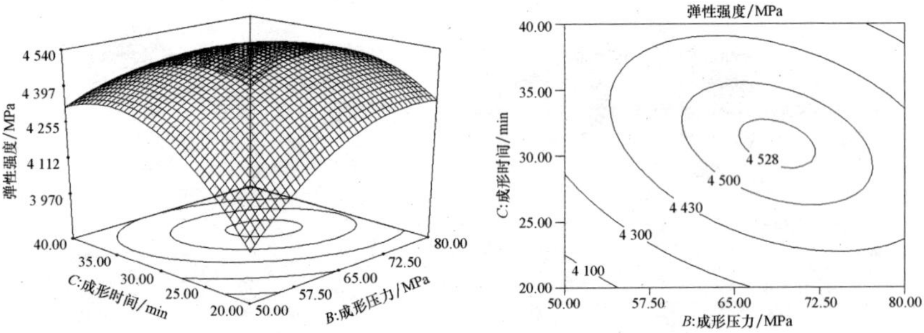

图 3.36　基于芦苇秆粉末的 $Y_{L4}=f(B,C)$ 响应面和等高线图

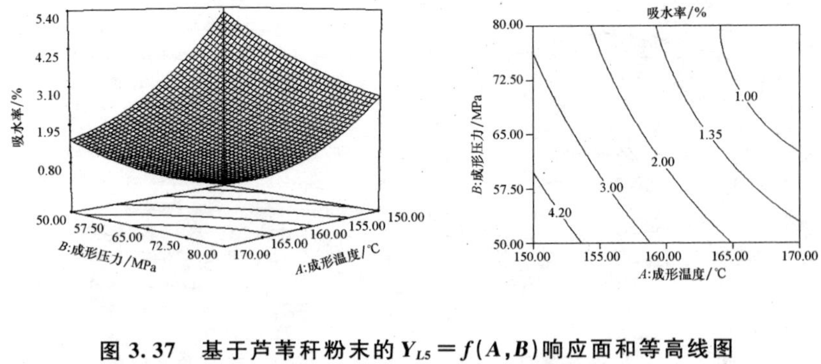

图 3.37　基于芦苇秆粉末的 $Y_{L5}=f(A,B)$ 响应面和等高线图

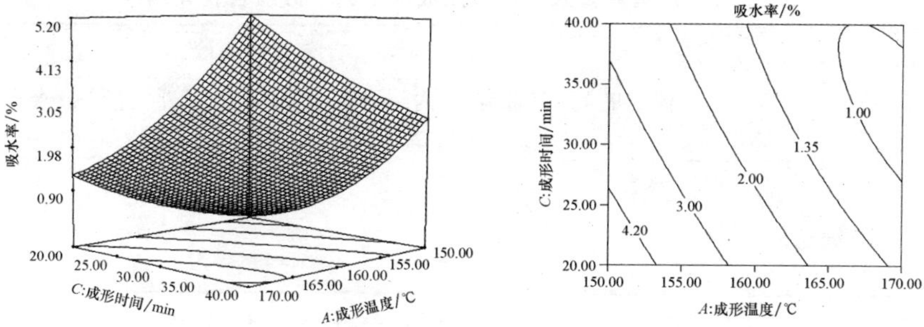

图 3.38　基于芦苇秆粉末的 $Y_{L5}=f(A,C)$ 响应面和等高线图

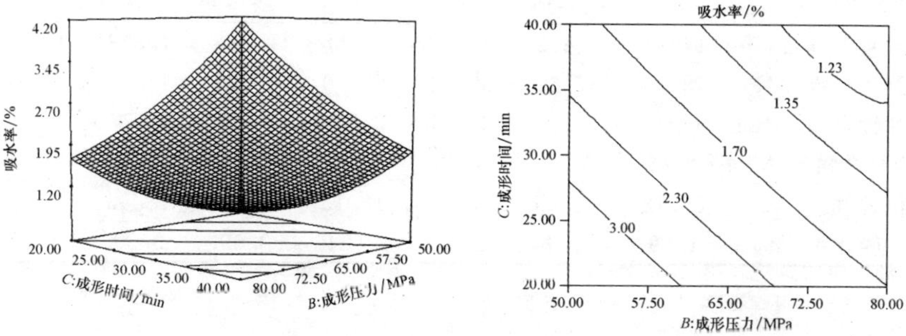

图 3.39　基于芦苇秆粉末的 $Y_{L5}=f(B,C)$ 响应面和等高线图

在 Design Expert 软件参数框中按表 3.10 分别选取各响应参数进行综合优化设置，综合优化结果列于表 3.11。

表 3.10　芦苇秆粉末无胶温压成形工艺参数综合优化设置表

参数 / 响应值	Goal	Limits		表 3.7 中实测值
		lower	Upper（>极值）	
吸水率/%	in range	1.11	2	1.11～5.05
静曲强度/MPa	maximize	46.58	60	46.81～58.25
内结合强度/MPa		4.58	5.5	4.58～5.30
抗拉强度/MPa		19.48	25	19.48～22.20
弹性模量/MPa		3 965	5 000	3 965～4 600

表 3.11 芦苇秆粉末无胶温压成形工艺参数综合优化结果

最佳工艺参数			响应值预测值				
成形温度/℃	成形压力/MPa	保温时间/min	静曲强度/MPa	内结合强度/MPa	抗拉强度/MPa	弹性模量/MPa	吸水率/%
162.55	70.29	31.03	57.69	5.23	22.16	4535	1.27
满意度(Desirability)			0.628				

表 3.12 验证试验结果

原料 性能指标	芦苇秆粉		杨木粉		棉梗粉	毛竹粉	松木粉
	实测值	预测值	实测值	预测值	实测值	实测值	实测值
密度/$g\cdot cm^{-3}$	1.413	1.422	1.382	1.385	1.393	1.359	1.375
静曲强度/MPa	58.32	57.61	50.11	50.00	47.92	44.22	31.16
弹性模量/MPa	4 603	4 540	4 013	3 933	3 822	3 527	2 592
内结合强度/MPa	4.76	5.20	4.23	4.69	4.03	3.72	2.62
抗拉强度/MPa	23.12	22.05	20.77	19.13	20.13	18.58	13.09
吸水率/%	1.29	1.58	2.57	2.94	3.09	5.59	1.52

综合上述杨木粉和芦苇秆粉末温压成形工艺参数优化结果，同时考虑操作的方便，认为杨木粉、芦苇秆粉末等木质粉末无胶温压成形的最优工艺条件为：成形压力 70 MPa、成形温度 160 ℃、保温时间 30 min。5 种木质粉末验证试验结果列于表 3.12，与模型预测值基本相符。5 种木质粉末在最优工艺条件下的温压成形材料的断口形貌的 SDDM 和 SEM 照片如图 3.40～图 3.44 所示。

从验证试验结果可以看出，按最优工艺条件制备的 5 种木质温压成形材料的性能与预测值基本相符，且所得温压材料的性能指标都比单因素试验结果好，说明模型的适用性高，通过响应面分析法确定木质粉末温压成形最佳工艺条件切实可行。

值得关注的是：图 3.40～图 3.44 所示 5 种温压材料的 SDDM 光学显微断口形貌和 SEM 电子显微镜断口形貌材质密实，塑化与撕裂痕迹明显，木粉颗粒间普遍融合，让人们看到了采用低廉木质粉末借助无胶温压成形工艺制备可供高质工业应用的高密度、高性能、高附加值木质功能材料的曙光。

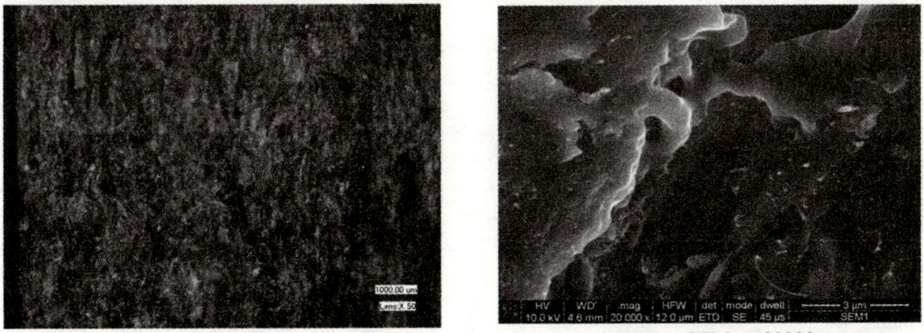

SDDM　×50　　　SEM　×20000

图 3.40　芦苇秆粉末温压成形材料断口形貌

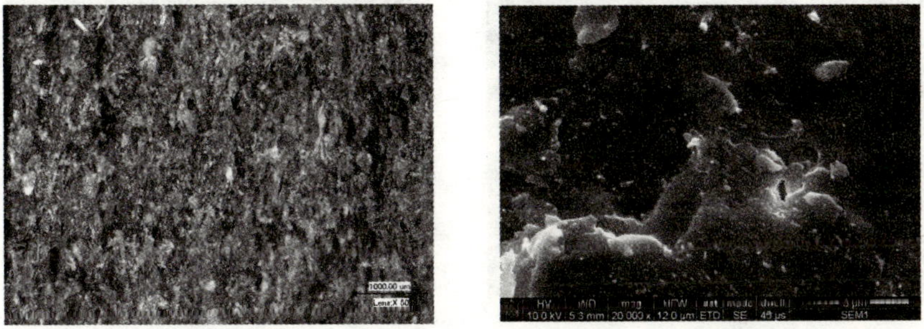

SDDM　×50　　　SEM　×20000

图 3.41　杨木粉温压成形材料断口形貌

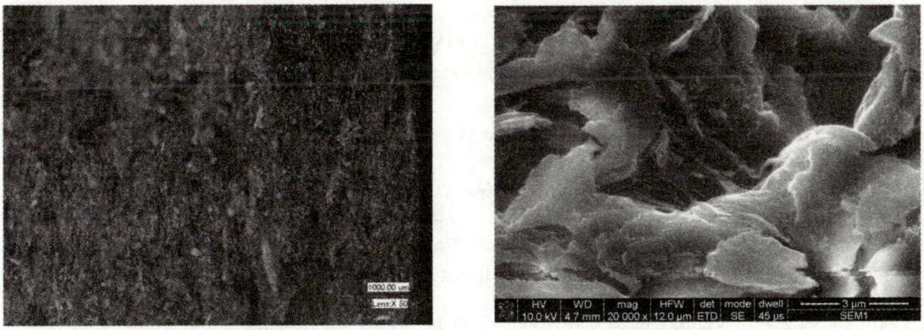

SDDM　×50　　　SEM　×20000

图 3.42　棉梗粉温压成形材料断口形貌

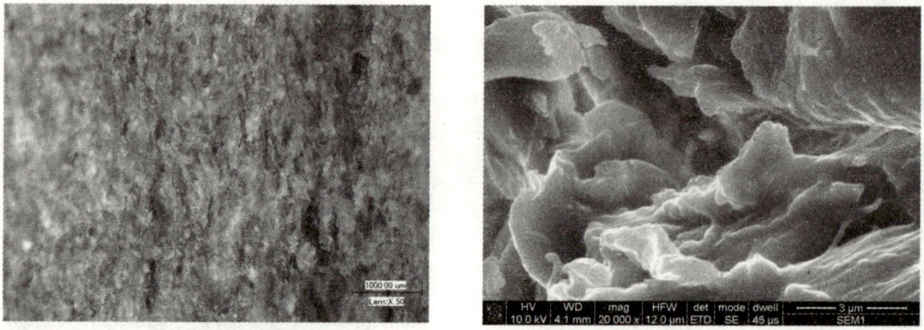

SDDM ×50　　　　SEM ×20000

图 3.43　松木粉温压成形材料断口形貌

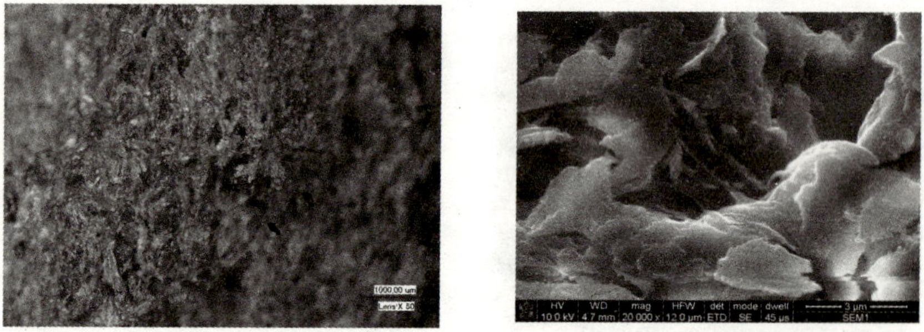

SDDM ×100　　　　SEM ×20000

图 3.44　毛竹粉温压成形材料断口形貌

3.4 小　结

(1)以杨木粉和芦苇秆粉末为代表,采用响应面分析法对影响木质粉末无胶温压成形效果的成形压力、成形温度和保温时间 3 个关键因素的最佳水平及其交互作用进行了研究。利用统计学方法分别建立了杨木粉和芦苇秆粉末无胶温压成形试件的静曲强度、内结合强度、抗拉强度、弹性模量和吸水率的二次多项数学模型,得到了木质粉末无胶温压成形的最优工艺参数组合:成形压力 70 MPa、成形温度 160 ℃、保温时间 30 min。

响应面曲线及其等高线分析与模型方程优化求解表明，杨木粉无胶温压成形的最佳工艺参数为：成形压力 70.18 MPa、成形温度 162.68 ℃、保温时间 31.43 min；芦苇秆粉末无胶温压成形的最佳工艺参数为：成形压力 70.29 MPa、成形温度 162.55 ℃、保温时间 31.03 min。为便于推广应用与操作的方便，综合杨木粉和芦苇秆粉末无胶温压成形工艺参数优化结果，把木质粉末无胶温压成形的工艺条件优化为：成形压力 70 MPa、成形温度 160 ℃、保温时间 30 min，并作为验证试验工艺条件。在此工艺条件下，对包括杨木粉、芦苇秆粉末在内的 5 种木质粉末实施无胶温压成形，获得的试件静曲强度、内结合强度、抗拉强度、弹性模量和吸水率检测值与模型的预测值基本相符。不仅说明模型的适用性高，以及响应面分析法确定木质粉末无胶温压成形最佳工艺条件的可行性；同时可认定“成形压力 70 MPa、成形温度 160 ℃、保温时间 30 min”工艺参数组合，对杨木粉、芦苇秆粉末之外的其他木质粉末（如松木粉、棉梗粉、毛竹粉等）的无胶温压成形具有通用性。

(2)采用最优高压无胶温压工艺制备的 5 种温压材料的 SDDM 光学显微断口形貌和 SEM 电子显微镜断口形貌，材质密实，塑化与撕裂痕迹明显，木粉颗粒间融合普遍，显露出采用低廉木质粉末通过无胶温压工艺制备高密度、高性能、高附加值木质环境功能材料的曙光。

参考文献

[1]Okuda N, Sato M. Manufacture and mechanical properties of binderless boards from kenaf core[J]. J Wood Sci, 2004, 50(1): 53-61.

[2]Velasquez JA, Ferrando F, Farriol X, etal. Binderless fiberboard from steam exploded Miscanthus sinensis[J]. Wood Sci Technol 2003, 37: 269-278.

[3]Laemsak N, OkumaM. Development of boards made from oil palm frond Ⅱ: properties of binderless boards from steam exploded fibers of oil palm frond[J]. J Wood Sci, 2000, 46: 322-326.

[4]邵顺流，朱汤军. 毛竹无胶黏剂蒸爆板的制造和特性研究[J]. 浙江林业科技，2007, 27(3): 34 37.

[5]Jianying Xu, Guangping Han, E. D. Wong, etal. Development of binderless parti-

cleboard from kenaf core using steam-injection pressing[J]. Journal of Wood Science 2003,49(4):327-332.

[6]Jianying Xu,Ryo Sugawara,Ragil Widyorini,etal. Manufacture and properties of low-density binderless particleboard from kenaf core[J]. Journal of Wood Science,2004,50(1):62-67.

[7]C. Mancera,F. Ferrando,J. Salvado. Cynara cardunculus as raw material for the production of binderless fiberboards:optimization of pretreatment and pressing conditions[J]. Journal of wood chemistry and Technology,2008(28):207-226.

[8]周晓燕,何翠芳,范竞成.冷等离子体处理对棉秆无胶纤维板性能影响[J].林业科技开发,2008,22(5):47-49.

[9]周晓燕,成书生,何翠芳.杨木/棉秆复合无胶纤维板制备工艺初探[J].林业科技开发,2008,22(1):87-89.

[10]何翠芳,周晓燕,朱亮.蒸爆法棉秆无胶纤维板热压工艺初探[J].林产工业,2009,36(1):15-17.

[11]任露泉.试验设计及优化[M].北京:科学出版社,2009.

[12]X. Guan,H. Yao. Optimization of Viscozyme L-assisted extraction of oat bran protein using response surface methodology[J]. Food Chemistry,2008,106:345-351.

第4章　木质粉末温压成形模具设计

4.1　木质粉末压缩比对温压成形装粉高度的影响

木质粉末温压成形是将一定质量(体积)的木质粉末(如－20目芦苇秆粉末)或木质粉末与其他组分的混合物装入刚性模腔，在一定温度条件下通过上、下模冲沿单一轴向方向对粉末施加20～80 MPa高压，通过保温保压和冷却使松散的粉料在封闭的模腔中压缩塑化成符合规定尺寸、形状和物理力学性能的压坯，经冷却后将压坯从模腔中脱出的工艺过程。整个成形过程包括装粉、无胶温压成形(含保温保压与冷却)和脱模3个步骤(如图4.1所示)[1]。粉末压缩比作为成形模具型腔深度设计的主要参数，最终决定装粉高度。

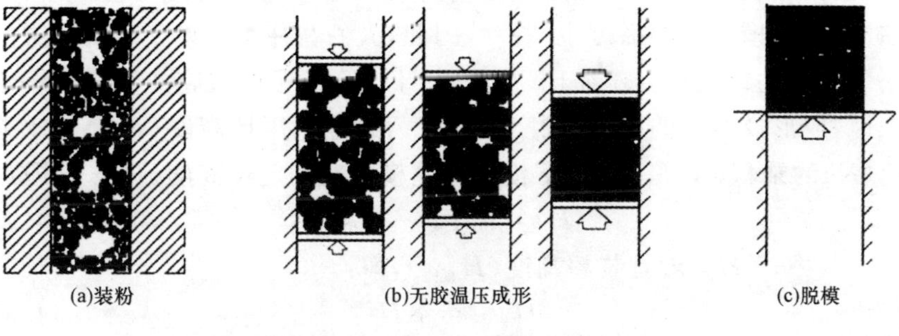

图4.1　木质粉末温压成形的3个步骤

4.1.1　装粉高度与压缩比的关系

用于木质粉末温压成形的模具必须有足够的装粉空间，否则在实施温压成形之前无法装填下压坯既定质量的全部木质原料粉末。显然，合适的模具型腔装粉空间主要取决于型腔的高度尺寸，因为型腔的径向形状与尺寸取决于压坯垂直于压制方向的形状与尺寸。由于压坯的密度往往是原料粉末的几倍，所以在设计计算模具型腔的高度时必须引入称之为压缩比的参数 K。在粉末冶金行业，工程技术人员常常将压制前粉末的体积与压制后压坯的体积比称作压缩比(K)[2-4]，即：

$$K = V_{粉} / V_{坯} \tag{4.1}$$

由于粉末压制成形过程中，成形模横截面尺寸(横截面积)基本上不发生变化，对于沿高度方向截面形状与尺寸相同的模腔而言，压制前粉末的体积与压制后压坯的体积之比就等于它们的高度之比。所以，木质粉末的压缩比也可用粉末的松装高度与压坯的高度之比表示：

$$K = V_{粉} / V_{坯} = (H_{粉} S_{粉})/(H_{坯} S_{坯}) = H_{粉} / H_{坯} \tag{4.2}$$

由于压制过程中粉末的质量基本不变(无损失)，即 $m_{粉} = m_{坯}$，粉末体积与压坯体积之比(即压缩比 K)在数值上等于压坯密度与粉末松装密度之比，即：

$$K = \frac{V_{粉}}{V_{坯}} = \frac{m_{粉} / d_{粉}}{m_{坯} / d_{坯}} = \frac{d_{坯}}{d_{粉}} \tag{4.3}$$

显然，当粉末的松装密度一定时，压坯的密度要求越高，压缩比越大，模具型腔高度越高；当压坯密度要求一定时，粉末松装密度越小，压缩比越大，模具型腔高度也越高。因此，人们往往用压坯密度与粉末的松装密度的比值作为压缩比(K)来设计计算成形模型腔的高度。一般来说，成形模型腔的高度(或阴模高度，H)等于压坯高度($H_{坯}$)与压缩比(K)的乘积($KH_{坯}$)加上下模冲与阴模型腔的定位高度($H_{定位}$)，即：

$$H = KH_{坯} + H_{定位} \tag{4.4}$$

其中，$KH_{坯}$ 就是装粉高度($H_{装粉}$)，即：

$$H_{装粉} = KH_{坯} \tag{4.5}$$

4.1.2 木质粉末压缩比的测定与计算分析

根据第 2 章表 2.7、表 2.10 和表 2.15 所列试验数据，按公式(4.3)经计算可得芦苇秆等 5 种木质粉末的压缩比，列于表 4.1。根据表 4.1 所列数据绘制的 5 种木质粉末的压缩比随压制压力变化的平滑线散点图见图 4.2～图 4.9。

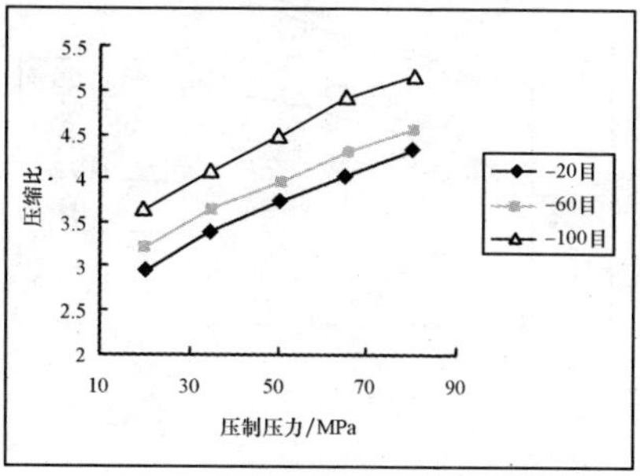

图 4.2　芦苇秆粉末常温压缩比

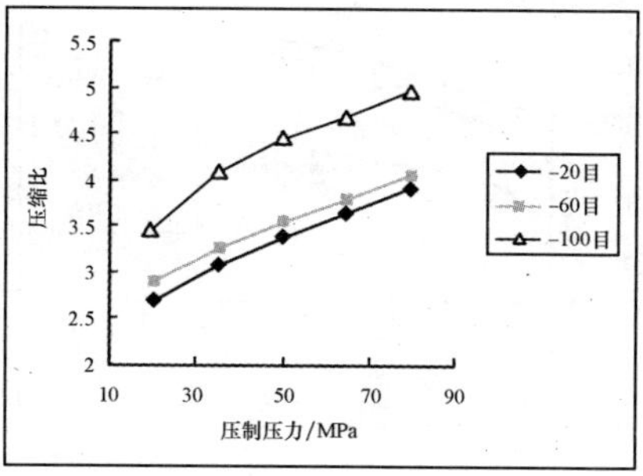

图 4.3　杨木粉常温压缩比

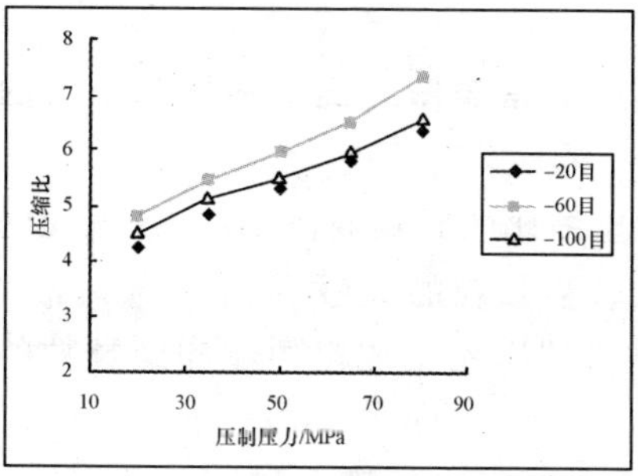

图 4.4　松木粉常温压缩比

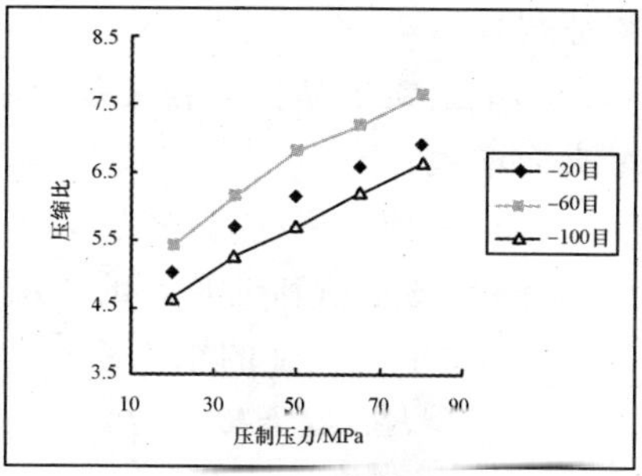

图 4.5　棉梗粉末常温压缩比

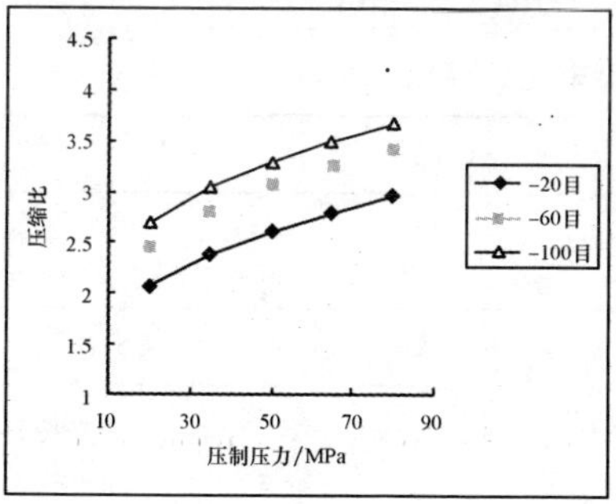

图 4.6　毛竹粉常温压缩比

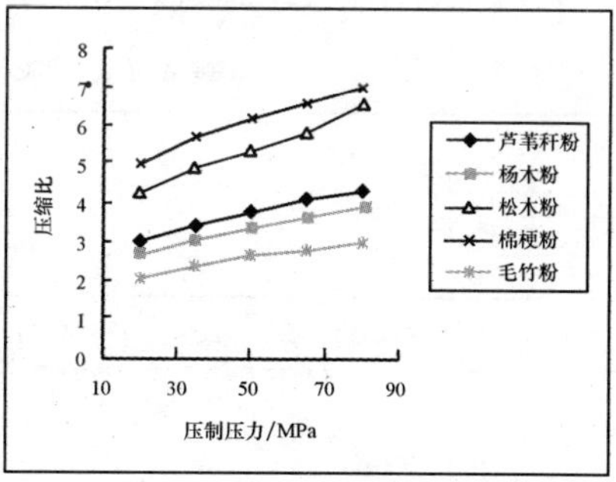

图 4.7　－20 目木质粉末常温压缩比

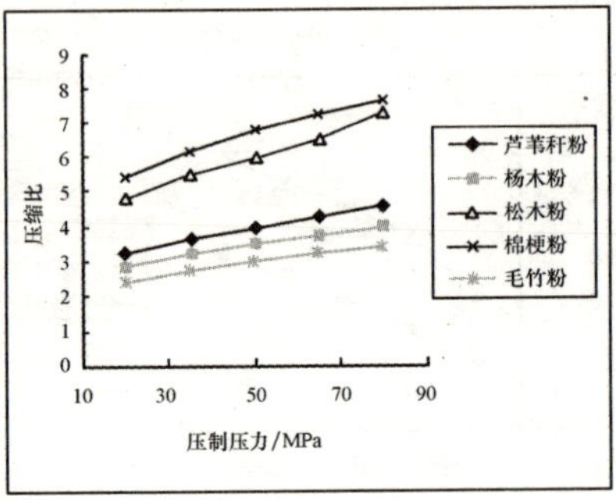

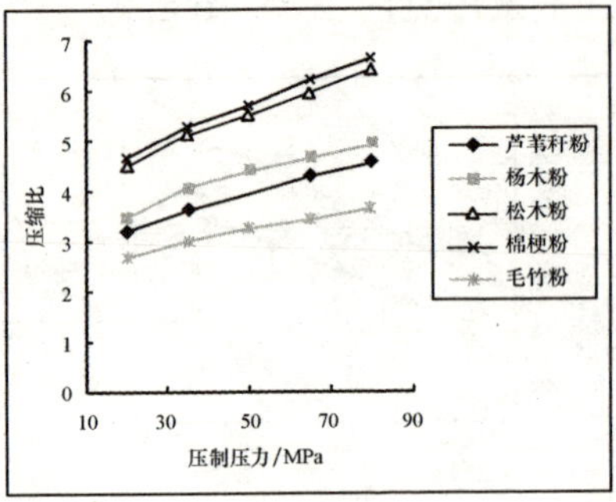

图 4.8 −60 目木质粉末常温压缩比　图 4.9 −100 目木质粉末常温压缩比

从图 4.2～图 4.9 可以看出，5 种木质粉末的常温压缩比具有如下特征与规律：

①不论粉末品种与粒度如何变化，其常温压缩比均随压制压力的增大而增大；

②粉末种类不同，其粒度大小对压缩比的影响规律不同：细颗粒的芦苇秆粉、杨木粉和毛竹粉的压缩比较粗颗粒的大($K_{-100目}>K_{-60目}>K_{-20目}$)，而中等粒度的松木粉和棉梗粉的压缩比较粗颗粒和细颗粒的大($K_{-60目}>K_{-20目}>K_{-100目}$)；

③−20 目和−60 目 5 种木质粉末的压缩比具有如下关系：$K_{棉梗}>K_{松木}>K_{芦苇}>K_{杨木}>K_{毛竹}$，而−100 目 5 种木质粉末的压缩比的大小关系略有不同：$K_{棉梗}>K_{松木}>K_{杨木}>K_{芦苇}>K_{毛竹}$。

表 4.1　5 种木质粉末的压缩比

粉末种类		压缩比(K)					
		常温/保压 30 s					160℃/保压 30 min
名称	粒度/目	20 MPa	35 MPa	50 MPa	65 MPa	80 MPa	65 MPa
芦苇秆粉	−20	2.98	3.39	3.77	4.03	4.34	6.09
	−60	3.23	3.65	3.97	4.29	4.57	6.28
	−100	3.64	4.08	4.50	4.91	5.16	7.01

续表

粉末种类		压缩比(K)					
		常温/保压 30 s					160℃/保压 30 min
名称	粒度/目	20 MPa	35 MPa	50 MPa	65 MPa	80 MPa	65 MPa
杨木粉	−20	2.71	3.09	3.41	3.67	3.93	5.41
	−60	2.87	3.25	3.54	3.79	4.03	5.57
	−100	3.46	4.08	4.45	4.68	4.96	6.62
松木粉	−20	4.24	4.89	5.34	5.83	6.58	7.16
	−60	4.81	5.49	5.99	6.52	7.32	7.96
	−100	4.50	5.12	5.49	5.95	6.41	7.20
棉梗粉	−20	5.03	5.69	6.14	6.60	6.94	8.82
	−60	5.40	6.15	6.83	7.21	7.66	8.17
	−100	4.62	5.25	5.70	6.19	6.65	7.89
毛竹粉	−20	2.06	2.38	2.61	2.79	2.97	3.89
	−60	2.45	2.82	3.08	3.26	3.43	4.47
	−100	2.69	3.05	3.28	3.48	3.66	4.71

注:“−20 目”等中的“ ”表示 20 目筛下物。

另外,从表 4.1 可看出:在最优无胶温压工艺条件下,3 种不同粒度的 5 种木质粉末的压缩比的特征表现为:

①明显高于常温同等成形压力条件下(如 65 MPa)的压缩比,增幅达 13.5%~51.1%(见表 4.2),特别是芦苇秆和杨木粉末的压缩比增幅高达 40%以上。

表 4.2　木质粉末在不同环境温度下的压缩比对比

压制条件	压缩比		木质粉末种类				
			芦苇秆	杨木	松木	棉梗	毛竹
65 MPa/常温/30 s	K_1	−20 目	4.03	3.67	5.83	6.60	2.79
		−60 目	4.29	3.79	6.52	7.21	3.26
		−100 目	4.91	4.68	5.95	6.19	3.48

续表

压制条件	压缩比		木质粉末种类				
			芦苇秆	杨木	松木	棉梗	毛竹
65 MPa /160 ℃ /30 min	K_2	−20 目	6.09	5.41	7.16	8.82	3.89
		−60 目	6.28	5.57	7.96	8.17	4.47
		−100 目	7.01	6.62	7.20	7.89	4.71
$(K_2-K_1)/K_1$		−20 目	51.1%	47.4%	22.8%	33.6%	39.4%
		−60 目	46.4%	47.0%	22.1%	13.5%	37.1%
		−100 目	42.8%	41.5%	21.0%	27.5%	35.3%

②粉末颗粒越细，芦苇秆粉、杨木粉和毛竹粉的压缩越大，即：$K_{-100目}>K_{-60目}>K_{-20目}$，类似常温下的表现；而棉梗粉则正好相反，粉末颗粒越粗压缩比越大，即：$K_{-20目}>K_{-60目}>K_{-100目}$；松木粉的压缩与粉末颗粒大小的关系表现为 $K_{-60目}>K_{-100目}>K_{-20目}$。

4.1.3 木质粉末与金属粉末压缩性的差异

表 4.3 是部分金属粉末与木质粉末的压缩性对照表[5]，从表 4.3 可看出：

①金属粉末和木质粉末在特定工艺温度条件下（如金属粉末的温压/150 ℃，木质粉末的温压成形/160 ℃）的压缩性比室温条件的好；金属粉末和木质粉末在特定工艺温度条件下的压缩比大于室温压缩比。

②木质粉末的压缩比远大于金属粉末的压缩比，一般为金属粉末的 2 倍左右。木质粉末室温条件下的压缩比为 4.0～7.0，温压条件下为 5.0～8.0；而金属粉末（如合金钢粉）室温条件下的压缩比只有 2.3～2.5，温压时为 2.5～2.7。

表 4.3　金属粉末与木质粉末压缩性及压缩比对照表

粉末名称	粒度/目	松装密度 /g·cm^{-3}	压缩条件	压缩性 /g·cm^{-3}	压缩比
芦苇秆粉末	−100	0.198	65 MPa/室温	0.95	5.16
芦苇秆粉末	−100	0.198	65 MPa/160 ℃	1.39	7.01
杨木粉末	−100	0.213	65 MPa/室温	0.967	4.96
杨木粉末	−100	0.213	65 MPa/160 ℃	1.41	6.62
合金钢粉末	−100	2.95	600 MPa/室温	6.93	2.35
合金钢粉末	−100	2.95	600 MPa/150 ℃	7.32	2.48
还原铁粉	−100	2.67	600 MPa/室温	6.77	2.54
还原铁粉	−100	2.67	600 MPa/150 ℃	7.28	2.73
663 青铜粉	−100	3.15	400 MPa/室温	7.21	2.29

4.1.4　加粉高度的计算

值得思考的是，采用某种木质粉末实施无胶温压成形制备木质环境功能材料，在设计成形模型腔、计算加粉高度时，是采用常温下的粉末压缩比还是温压条件下的粉末压缩比呢？

事实上，从 4.1.1 节的式(4.2)、式(4.3)可知，对于一定质量的某种粒度的特定木质粉末来说，应用公式(4.5)计算装粉高度时，无论采用常温下的粉末压缩比还是温压条件下的粉末压缩比没有实质的区别。因为压缩比与压坯高度成反比，而与压坯密度成正比；当单个压坯的质量一定时，尽管木质粉末在温压条件下的压缩比是常温的 1.2～1.5 倍，但温压条件下的压坯高度只有常温的 2/3～5/6。因此，在实施木质粉末无胶温压成形模设计时，可根据需要选取表 4.1 中的常温压缩比或最优温压条件下的压缩比计算来确定装粉高度。

从 4.1.3 节的分析比较可知，木质粉末的压缩比约为金属粉末压缩比的 2 倍，意味着装粉高度也将比金属粉末高 1 倍，因此木质粉末温压成形模具的用料量远比粉末冶金模具大，对成形设备的封闭高度的要求更高。

4.2 基于 SolidWorks 的木质粉末温压成形模具 CAD 软件

三维 CAD 软件在冲压、锻造、注塑、建筑、装饰等诸多行业中的应用已相当普及，极大地提高了设计效率和合理性。而在此基础上针对不同专业领域、不同专业特点所作的二次开发更进一步提高了设计人员的工作效率，缩短了产品的开发周期。实践证明，CAD 技术也可在木质粉末温压成形模设计领域得到很好的应用。基于 SolidWorks 的参数化设计思维，针对木质粉末温压成形特点，开发的木质粉末温压成形模具 CAD 软件，对规范木质粉末温压成形模具设计、提高设计效率与制品开发周期意义非凡。作者在阐述该软件总体结构与关键开发技术的同时，给出了软件的运行实例[6]。

4.2.1 SolidWorks 软件环境与二次开发思路

SolidWorks 是一款运行在 Windows 系统下的 3D 实体模型构建软件，与其他三维 CAD 软件相比，其三维设计功能更强大，界面更友好，用户只需通过简单的操作便可进行高效的产品设计。它提供的基于特征选型的参数化造型功能为用户提供了良好的开发环境[7]。

三维模型的参数化设计以约束造型为核心，以尺寸驱动为特征，是通过修改图形的某部分或某些部分的尺寸或参数，自动完成对图形中相关部分的改动，从而实现对图形的驱动。

借助 SolidWorks 实现参数化设计，其方法归纳起来有两类：一是利用 SolidWorks 软件自身提供的方程式驱动、系列零件设计表、配置、库特征等功能[8]进行参数化造型；二是利用 SolidWorks 提供的 API 函数进行二次开发。

利用 SolidWorks 进行二次开发有两种途径：一是基于自动化技术，这一途径只能开发 EXE 形式的程序；另一途径是基于 COM 的，这一途径可以使用最多的 SolidWorks API。SolidWorks 的二次开发工具较多，比如 VC、VB、VBA、Delphi 等，开发者可以根据自身的条件、工具特点，选择一种合适的开发工具。开发者通过编程建立用户界面，接受用户的参数输入与指令输入，通过 API 函数实现零件造型、尺寸驱动等一系列自动化工作，通过交互的、程序化方式实现参数化设计。相对而言，第一种途径简单易行，无须编写代码，缺点是自动化程度不高，不便于成套模具零件设计的管理。第二种途径建立了交互式用户界面，借助专用数据库管理软件管理数据，通过出错处理和输入数据合法性校验保证参数化驱动的稳定可靠性，并能建立符合专业技术人员设计习惯的界面，可为专业设计人员提供最大的方便[9]。

因此，笔者拟以 Visual Basic 为开发工具，以 ACCESS 为设计参数数据管理软件，以 SolidWorks 为二次开发平台，针对木质粉末温压成形特点，开发一套拉下式成形模 CAD 软件系统。同时兼顾硅酸盐陶瓷、金属陶瓷、木质陶瓷等制品的成形特点，以便日后软件推广应用。

4.2.2　软件系统的总体设计

本系统主要针对木质粉末温压成形模具设计，试图借助计算机辅助设计系统协助工程技术人员完成木质粉末模压制品设计各阶段的烦琐工作和重复劳动。

通过对木质粉末材料成形模（特别是热压模）的传统设计过程的分析不难发现，对于同种类型压坯的模具设计过程中有许多雷同之处，即使不同类型压坯的模具设计也有共用的部分。比如压坯成形工艺分析准则，成形制品尺寸计算公式，通用模架/模具零件的选用，各种强度校核与压力计算公式等。如能将设计过程中的通用部分程序化，设计人员只需选择参数和简单地输入参数，其余工作交由计算机完成，不仅可大幅提高设计效率，而且可大大减少设计人员的重复劳动。值得注意的是，对于那些受现场工艺条件影响较大的参数（如成形阴模的型腔尺寸），人工干预处理是十分必要的。其方法是采用交互对话方式直接在设计平台中修正，以增强设计系统的灵活性。

总之，通过粉末材料成形模传统手工设计流程的分析，可将其中具有固定设计流程的部分提取出来，转变成计算机自动设计模块；而那些不能通用的设计流程的部分则采用交互方式在三维环境下进行人工交互设计。本软件系统主要针对圆环圆筒形、圆片圆柱形、长条形、规则多边形、异形复杂件等5类木基陶瓷压坯进行模具设计，软件系统总体结构如图4.10所示。

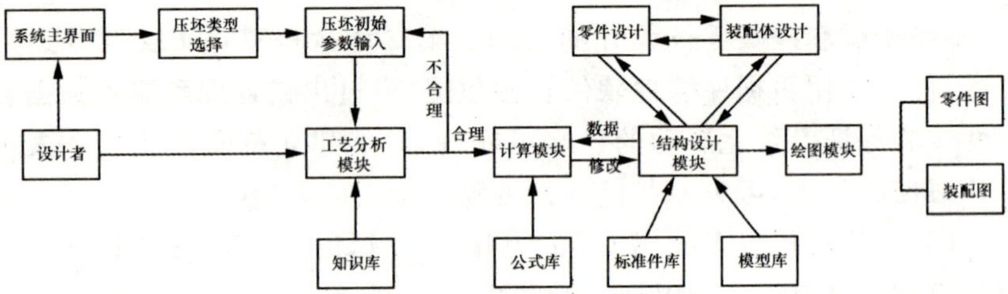

图4.10 软件系统总体结构

本系统下设工艺分析、参数计算、结构设计、零件设计、绘图5个模块。各模块独立编程，模块之间通过参数连接，并编有相应的数据校验接口，确保了数据的一致和准确。图中单箭头表示数据流向以及数据调用，双向箭头表示关联设计。

4.2.3 软件系统构建的关键技术

(1)标准件库建立及参数化设计

建立成形模结构与零件的通用化、系列化图形库，对提高成形模结构与零件设计效率具有重要意义。尽管目前陶瓷材料成形模具设计还没有统一标准，但通用化、标准化无疑是其发展方向。本系统将木基陶瓷材料成形模中的常用零件(如上模板、阴模板、导柱、导套等)列为标准件，建立标准件模型库(只给出形状，不赋予具体尺寸参数)，分别在SolidWorks中将标准件做成三维零件模型，将其存储于模型库中，并把相关尺寸参数系列用ACCESS存储于尺寸参数库中，通过SolidWorks API的调用和提取函数直接将尺寸参数赋给模型[10]。这样，一方面既可使代码量最小化，又可确保程序稳定可靠；另一方面，三维造型工作便由繁杂的API函数程序编制转化为模型库的建立。虽然模型库的建立耗时较多，但模型库一旦建成，后续编程工作就变得简单轻松。

采用 Visual Basic 编制参数化设计界面,并调用 SolidWorks 提供的 API 函数将通用零件的尺寸参数传递到模型库中的相关尺寸,即可完成通用零件的三维参数化设计。模具通用零件参数化设计示例如图 4.11 所示,只要输入木基陶瓷材料压坯的相关尺寸,便可在 SolidWorks 中自动生成符合设计要求的模台板标准件。

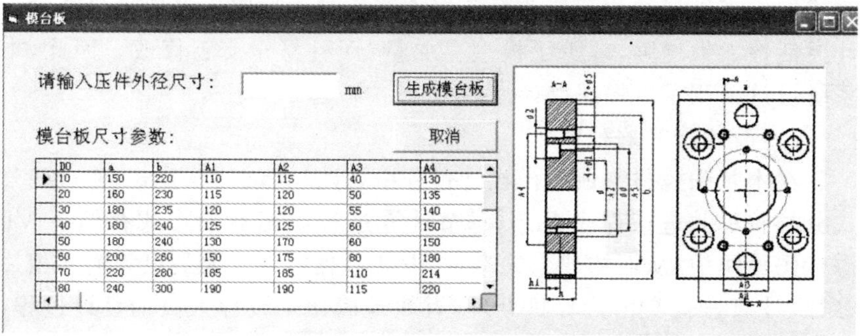

图 4.11　模台板标准件参数化

(2)成形模结构设计思路

木基陶瓷材料成形模涉及很多零件及其装配关系,其结构设计比较复杂。笔者认为有两条思路可选:一是将整个装配体做成一个模型,装配体中的零件均在 SolidWorks 中采用自顶向下的方式进行装配建模[11],零件之间特征关联。这意味着当修改一个零件的尺寸时,其他零件与其相关联的特征尺寸会做相应变动,达到一种联动修改的效果。这样,一旦建立某种形状的木基陶瓷材料压坯的装配体模型,类似形状的压坯只需输入尺寸参数,其相应的装配体模型便能自动生成。这条思路虽然效率较高,但其致命缺点是不够灵活。一种形状的压坯对应一种装配模型,其模型库容量必然相当大,而且成形模零件的连接方式、紧固件类型均已固定,不能选择。第二种思路是将装配体细分为几个子装配体。子装配体仍然采用特征关联的建模方式。从木基陶瓷材料成形模装配体特征不难看出,它实际上是一种板杆柱组合体(上模板、承压板、阴模板、芯棒板、拉杆、导柱等)。因此,可将各模板和与其匹配的零件做成子装配体模型存储于模型库中。这种子装配模型存储的就是连接方式，可事先存储很多种连接方式，通过弹出选择对话框供用户选择，并使结构设计的每一步过程都与计算模块交换数据，保证成形模零件的配合关系。当用户选择定制完所有子装配体，则可以在主装配体环境中人工拼装。拼装过程中，如发生干涉或是设计不满意，用户可重新选择或直接修改。由于子装配体采用特征联动建模，因此修改成形模零件尺寸均不会改变连接方式。这种思路不仅使模具结构设计灵活性大大增强，减少了模型存储量，而且易于交互修改。因此，本系统设计采用了这一思路。

(3)设计计算的程序化

在木基陶瓷材料成形模设计过程中，涉及大量计算公式，将这些公式分类整理并进行程序设计，每个计算过程以函数的形式存储于 VB 源代码模块中，从而构建公式库，在设计过程中设计人员只需输入相关参数，计算过程交由计算机处理，有效地简化了设计人员的设计过程，实现了设计计算的自动化。

(4)知识库的构建

由于木基陶瓷材料的开发起步较晚，其工艺分析与设计灵活性较大，没有可引用的理论计算公式和可遵循的原则，在很大程度上依赖于设计人员的经验和少量的经验公式。作者查阅了国内外相关资料，并整理成电子文档存入知识库，可供设计人员使用本系统时随时调用与更新。

4.2.4 软件运行实例

下面以圆柱形木基陶瓷压坯成形模设计为例演示本系统的运行情况。

第一步：开启主界面，选择压坯类型，如图 4.12 所示（在此选择 I 类圆筒形）。

第二步：输入初始参数（包括压坯尺寸参数、材料性能参数、相关系数等），如图 4.13 所示。

第三步：进行工艺分析，调用相应设计知识库，如工艺参数不合理

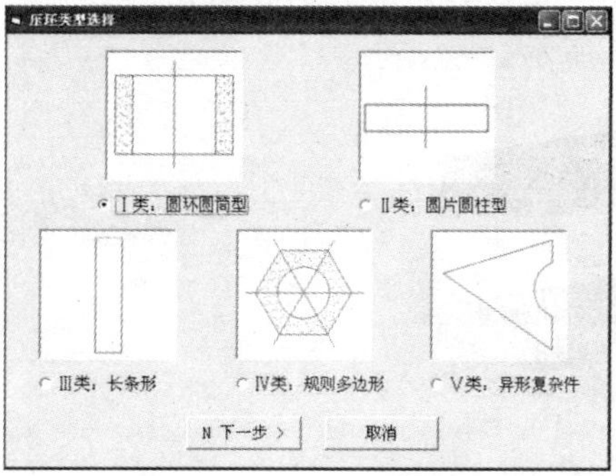

图 4.12　压坯类型选择对话框

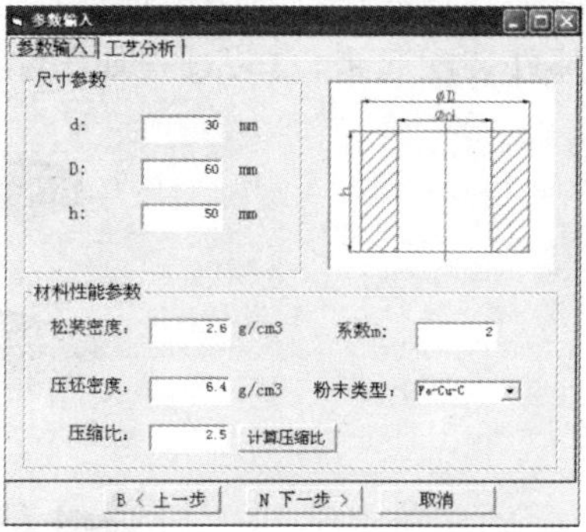

图 4.13　压坯参数输入对话框

则返回第二步。

第四步：进行相关计算，包括模具尺寸计算，压力计算，压力校核，压机选择。此结果数据作为模具参数化设计的基本依据，在后续步骤可交互修改直至满意，如图 4.14 所示。

第五步：模具结构设计。选择成形零件结构，选择各子装配体连接方式等，如图 4.15 所示。系统将根据前述步骤计算结果数据传递给相关驱动尺寸，进行尺寸选定，然后进入 SolidWorks 主装配环境，同时调用自定义标准件库、模型库以及 SolidWorks 自带标准件库，在总装配体环境中以备零件拼装。

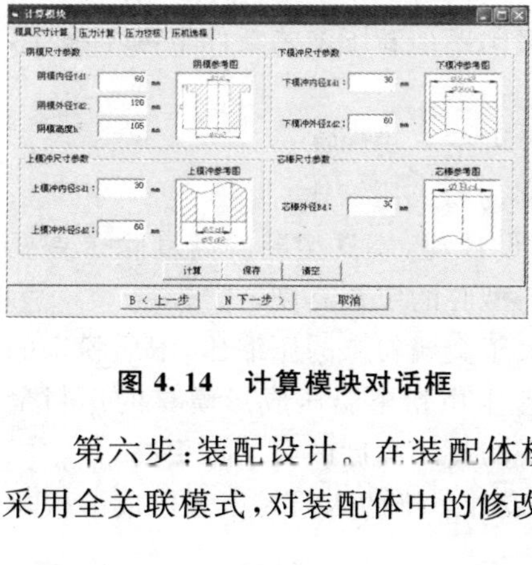

图 4.14　计算模块对话框

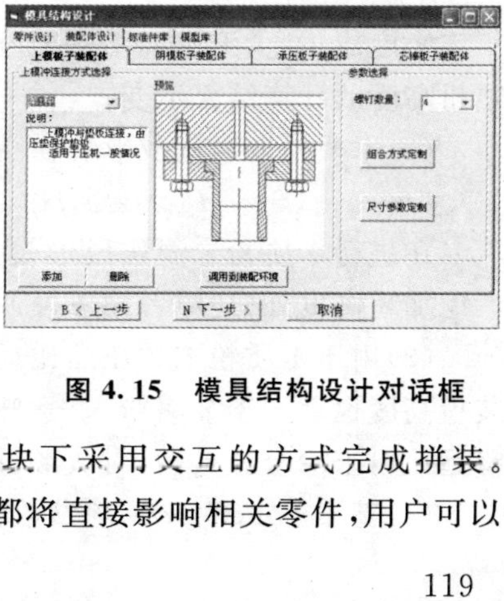

图 4.15　模具结构设计对话框

第六步：装配设计。在装配体模块下采用交互的方式完成拼装。采用全关联模式，对装配体中的修改都将直接影响相关零件，用户可以在各零件窗口以及装配体窗口间相互切换，对比修改，将选定的各个子部件装配起来，总装过程如图 4.16 所示。

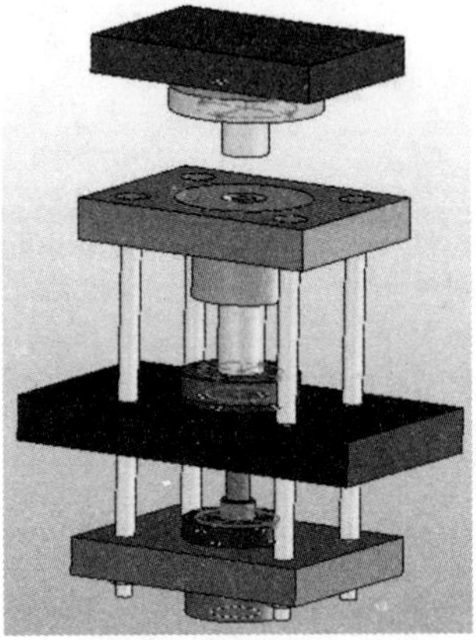

图 4.16　模具装配设计

第七步：根据生成的总装配体生成装配图以及各零件图。

4.3 小　结

(1)木质粉末在温压工艺条件下的压缩比明显大于室温同等压力条件下的压缩比，为 1.2～1.5 倍。但因压缩比与压坯高度成反比，与压坯密度成正比，无论选用室温压缩比还是温压工艺条件下的压缩比，装粉高度的计算结果不变。

(2)木质粉末温压成形装粉高度可按下式计算：

$$H_{装粉} = KH_{坯}(K \text{为粉末压缩比})$$

在进行木质粉末温压成形模具设计时，模具型腔的高度除了首要考虑加粉高度外，还应考虑下模冲与型腔的定位高度。

(3)由于木质粉末的压缩比远大于金属粉末的压缩比，木质粉末的装粉高度也远大于金属粉末，意味着木质粉末温压成形模具的用料量将远比粉末冶金模具大，对成形设备的封闭高度的要求也更高。

(4)基于 SolidWorks 的参数化设计思维的木质粉末温压成形模具

CAD 软件的开发与应用，对于规范木质粉末温压成形模具设计、提高设计效率与制品开发周期具有重要意义。

参考文献

[1]张华诚. 粉末冶金实用工艺学[M]. 北京：冶金工业出版社，2004.

[2]熊春林，汤中华，李松林. 粉体材料成形设备与模具设计[M]. 北京：化学工业出版社，2007.

[3]黄培云. 粉末冶金原理[M]. 北京：冶金工业出版社，1982.

[4]吴成义，张丽英. 粉体成形力学原理[M]. 北京：冶金工业出版社，2003.

[5]韩凤麟，贾成广. 烧结金属含油轴承——原理、设计、制造与应用[M]. 北京：化学工业出版社，2004.

[6]吴庆定，彭波，向仕龙. 基于 SolidWorks 的木基陶瓷模具 CAD 软件开发[J]. 木材工业，2005，19(4)：18-21.

[7]韩凤麟，张华诚，吴庆定，等. 粉末冶金模具模架实用手册[M]. 北京：冶金工业出版社，1988：267-278.

[8]吴权威. SolidWorks2003 中文版实务[M]. 北京：科学出版社，2004：23-41.

[9]吴央芳，李江雄，柯映林. 基于 SolidWorks 的级进模标准件库的建立[J]. 模具工业，2002(10)：10-14.

[10]江洪，李仲兴. SolidWorks2003 二次开发基础与实例教程[M]. 北京：电子工业出版社，2003：8-17.

[11][美]SolidWorks. SolidWorks 高级装配体建模[M]. 北京：清华大学出版社，2003：6-19.

第5章　木质粉末无胶温压成形过程的数值模拟

木质粉末无胶温压成形过程中，压坯的性能参数与压制条件呈现出明显的相关性，通过对这些相关的数值分析与模拟，可建立木质粉末无胶温压成形过程的模型，缩短以木质粉末无胶温压成形理论为基础的新产品开发周期、减少试验工作量和研制成本、改进木质粉末无胶温压成形工艺。

国内外关于粉体材料有限元分析的研究已经有了近30年的历史，基于粉末材料“可压缩连续体”的理想假设下，在压制成形的数值建模、材料屈服准则等方面取得了一系列成果，建立了一系列的理论与准则，如Kuhn等学者提出的多孔介质材料模型[1]、Shima材料模型[2]、Doraivelu准则[3]、Kim准则[4]等。但遗憾的是，由于非连续介质力学的基础还很不完善，使其在工程上的应用受到了一定的限制。本章以杨木粉和芦苇粉的无胶温压成形为例，基于目前广泛采用的多孔材料连续性假设，应用多孔材料的Shima材料模型，以热弹塑性力学理论为基础，运用MSC. MACR非线性有限元分析软件对木质粉末的无胶温压成形过程进行模拟和分析。

5.1　木质粉末物理特征与理想假设

5.1.1　木质粉末颗粒的物理特征

图5.1为光学显微镜下木质粉末颗粒形貌。芦苇粉[图5.1(a)]、杨木粉[图5.1(b)图]颗粒个体在常温常压下表现为形状各异、长短不一、

粗细不等、排列无序。按－20 目要求分选后，纤维长度在 0.8 mm 以下。

(a) 芦苇粉

(b) 杨木粉

图 5.1　木质粉末形貌

5.1.2　木质粉末颗粒压制成形计算机模拟的技术难点

木质粉末压制成形过程是一个极其复杂的非线性力学过程，其计算机模拟受到诸多因素的制约，主要体现在以下 4 个方面：

(1)材料的力学性质复杂

木质粉末的力学性质与流体、致密材料有很大不同。松散状态下，木质粉末颗粒之间相互离散，轻微的外力作用就能流动，无法保持固定形状，但其力学性质又不同于普通流体。随着压制过程的进行，木质粉末的力学性质在整体上会逐渐接近于其致密体。

(2)木质粉末压制过程的几何非线性

木质粉末体的初始相对密度与温压压坯相对密度差值较大，说明压制过程中材料内部存在着较大的位移和应变，因而有限元计算中常用的小位移、小应变公式不适用于求解此类问题，必须在求解过程中考虑几何非线性因素。

(3)木质粉末压制的边界条件

压制过程中，木质粉末与模具的接触状态是动态变化的，模拟时需动态判断木质粉末与模具间的接触和分离，同时还要考虑木质粉末与模具之间的摩擦，而这些因素都会导致压坯密度分布的不均匀。

(4)弹性回复

压制结束后，由于外部载荷消失，压坯会在法线方向上呈现弹性回复现象，脱模时的弹性恢复会引起压坯变形而导致密度重新分布。

因此，要实现木质粉末压制过程这一复杂非线性力学行为的计算机模拟和计算，需将部分条件理想化。

5.1.3 对木质粉末压坯有限元单元的理想假设

上述因素给木质粉末压制成形数值模拟造成了极大困难。为探讨木质粉末高压无胶模塑成形过程，基于现有的有限元理论成果，做如下假设：

（1）木质粉末装模后表现为整体的各向同性

由于木质粉末颗粒个体形状各异，长短粗细不一，装模后颗粒无序排列，整体呈各向同性的假设是成立的。

（2）木质粉末在压制过程中质量不变、体积可压缩

由于木质粉末颗粒个体的多样性，压制过程中，颗粒间必然存在间隙，间隙会随着压力、温度、时间等因素的增减而缩小，但整体质量保持不变。

（3）木质粉末为连续体

实际上，木质粉末是几何非线性的非连续体，目前国内外正在进行的对几何非线性非连续粉末体的研究，尚无系统的实质性成果。因此，对粉末材料的有限元分析目前只能在连续体假设前提下进行。这一假设，使得理论计算结果和试验测得结果之间存在偏差，最后可根据回归分析结果进行修正。

（4）颗粒个体局部遵循体积不变

实际上，木质粉末颗粒在一定压力和温度条件下是可以被压缩的。因此，该假设会造成有限元计算结果的偏差，最后也需要根据回归分析结果进行修正。

以上假设旨在将木质粉末原料假想成“可压缩的连续体”，应用连续体热弹塑性力学的理论研究其成形过程。

5.1.4 木质粉末材料的泊松比

材料在压缩过程中的横向流动通常用泊松比 ν 来表示。由于致密

材料体积不变，其泊松比 $\nu=0.5$。木质粉末在压制成形过程中由于塑性变形和粉末孔隙减少，其体积会不断减小，因而其横向流动小于致密体材料，即 $\nu<0.5$。

目前，由于试验方法、技术手段上存在较大技术难度，对木质粉末原料在压制过程中的泊松比研究较少。本节首先利用有关金属粉末材料泊松比的研究成果对木质粉末材料进行分析，然后对比试验结果对计算数据进行修正。

实际粉末材料的变形分为粉末颗粒本身的变形和孔隙的变形，这两种变形在压制过程中同时发生。压制力的传递主要依赖于粉末颗粒。粉末颗粒的变形遵循致密体变形的一切规律，其应力状态和应变状态主要取决于外载荷的状态和孔隙的形状、大小。孔隙的变形由孔隙的形状和体积变化两部分组成，其形变是通过粉体颗粒的塑性变形产生的。

文献[5]对粉体材料的泊松比和相对密度的关系作了如下分析。

假设压制过程中轴向应变增量为 $d\varepsilon_a$，径向应变增量为 $d\varepsilon_r$，相对密度应变增量为 $d\varepsilon_\rho$，根据粉末体的质量不变条件可以得到：

$$d\varepsilon_a + d\varepsilon_p + 2d\varepsilon_r = 0 \tag{5.1}$$

于是可得到粉末材料的泊松比的表达式：

$$\nu = -\frac{d\varepsilon_r}{d\varepsilon_a} = \frac{1}{2}\left(1+\frac{d\varepsilon_p}{d\varepsilon_a}\right) \tag{5.2}$$

由式(5.2)可以看出，泊松比之所以在变形过程中是变化的，是因为在压制过程中，相对密度应变增量 $d\varepsilon_\rho$ 和轴向应变增量 $d\varepsilon_a$ 是不断变化的，因而两者的比值 $d\varepsilon_\rho/d\varepsilon_a$ 也不断变化。由于粉末体中孔隙的不均匀分布，导致了变形与致密比例关系的不同，影响了粉末的横向流动。文献[6]对粉体材料的泊松比和相对密度的关系进行了非线性拟合，得到了泊松比与相对致密度的正态分布关系如下：

$$\nu = \frac{1}{2}e^{-12.5(1-\rho)^2} \tag{5.3}$$

其分布曲线如图 5.2 所示。

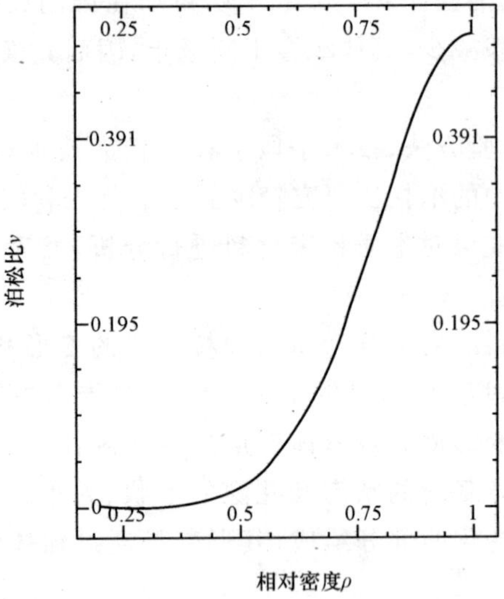

图 5.2 泊松比和相对密度曲线

5.2 木质粉末温压成形过程的数值模型

5.2.1 热弹塑性力学问题的基本方程

热弹塑性力学问题的基本方程包括:平衡方程、几何方程、物理方程和边界条件等[7](本节中的各基本方程采用张量标记法和附标求和约定简化表述)。

5.2.1.1 平衡方程

压制过程中,微元体的内力和外力保持平衡,即:

$$\sigma_{ij} + \rho b_i - \rho \ddot{u}_i = 0 \tag{5.4}$$

式中:σ_{ij} —Cauchy 应力;

ρ —当前粉末密度;

b_i —体分布力加速度;

$\ddot{u}_i$ —当前的位移。

5.2.1.2　几何方程

在小变形情况下，材料的应变与位移之间成一定的关系，采用工程应变，其定义为：

$$\varepsilon_{ij} = \frac{1}{2}(u_{i,j} + u_{j,i}) \tag{5.5}$$

式中，u 为位移。

大变形情况下，应变由线性和非线性两部分组成：

$$\varepsilon = \varepsilon_L + \varepsilon_{NL} \tag{5.6}$$

大变形小应变情况下，Green 应变张量的定义为：

$$ {}_0^t\varepsilon_{ij} = \frac{1}{2}({}_0^tu_{i,j} + {}_0^tu_{j,i} + {}_0^tu_{k,it\,0}u_{k,j}) \tag{5.7}$$

张量符号左上角的标号表示当前位形的时间，左下角的标号表示参考位形的时间。

5.2.1.3　物理方程

热塑性变形理论中，物体的应变由三部分组成[7]。

①变形体受热膨胀所引起的应变分量 $\varepsilon_j^T = \alpha T$，对应剪应变分量为零；

②变形体受热膨胀时由于系统中各部分之间的相互约束而引起的弹塑性应变分量 $\bar{\epsilon}_j$，它们与热应力的关系由形变理论的表达式确定；

③平均热应力引起的体积应变。

木质粉末温压成形时应变的物理方程为：

$$\delta_x = \frac{\sigma_m}{K} + \lambda(\sigma_x - \sigma_m) + \alpha T \tag{5.8}$$

$$\delta_y = \frac{\sigma_m}{K} + \lambda(\sigma_y - \sigma_m) + \alpha T \tag{5.9}$$

$$\delta_z = \frac{\sigma_m}{K} + \lambda(\sigma_z - \sigma_m) + \alpha T \tag{5.10}$$

$$\gamma_{yz} = 2\lambda\tau_{yz} \tag{5.11}$$

$$\gamma_{zx} = 2\lambda\tau_{zx} \tag{5.12}$$

$$\gamma_{xy} = 2\lambda\tau_{xy} \tag{5.13}$$

式中：σ_m— 平均正应力，$\sigma_m = \frac{1}{3}(\sigma_x + \sigma_y + \sigma_z)$；

K— 体积形变模量，$K = \dfrac{E}{3(1-2\nu)}$，其中 ν 为材料的泊松比；

T— 温度；

γ— 剪切应变；

λ— 比例因子，$\lambda = \dfrac{3\varepsilon_e}{2\sigma_e}$。

$$\sigma_e = \frac{1}{\sqrt{2}}\sqrt{(\sigma_x - \sigma_y)^2 + (\sigma_y - \sigma_z)^2 + (\sigma_z - \sigma_x)^2 + 6(\tau_{xy}^2 + \tau_{yz}^2 + \tau_{zx}^2)} \tag{5.14}$$

$$\varepsilon_e = \frac{1}{\sqrt{2}}\sqrt{(\varepsilon_x - \varepsilon_y)^2 + (\varepsilon_y - \varepsilon_z)^2 + (\varepsilon_z - \varepsilon_x)^2 + 6(\gamma_{xy}^2 + \gamma_{yz}^2 + \gamma_{zx}^2)} \tag{5.15}$$

5.2.1.4 边界条件

设材料域为 Ω，边界为 S，在 S 上，力的边界条件为：

$$T_i = \sigma_{ij} n_j \tag{5.16}$$

式中，n_j 为边界法线的 3 个方向余弦。

位移边界条件为：

$$u_i = \overline{u_i} \tag{5.17}$$

5.2.2 弹塑性分析

塑性理论由 3 个重要概念组成：①确定给定应力状态下，材料发生弹性变形还是发生了塑性流动的屈服准则；②描述塑性应变张量增量与当前应力状态的关系的流动定律，由此定律可得到弹塑性本构关系表达式；③确定屈服准则随着变形的发展而变化的硬化定律[7]。

在单轴情况下，载荷 F 和变形 u 的曲线可以转换为应力-应变图。

在小应变状态下，可以采用工程应变 ε 和工程应力 σ

$$\varepsilon = \mu / L_0 \tag{5.18}$$

$$\sigma_{eng} = F / A_0 \tag{5.19}$$

对于大应变塑性问题，采用对数应变 e 和真实应力 σ_{true} 更为合适。

$$e = \ln(1 + \varepsilon) \tag{5.20}$$

$$\sigma_{\text{true}} = F/A \tag{5.21}$$

在转换过程中假设材料经常不可压缩，即

$$A_0 L_0 = AL \tag{5.22}$$

因而，

$$\sigma_{\text{true}} = \sigma_{\text{eng}}(1+\varepsilon) \tag{5.23}$$

5.2.2.1　屈服准则

如图 5.3 所示，可用拉伸模拟的单轴均匀应力状态，找到材料的屈服应力 σ_y，该处的线弹性行为被弹塑性相应代替。对一般多维应力状态，可用屈服准则确定应力属于弹性还是弹塑性范围。目前，对于材料的屈服准则很多文献作出了不同的论述，本节重点讨论 Von Mises 准则。试验表明静态应力状态对塑性流动没有影响，所以屈服准则可表示为偏应力张量 S_{ij} 不变量的函数。

$$S_{ij} = \sigma_{ij} - \frac{1}{3}\sigma_{kk}\delta_{ij} \tag{5.24}$$

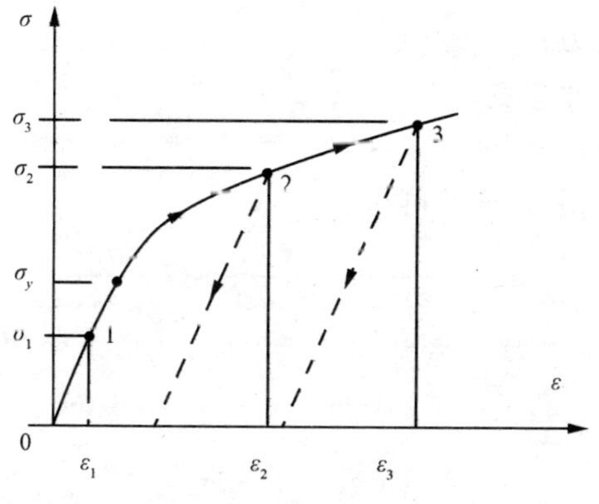

图 5.3　单轴拉伸试验

偏应力张量的 3 个不变量为：

$$J_1 = S_{ii} = S_{xx} + S_{yy} + S_{zz} = 0 \tag{5.25}$$

$$J_2 = \frac{1}{2}S_{ij}S_{ij} = \frac{1}{6}[(\sigma_{xx}-\sigma_{yy})^2 + (\sigma_{yy}-\sigma_{zz})^2 + (\sigma_{zz}-\sigma_{xx})^2] + \sigma_{xy}^2 + \sigma_{yz}^2 + \sigma_{zx}^2 \tag{5.26}$$

$$J_3 = \frac{1}{3}S_{ij}S_{jk}S_{ki} \tag{5.27}$$

一般应力状态下，等效应力可以表述为：

$$\sigma_{eq} = \sqrt{3J_2} = \sqrt{\frac{3S_{ij}S_{ij}}{2}} \tag{5.28}$$

等效塑性应变增量可定义为：

$$d\varepsilon_{eq}^p = \sqrt{\frac{2}{3}d\varepsilon_{ij}^p d\varepsilon_{ij}^p} \tag{5.29}$$

因为 J_1 为零，另外忽略 J_3 对屈服函数的影响，标准的 Von Mises 屈服准则可表述为：

$$F(J_2) = \sigma_{eq} - \sigma_y = \sqrt{\frac{3S_{ij}S_{ij}}{2}} - \sigma_y = 0 \tag{5.30}$$

5.2.2.2 流动准则

流动准则表达式为：

$$g(\sigma_{ij}, \varepsilon_{ij}^p, k) = 0 \tag{5.31}$$

式中：σ_{ij}— 总应力；

ε_{ij}^p— 总塑性应变；

k—硬化参数。

对(5.31)式求偏导数可得：

$$dg = \frac{\partial g}{\partial \sigma_{ij}}d\sigma_{ij} + \frac{\partial g}{\partial \varepsilon_{ij}^p}d\varepsilon_{ij}^p + \frac{\partial g}{\partial k}dk \tag{5.32}$$

如果 ε_{ij}^p 和 k 保持为常数，则上式解释为应力空间的超表面。塑性式的总微分可写为：

$$dg = \frac{\partial g}{\partial \sigma_{ij}}d\sigma_{ij} \tag{5.33}$$

$dg < 0$ 表明指向屈服表面的纯弹性变化，而塑性应变和硬化参数没有变化；$dg = 0$ 表明载荷为中性加载；$dg > 0$ 则发生塑性流动。

Drucker 的材料稳定性假设指出：在引起塑性流动的加载循环中，净功必须大于零。塑性耗散功是总功中不可逆部分，可表达为：

$$d\varepsilon_{ij}^p d\sigma_{ij} \geqslant 0 \tag{5.34}$$

在塑性流动中：

$$\frac{\partial g}{\partial \sigma_{ij}} \mathrm{d}\sigma_{ij} > 0 \tag{5.35}$$

塑性应变增量为：

$$\mathrm{d}\varepsilon_{ij}^{p} = \lambda \frac{\partial g}{\partial \sigma_{ij}} \tag{5.36}$$

此方程建立塑性应变增量和超应力表面梯度的关联关系，形成关联流动准则。

5.2.2.3　各向同性硬化

对于各向同性硬化，屈服表面根据其原来的位置与形状同比例增长。因而，其塑性式可写为：

$$g(J_2) = \sigma_{ep} = \sqrt{\frac{3S_{ij}S_{ij}}{2}} \tag{5.37}$$

由 $S_{ij} = \sigma_{ij} - \frac{1}{3}\sigma_{kk}\delta_{ij}$ ，可得偏微分

$$\frac{\partial g}{\partial \sigma_{ij}} = \frac{1}{2}\frac{1}{\sqrt{3J_2}}\frac{\partial}{\partial \sigma_{ij}}(S_{ki}S_{ki}) = \frac{3}{2}\frac{S_{ij}}{\sigma_{eq}} \tag{5.38}$$

而等效塑性应变可通过有效量的塑性功到分量功求得，即：

$$\mathrm{d}W_p = \sigma_{eq}\mathrm{d}\varepsilon_{eq}^{p} = \sigma_{ij}\mathrm{d}\varepsilon_{ij}^{p} = S_{ij}\mathrm{d}\varepsilon_{ij}^{p} \tag{5.39}$$

σ_{ij} 的球部分对塑性功没有贡献，可将上式展开为：

$$\mathrm{d}W_p = S_{ij}\mathrm{d}\varepsilon_{ij}^{p} = \lambda\frac{3S_{ij}S_{ij}}{2\sigma_{eq}} = \lambda\sigma_{eq} = \sigma_{eq}\mathrm{d}\varepsilon_{eq}^{p}$$

或

$$\lambda = \mathrm{d}\varepsilon_{eq}^{p} \tag{5.40}$$

此即硬化定律。

5.3　木质粉末温压成形数值模型的增量有限元法

5.3.1　热弹塑性问题的增量方程

考虑到粉末材料的热弹塑性行为与加载及变形的历史有关，在进行粉末材料的热弹塑性分析时，将载荷的加载分成若干个增量步，然后对于每一增量步，将热弹塑性方程进行线性化处理，从而使热弹塑性的

非线性问题的求解转化为一系列线性问题求解。假设对应于 t 时刻的载荷和位移条件（${}^t\overline{F}_i$ 在 V 内，${}^t\overline{T}_i$ 在 S_σ 上，${}^t\overline{u}_i$ 在 S_u 上）的位移 ${}^tu_i$、应变 ${}^t\varepsilon_{ij}$ 和应力 ${}^t\sigma_{ij}$ 已有求解，当达到 $t+\Delta t$ 时刻，载荷和位移条件增量表示为[8]：

$$ {}^{t+\Delta t}\overline{F_i} = {}^t\,\overline{F_i} + \Delta\,\overline{F_i} \quad (\text{在 } V \text{ 内}) \tag{5.41}$$

$$ {}^{t+\Delta t}\overline{T_i} = {}^t\,\overline{T_i} + \Delta\,\overline{T_i} \quad (\text{在 } S_\sigma \text{ 上}) \tag{5.42}$$

$$ {}^{t+\Delta t}\overline{u_i} = {}^t\,\overline{u_i} + \Delta\,\overline{u_i} \quad (\text{在 } S_u \text{ 上}) \tag{5.43}$$

现在要求解的是 $t+\Delta t$ 时刻的位移、应变和应力：

$$ {}^{t+\Delta t}u_i = {}^tu_i + \Delta u_i \tag{5.44}$$

$$ {}^{t+\Delta t}\varepsilon_{ij} = {}^t\varepsilon_{ij} + \Delta\varepsilon_{ij} \tag{5.45}$$

$$ {}^{t+\Delta t}\sigma_{ij} = {}^t\sigma_{ij} + \Delta\sigma_{ij} \tag{5.46}$$

它们应分别满足以下增量方程和边界条件：

（1）平衡方程

$$ {}^t\sigma_{ij,j} + \Delta\sigma_{ij,j} + {}^t\,\overline{F_i} + \Delta\,\overline{F_i} = 0 \ (\text{在 } V \text{ 内}) \tag{5.47}$$

（2）应变和位移的关系

$$ {}^t\varepsilon_{ij} + \Delta\varepsilon_{ij} = \frac{1}{2}({}^tu_{i,j} + {}^tu_{j,i}) + \frac{1}{2}(\Delta u_{i,j} + \Delta u_{j,i}) \ (\text{在 } V \text{ 内}) \tag{5.48}$$

（3）应力和应变的关系

$$ \Delta\sigma_{ij} = D^{ep}_{ijkl}\,\Delta\varepsilon_{kl} (\text{在 } V \text{ 内}) \tag{5.49}$$

（4）边界条件

$$ {}^tT_i + \Delta T_i = {}^t\,\overline{T_i} + \Delta\,\overline{T_i} (\text{在 } S_\sigma \text{ 上}) \tag{5.50}$$

$$ {}^tu_i + \Delta u_i = {}^t\,\overline{u_i} + \Delta\,\overline{u_i} (\text{在 } S_u \text{ 上}) \tag{5.51}$$

其中，${}^tT_i = {}^t\sigma_{ij}n_j$，$\Delta T_i = \Delta\sigma_{ij}n_j$。

5.3.2 高压温压成形力学模型的有限元离散

5.3.2.1 变形的有限元离散

由于温压成形过程中的压制速度较慢，且没有明显的振动发生，所以平衡方程中的惯性力影响项在此忽略。根据虚功原理，该平衡力系在满足几何协调条件的虚功位移上的总虚功为零[8]，即：

$$\int_V ({}^t\sigma_{ij} + \Delta\sigma_{ij})\delta\varepsilon_{ij}\,\mathrm{d}V = \int_V ({}^t\overline{F_i} + \Delta\overline{F_i})\delta(\Delta u_i)\,\mathrm{d}V + \int_S ({}^t\overline{T_i} + \Delta\overline{T_i})\delta u_i\,\mathrm{d}S \tag{5.52}$$

式中：V、S— 变形体加载过程中瞬时的体积和面积；

δu_i— 虚位移；

$\delta\varepsilon_{ij}$— 相应的需应变；

F_i— 施加在 Ω 域 S 边界的外载荷；

$\int_V F_i\delta(\Delta u_i)\mathrm{d}V$— 体积分布载荷；

$\int_V T_i\delta u_i\mathrm{d}S$ —面分布载荷。

对欲求解的 Ω 域应用 Galerkin 法，通过离散化处理后可得平衡方程等效积分的弱形式：

$$[\boldsymbol{K}]\{\boldsymbol{\delta}\} = \{\boldsymbol{f}\} \tag{5.53}$$

式中：$[\boldsymbol{K}]$— 切线刚度矩阵，具体形式为$[\boldsymbol{K}] = \int_V [\boldsymbol{B}]^T[\boldsymbol{D}_{ep}][\boldsymbol{B}]\mathrm{d}V$；

$\{\boldsymbol{\delta}\}$— 未知的结点位移矢量；

$\{\boldsymbol{f}\}$— 载荷矢量；

$[\boldsymbol{B}]$— 联系应变与位移的矩阵；

$[\boldsymbol{D}_{ep}]$ —材料的弹塑性刚度矩阵。

5.3.2.2　摩擦模型及其有限元离散

在粉末模压过程中，由于压坯与模壁间摩擦力的存在，导致了压力梯度和密度的不均匀分布。Coulomb 摩擦定律对于摩擦力的描述为：

$$F_f(\tau,\sigma_N) = |\tau| + \mu\sigma_N - c_f \tag{5.54}$$

式中：τ— 摩擦剪应力；

σ_N— 法向应力；

μ— 摩擦因数；

c_f —摩擦黏着应力。

在摩擦的有限元离散中，粉末体中任一点 ξ 单元切向位移矢量 $\boldsymbol{s}$ 和法向位移矢量 $\boldsymbol{n}$ 为：

$$\boldsymbol{s} = \frac{1}{\boldsymbol{J}}\left[\frac{\partial x}{\partial \xi}i + \frac{\partial y}{\partial \xi}j\right] \tag{5.55}$$

$$\boldsymbol{n} = \frac{1}{\boldsymbol{J}}\left[\frac{\partial y}{\partial \xi}i + \frac{\partial x}{\partial \xi}j\right] \tag{5.56}$$

其中,雅克比矩阵 $\boldsymbol{J}$ 与弧长 L 的关系为:

$$\boldsymbol{J} = \sqrt{\left(\frac{\partial x}{\partial \xi}\right)^2 + \left(\frac{\partial y}{\partial \xi}\right)^2} = \frac{L}{2} \tag{5.57}$$

法向应力增量和切向应力增量的关系表达式分别是:

$$\Delta\sigma_N = E_f \Delta\varepsilon_N \tag{5.58}$$

$$\Delta\tau = G_f \Delta\gamma \tag{5.59}$$

式中:$\Delta\varepsilon$— 法向应变增量;

E_f— 正向弹性模量;

$\Delta\gamma$— 切向应变增量;

G_f —切向弹性模量。

5.3.2.3　热问题的有限元离散

粉末高压无胶模塑过程中传热导的模型为[9]:

$$\nabla(k_p \nabla T) - \rho c_p \dot{T} + \omega Y_\rho \dot{\varepsilon}_\rho^p = 0 \tag{5.60}$$

式中:k_p— 粉末体的热导率;

c_p— 粉末体的热比容;

ω— 变形能转为热能的转化效率。

k_p 与致密材料以及孔隙的热导率关系为

$$\frac{1-\rho}{2/3 + k_V/3k_\rho} + \frac{\rho}{2/3 + k_0/3k_\rho} = 1 \tag{5.61}$$

式中:k_0— 致密材料的热导率;

k_V —孔隙的热导率。

在热问题的 Galerkin 有限元离散中,单元的温度函数可用形函数描述:

$$\theta(\xi,\eta) = \sum_{j=1}^{n} N_j(\xi,\eta)T_j \tag{5.62}$$

在 Δt 时间内的温度变化率为:

$$C_{n+1} = \frac{T_{n+1} - T_n}{\Delta t} \tag{5.63}$$

式中：T_n—t_n 时刻的已知温度；

T_{n+1}—t_{n+1} 时刻的待求温度。

包含刚度矩阵的温度平衡方程为：

$$(C_{n+1} + \boldsymbol{K}_{n+1})T_{n+1} = F_{n+1} + C_{n+1}T_n \tag{5.64}$$

通过求解(5.53)可得到当前的 F_{n+1}，代入(5.63)即可求得当前温度值。

5.4　木质粉末温压成形过程的数值模拟

木质粉末温压成形过程是一个典型的非线性热弹塑性接触问题。大型有限元分析软件 MARC 对于非线性热弹塑性问题具有强大的有限元分析和计算能力。

MARC Analysis Research Corporation(简称 MARC)始创于 1967 年，长期致力于非线性有限元技术的研究和开发。MARC 公司的主要产品为通用的有限元分析软件 MARC/MENTA，包括前后处理界面 MENTAT 和求解器 MARC，可对于非线性问题进行增量解法，即在各增量步内对非线性代数方程组进行迭代以满足收敛判定条件[10]。

5.4.1　—20 目杨木/芦苇粉末室温成形数值模拟

5.4.1.1　压制模型

如图 5.4 所示，选取压制型腔的横截面作分析，宽度 50 mm，粉末的压制温度为室温 25 ℃；初装高度 69.93 mm，终止高度 17.72 mm；压力分别为 20 MPa、35 MPa、50 MPa、65 MPa、80 MPa，各保压 30 min。模具侧壁与模坯的摩擦系数为 $\mu=0.1$[2]，压制温度为 25 ℃。

5.4.1.2　有限元网格划分

综合考虑计算精度、计算速度等因素，将上述模型划分为如图 5.4 所示的 12×10 的有限元网格，网格采用 8 节点(NODE)的平面应力(PLANE STRESS)模型。

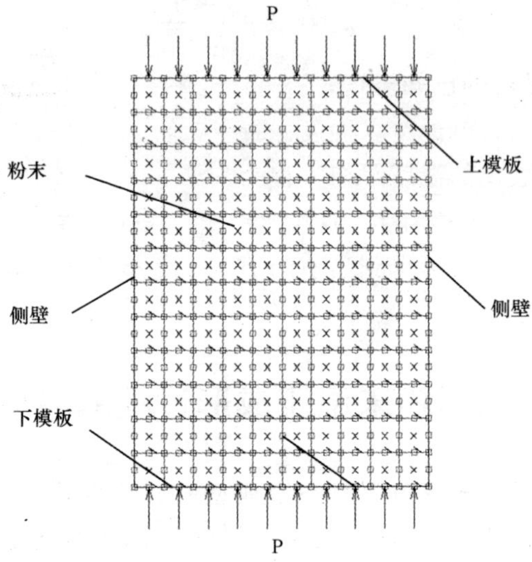

图 5.4　压制模型 1

5.4.1.3　材料模型

压制对象为松散各向同性的粉末材料，对于这种材料通常采用的材料模型为 Shima 模型[2]：

$$F = \frac{1}{\gamma}\left(\frac{3}{2}\sigma_{ij}{}'\sigma_{ij}{}' + \frac{P^2}{\beta^2}\right)1/2 - \sigma_y \qquad (5.65)$$

式中：σ_y— 单向屈服应力；

$\sigma_{ij}{}'$— 应力张量；

P— 静水压力；

γ— 与材料相对密度相关的参数，$\gamma = (q_1 + q_2\rho^{q_3/q_4})$；

β— 与材料相对密度相关的参数，$\beta = (b_1 + b_2\rho^{b_3/b_4})$。

5.4.1.4　分析类型

此有限元模型是一个热机耦合问题，涉及弹塑性变形和接触变形问题。在模型解算时，定义分体材料为变形体(DEFORMABLE)，上、下模板，侧壁为刚性体(RIGID)。接触表如图 5.5 所示，建立变形体和刚形体的接触关系。

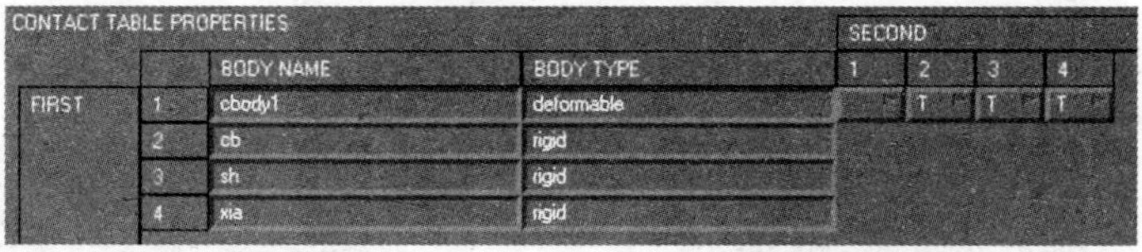

CONTACT TABLE PROPERTIES				SECOND			
		BODY NAME	BODY TYPE	1	2	3	4
FIRST	1	cbody1	deformable		T	T	T
	2	cb	rigid				
	3	sh	rigid				
	4	xia	rigid				

图 5.5　接触表

5.4.1.5　65 MPa 的等效 MISS 应力云图

由图 5.6 可以看到:①材料 4 个角部分受的应力最大。原因是侧壁和材料在压制过程中存在摩擦,造成此处局部应力变大;②内部压力整体偏小,其中侧壁中部应力最小,其余部分压力均匀。原因是应力传递过程中,角部的摩擦抵消了一部分应力,造成内部等效应力减小。

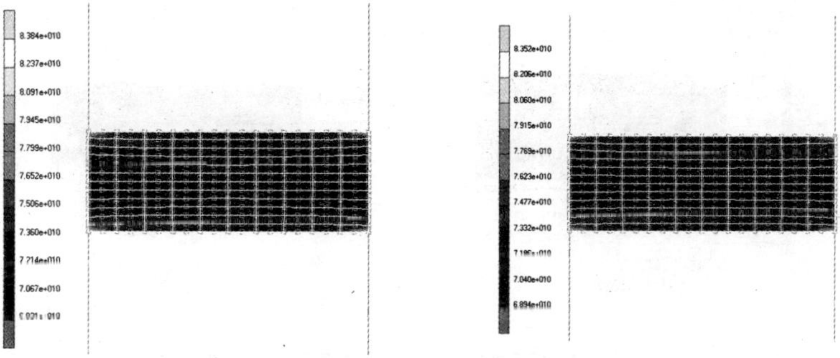

(a) 杨木粉　　(b) 芦苇粉

图 5.6　等效 MISS 应力图

5.4.1.6　相对密度云图

图 5.7～图 5.11 为分别加载 20 MPa、35 MPa、50 MPa、65 MPa、80 MPa 压力后相对密度分布图。图中密度明显成梯度分布,由于侧壁摩擦力的原因,该梯度有一定的弧线。但随着保压时间的增加,在温度场的作用下,木质粉末在内部发生了胶合、咬合和官能团的生成等复杂的物理和化学变化。在压制过程后期,相对密度差异减小,但芯部密度低于表面密度的情况始终存在。

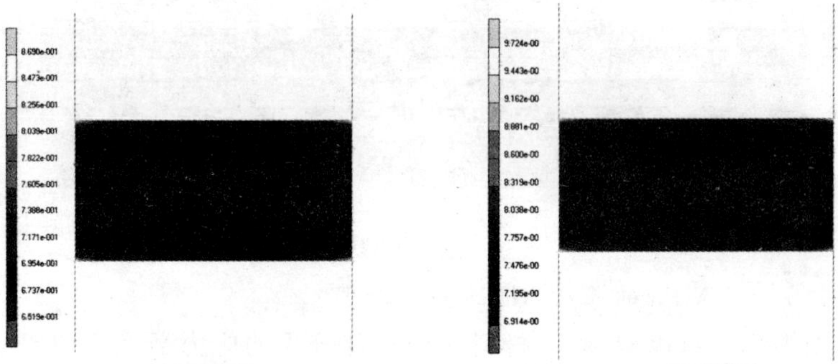

(a) 杨木粉　　　　(b) 芦苇粉

图 5.7　20 MPa 时的相对密度分布图

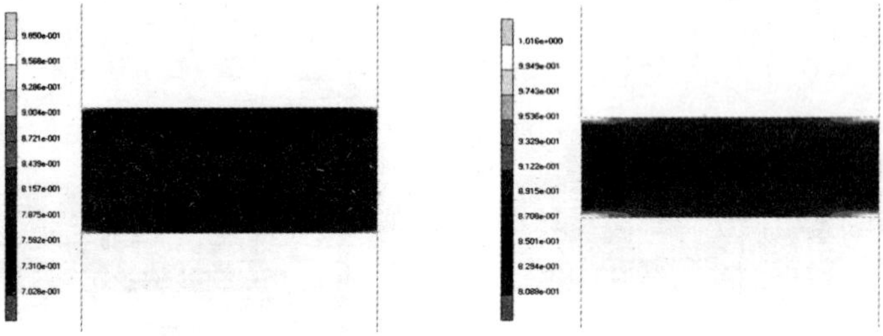

(a) 杨木粉　　　　(b) 芦苇粉

图 5.8　35 MPa 时的相对密度分布图

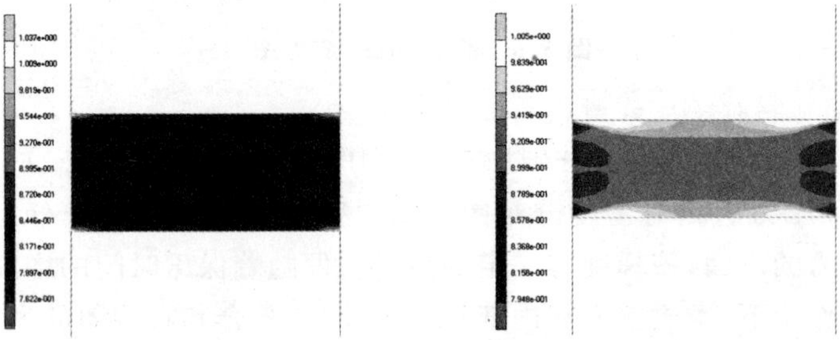

(a) 杨木粉　　　　(b) 芦苇粉

图 5.9　50 MPa 时的相对密度分布图

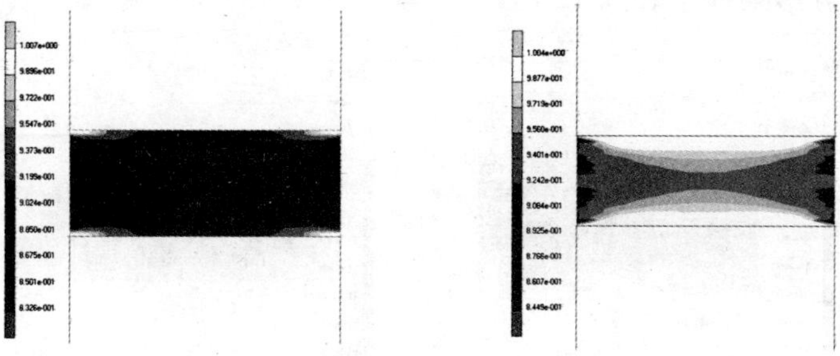

(a) 杨木粉　　(b) 芦苇粉

图 5.10　65 MPa 时的相对密度分布图

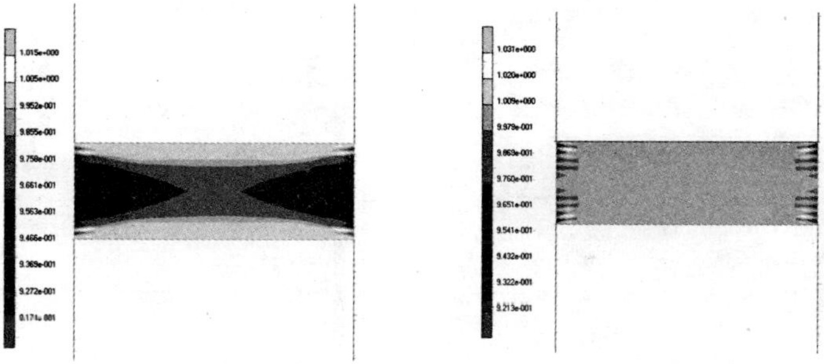

(a) 杨木粉　　(b) 芦苇粉

图 5.11　80 MPa 时的相对密度分布图

5.4.1.7　密度分析

在木质粉末压制过程中，质量没有损失，且压坯截面积不变，由坯料高度可换算出对应压力下板坯的密度。图 5.12～图 5.16 给出了压力由 0 MPa 提高到 80 MPa，板坯高度的变化情况。

压坯的计算密度可由下式计算(计算结果列于表 5.1～5.2)：

$$\rho = \frac{h_0}{h_0 - \Delta h}\rho_0 \tag{5.66}$$

式中：ρ_0— 初装密度；

h_0— 初装高度；

Δh —高度变化绝对值。

计算结果列于表 5.1。

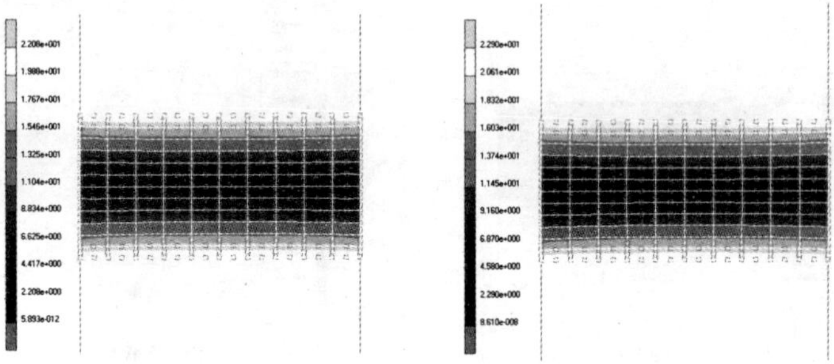

(a) 杨木粉（22.1 mm×2）　　(b) 芦苇粉（22.96 mm×2）

图 5.12　20 MPa 时的板坯高度变化绝对值

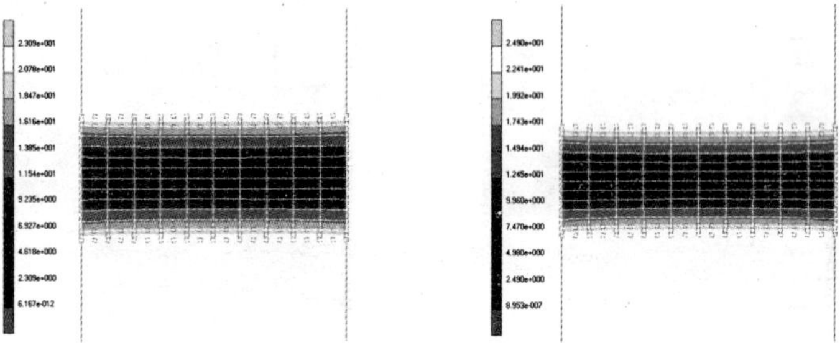

(a) 杨木粉（23.1 mm×2）　　(b) 芦苇粉（24.85 mm×2）

图 5.13　35 MPa 时的板坯高度变化绝对值

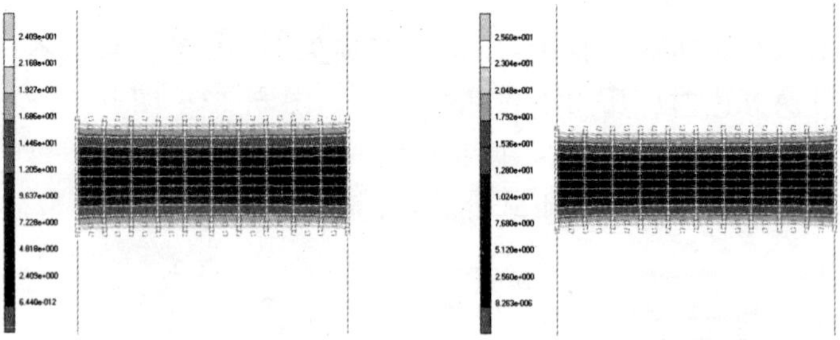

(a) 杨木粉（24.09 mm×2）　　(b) 芦苇粉（25.62 mm×2）

图 5.14　50 MPa 时的板坯高度变化绝对值

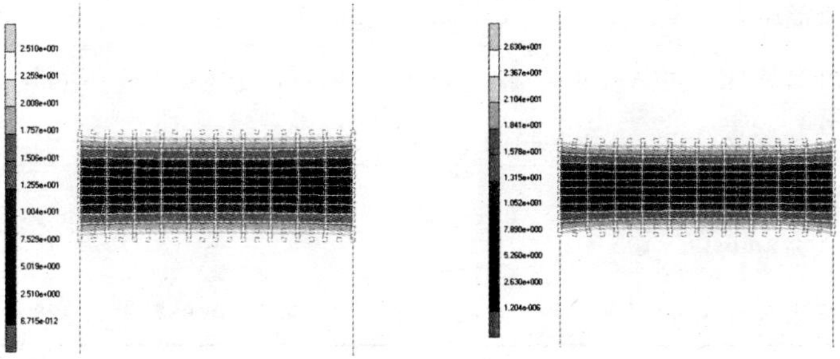

(a) 杨木粉（25.47 mm×2）　　(b) 芦苇粉（26.28 mm×2）

图 5.15　65 MPa 时的板坯高度变化绝对值

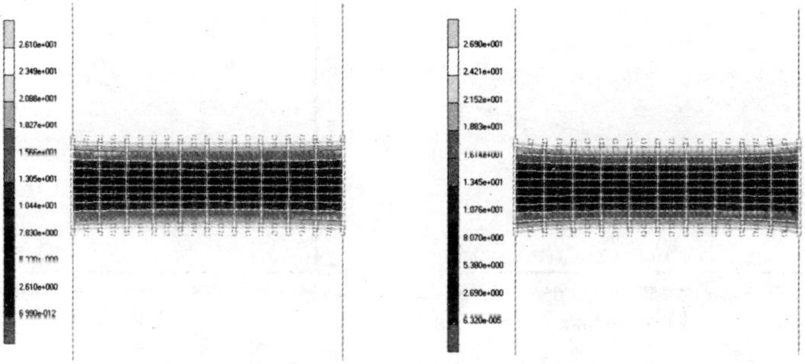

(a) 杨木粉（26.10 mm×2）　　(b) 芦苇粉（26.92 mm×2）

图 5.16　80 MPa 时的板坯高度变化绝对值

表 5.1　杨木粉压坯密度计算表

	成形压力/MPa	0	20	35	50	65	80
试验值	试件密度/g・cm^{-3}	0.261	0.707	0.807	0.889	0.958	1.026
	压坯高度/mm	69.93	25.72	22.53	20.45	18.98	17.72
计算值	高度变化绝对值/mm	—	22.10×2	23.10×2	24.09×2	25.47×2	26.10×2
	计算密度/g・cm^{-3}	—	0.707	0.798	0.889	0.960	1.032

表 5.2　芦苇粉压坯密度计算表

	成形压力/MPa	0	20	35	50	65	80
试验值	试件密度/g·cm^{-3}	0.229	0.682	0.777	0.864	0.922	0.995
	压坯高度/mm	69.93	24.01	20.22	18.69	17.37	16.09
计算值	高度变化绝对值/mm	—	22.96×2	24.85×2	25.62×2	26.28×2	26.92×2
	计算密度/g·cm^{-3}	—	0.667	0.792	0.857	0.922	0.983

图 5.17、图 5.18 分别为常温下杨木粉和芦苇粉的压制压力-压坯密度曲线。

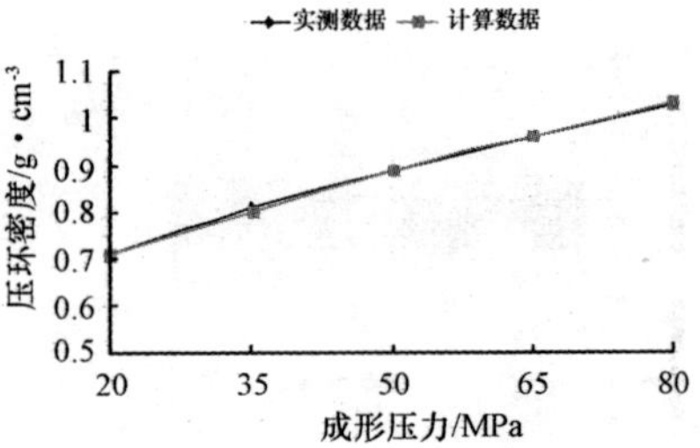

图 5.17　杨木粉压力-密度曲线

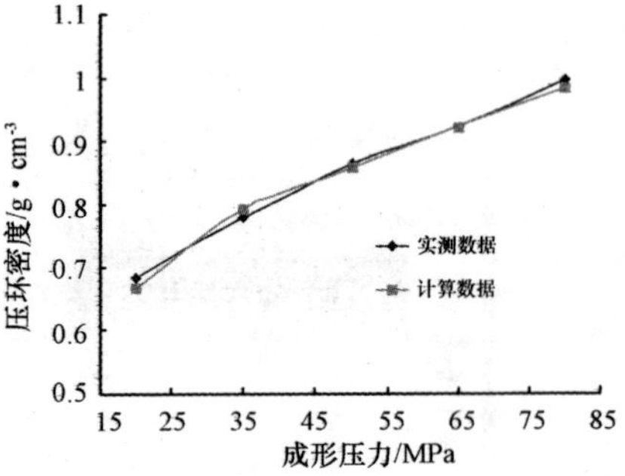

图 5.18　芦苇粉压力-密度曲线

图中实测数据与计算数据基本吻合，但存在无规律细微差异。其主要原因有：①在对木质颗粒的假设中认为颗粒体积局部保持不变，而实际上由于木纤维的细胞孔壁等因素，颗粒在受压后肯定会存在一定的体积变化，而这种变化是无规律的；②常温下，木质颗粒的成形主要表现为物理挤压，木质素的软化和胶合作用没有条件显现，压坯在撤销压力后会产生回复现象，而回复的大小随材料、压制条件等因素无规律变化。

5.4.2　—20 目杨木粉、芦苇粉温压成形的数值模拟

5.4.2.1　温度场有限元模型的建立

基于 160 ℃×30 min 工艺条件建立如图 5.19 所示的有限元模型。网格划分为 10×15，采用 8 节点单元，计算规模为 1 200 节点，单元类型为热传导单元，单元号 42。在边界上施加温度为 160 ℃的温度载荷后进行对流分析(EDGE FILM)。

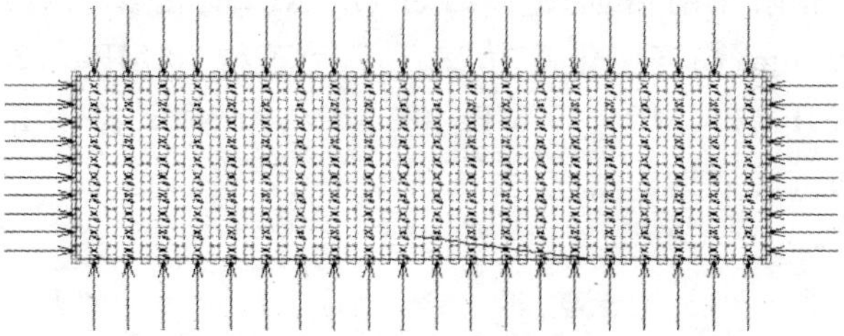

图 5.19　热传导有限元模型

5.4.2.2　温度场分布

图 5.20 分析了 9 MPa、160 ℃温压时 30 s 时刻的温度场分布(杨木粉和芦苇粉的导热系数和导温系数均不大，且差异很小，在本模型中取导热系数 0.12 W/mK、导温系数 0.0014×10^{-4} m^2/s)。

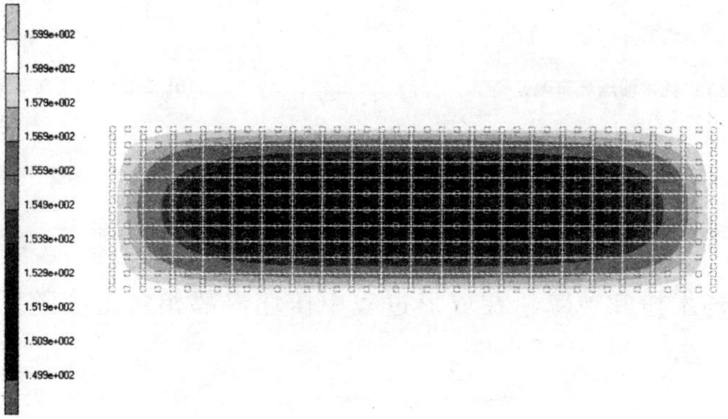

图 5.20　温度分布云图

很明显，加载温度后，温度场从外到里成梯度分布，外围材料在最开始明显高于内部。由于局部含水率、颗粒度等存在一定差异，实际温度场分布局部并不一定十分规整。

5.4.2.3　压力-密度有限元模型

有限元模型中杨木粉和芦苇粉采用了不同的计算起始位置，计算结果相互印证。粉末的压制温度为 160 ℃；计算起始点：杨木粉 20 MPa、13.39 mm[有限元网格如图 5.21(a)所示]，芦苇粉 0 MPa、69.93 mm[有限元网格如图 5.21(b)所示]；变化参照点：杨木粉 20 MPa、13.39 mm(高度变化量为 28.75)，芦苇粉 20 MPa、12.42 mm；试验压力 20 MPa、35 MPa、50 MPa、65 MPa、80 MPa 各保压 30 min，测量 5 个点的试验数据。

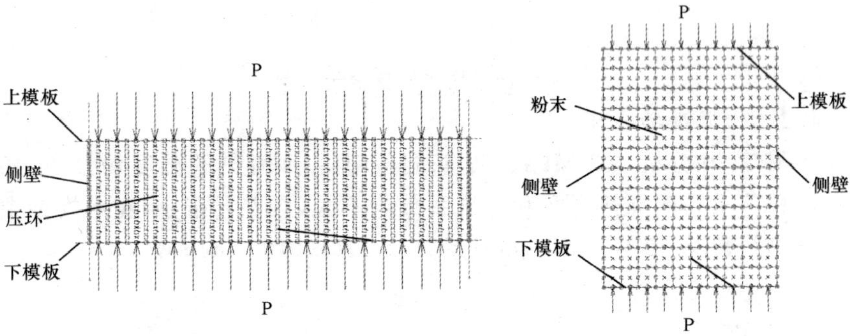

(a) 杨木粉压坯有限元模型　　(b) 芦苇粉压坯有限元模型

图 5.21　密度-压力有限元模型

5.4.2.4　压力-密度数值模拟

图 5.22～图 5.25 分别为 35 MPa、50 MPa、65 MPa、80 MPa 压制压力下，杨木粉和芦苇粉在成形过程中压坯内部相对密度随压力变化的分布情况。

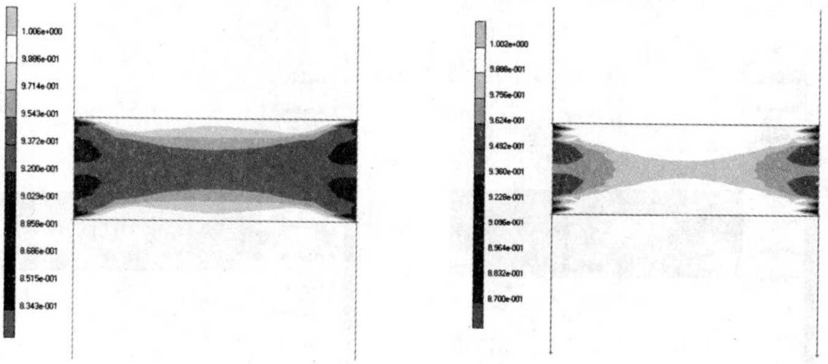

(a) 杨木粉　　(b) 芦苇粉

图 5.22　35 MPa 时压坯内部相对密度分布图

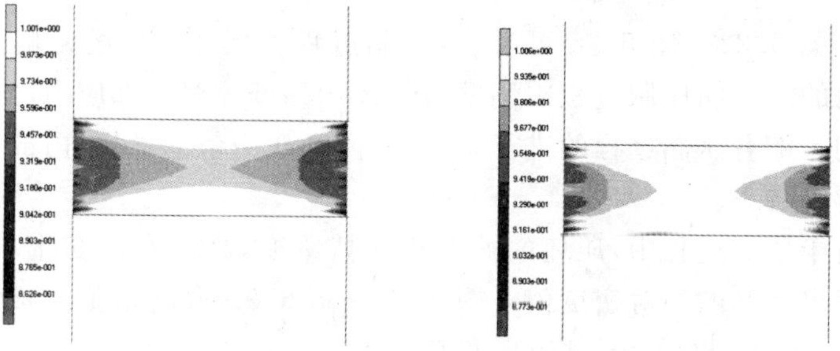

(a) 杨木粉　　(b) 芦苇粉

图 5.23　50 MPa 时压坯内部相对密度分布图

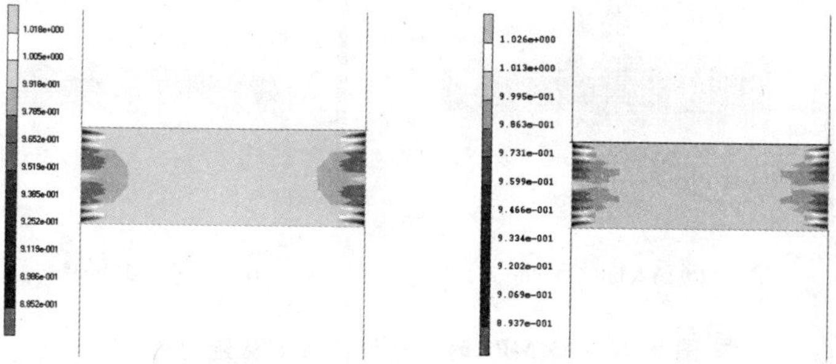

(a) 杨木粉　　(b) 芦苇粉

图 5.24　65 MPa 时压坯内部相对密度分布图

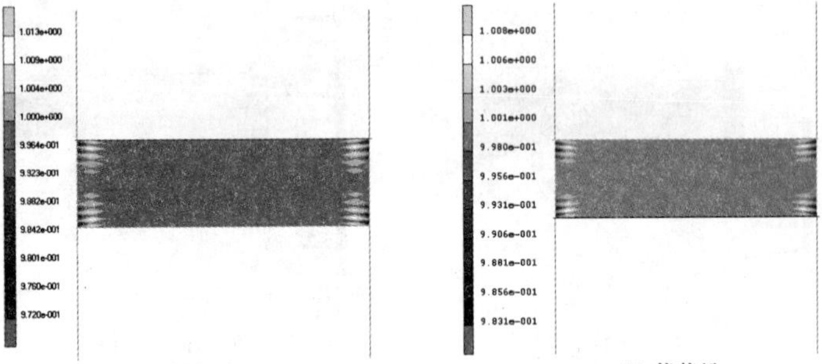

(a) 杨木粉　　(b) 芦苇粉

图 5.25　80 MPa 时压坯内部相对密度分布图

从图 5.22～图 5.25 可看出，压制过程中压坯内部的密度分布是不均匀的。说明压制过程中侧壁与压坯间的摩擦对内部应力产生了显著影响。随着压制过程的进行，压制时间和压力值的增加，内部密度差异会越来越小。

由于压制过程中，压坯的截面积保持不变，高度发生变化，可由高度换算出压坯的绝对密度值。图 5.26～图 5.29 为板坯在 35 MPa、50 MPa、65 MPa、80 MPa 时的高度变化图。

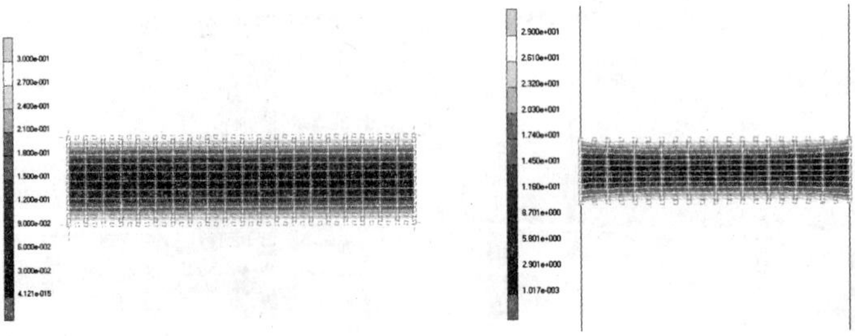

(a) 杨木粉0.294 mm×2　　(b) 芦苇粉 0.25 mm×2

图 5.26　35 MPa 时的板坯高度变化绝对值

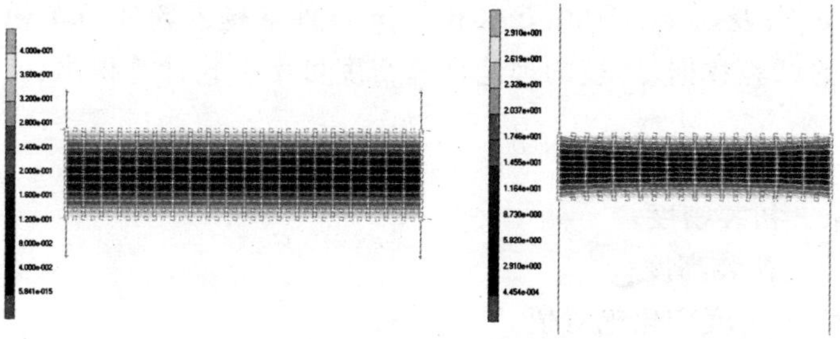

(a) 杨木粉 0.398 mm×2　　(b) 芦苇粉 0.38 mm×2

图 5.27　50 MPa 时的板坯高度变化绝对值

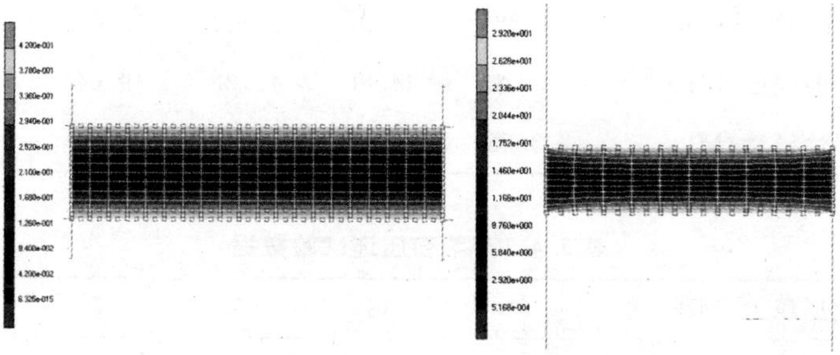

(a) 杨木粉 0.416 mm×2　　(b) 芦苇粉 （29.19-28.75） mm×2

图 5.28　65 MPa 时的板坯高度变化绝对值

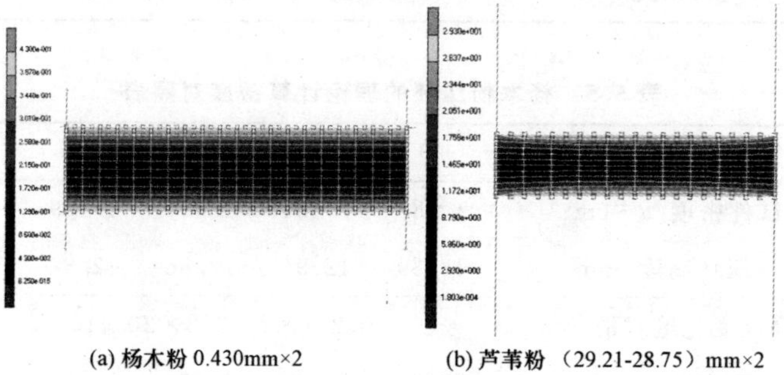

(a) 杨木粉 0.430mm×2　　(b) 芦苇粉 （29.21-28.75） mm×2

图 5.29　80 MPa 时的板坯高度变化绝对值

表 5.3、表 5.4 为 160 ℃×30 min 条件下杨木粉和芦苇粉压坯的密度等的试验数据,压坯的理论计算密度可由下式计算得出:

$$\rho = \frac{h_0}{h_0 - \Delta h}\rho_0 \tag{5.67}$$

式中:ρ_0— 初装密度;

h_0— 初装高度;

Δh —高度变化绝对值。

计算结果列于表 5.5~表 5.6。

表 5.3 杨木粉压坯试验数据

成形压力/MPa	20	35	50	65	80
试件密度/$g\cdot cm^{-3}$	1.281	1.394	1.404	1.409	1.411
静曲强度/MPa	41.32	44.86	48.33	49.64	48.72
弹性模量/MPa	3253	3532	3805	3908	3835

表 5.4 芦苇粉压坯试验数据

成形压力/MPa	20	35	50	65	80
试件密度/$g\cdot cm^{-3}$	1.343	1.370	1.395	1.409	1.419
静曲强度/MPa	46.55	47.83	51.27	52.89	52.50
弹性模量/MPa	4218	5428	5163	5721	5323

表 5.5 杨木粉压坯的理论计算密度对照表

	成形压力/MPa	20	35	50	65	80
试验值	试件密度/$g\cdot cm^{-3}$	1.281	1.394	1.404	1.409	1.411
	压坯高度/mm	13.39	12.94	12.86	12.80	12.82
计算值	高度变化绝对值/mm	—	0.294×2	0.398×2	0.416×2	0.430×2
	计算密度/$g\cdot cm^{-3}$	1.253	1.340	1.362	1.366	1.369

表 5.6　芦苇粉压坯的理论计算密度对照表

	成形压力/MPa	20	35	50	65	80
试验值	试件密度/g·cm^{-3}	1.343	1.370	1.395	1.409	1.419
	压坯高度/mm	12.42	11.93	11.66	11.55	11.52
计算值	高度变化绝对值/mm	—	0.25×2	0.38×2	0.44×2	0.46×2
	计算密度/g·cm^{-3}	1.289	1.342	1.374	1.386	1.390

图 5.30 为 160 ℃杨木粉、芦苇粉压制的压力-密度曲线。可以看到，压坯密度通过有限元计算的数据和实测数据有差异。

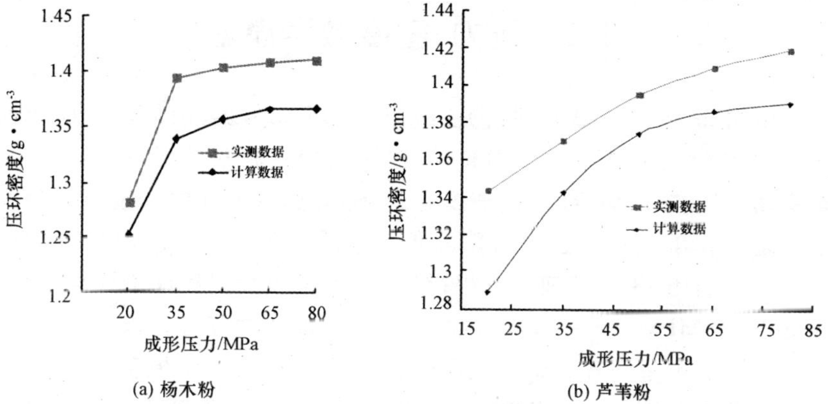

图 5.30　压力-密度曲线

5.4.2.5　差异分析

在建立有限元模型前，我们做过木质颗粒个体局部遵循体积不变的假设。而实际上木质材料是由部分结晶纤维素和部分半结晶半纤维素、木质素聚合物构成的[11]，当加热到玻璃转化点温度时，木质材料的结晶区部分会由玻璃质状态向橡胶状态转化。此时木质材料的物理力学强度均会发生巨大变化：力学强度急剧下降，木质材料的蠕变，特别是黏弹性变形和黏性变形显著增加。这是造成压坯密度的计算曲线和实测曲线出现偏差的主要原因。此外，温压过程含水率等诸多因素对压力-密度曲线均有影响。

图 5.30 以 35 MPa 压力为分界点。前段曲线随压力增加压坯密度迅速增加，这是两方面原因综合作用的结果：①木质粉末颗粒间的孔隙随压力增加而减小；②由于加热的原因，温度超过了木质颗粒的玻璃转化温度，结晶纤维素和部分半结晶半纤维素、木质素聚合物软化、熔融、自胶合，木质颗粒本身体积被压缩、相互间形成了新的颗粒团。曲线后端，颗粒孔隙压缩到极限，木质颗粒本身的变形、重组在一定温度下总体趋于平稳，因而后段曲线压坯密度增长变缓。实测曲线后段出现波动，是压制过程中含水率的变化、木质颗粒自身变形的动态平衡、孔隙的动态平衡等因素综合作用的结果。

5.5 压力-密度数学模型

由图 5.28 可明显看到：①曲线以 50 MPa 为界，前后两段曲率明显不同；②当压力大于 35 MPa 时，在相应的压制条件下，压坯密度变化实测曲线和计算曲线的差值变化趋势相近，且两曲线密度差异值几乎为定值。因而可先通过有限元理论计算数据，建立压力以 50 MPa 为分界点的压力-密度理论方程；然后对比试验数据和理论计算数据，建立以 35 MPa 为界的差异值数学方程，对前一方程进行修正；从而建立一个基于理论计算和试验数据修正的压力-密度数学模型。

本节拟利用统计分析软件 SPSS Statistics，基于理论数据和试验数据建立压力-密度理论方程和修正方程。

SPSS(Statistical Package for the Social Science)社会科学用软件包是世界上著名的统计分析软件之一，在社会科学、自然科学的各个领域都能发挥巨大作用，并已经应用于经济学、生物学、教育学、心理学、医学以及体育、工业、农业、林业、商业和金融等各个领域。它和 SAS (Statistical Analysis System，统计分析系统)、BMDP(Biomedical Programs，生物医学程序)并称为国际上最有影响的三大统计软件[12-13]。

5.5.1 压力-密度理论方程

由表 5.5、表 5.6 可得杨木粉压坯在 160 ℃、30 min 条件下，压力-

密度方程计算数据表 5.7、表 5.8。

表 5.7　−20 目杨木粉 160 ℃、30 min 压力-密度方程计算数据表

成形压力/MPa	35	50	65	80
试件密度/g·cm^{-3}	1.394	1.404	1.409	1.411
计算密度/g·cm^{-3}	1.340	1.362	1.366	1.369
密度差异/g·cm^{-3}	0.054	0.042	0.043	0.042

表 5.8　−20 目芦苇粉 160 ℃、30 min 压力-密度方程计算数据表

成形压力/MPa	35	50	65	80
试件密度/g·cm^{-3}	1.370	1.395	1.409	1.419
计算密度/g·cm^{-3}	1.342	1.374	1.386	1.390
密度差异/g·cm^{-3}	0.028	0.021	0.023	0.029

5.5.1.1　杨木粉的压力-密度理论方程

在对杨木粉的压力-密度理论方程的回归分析中利用了多种数学模型进行验证:幂函数、线性函数、S 型曲线、二次曲线。在对各曲线拟合效果进行比较后,二次曲线的统计量 R^2 最大,且 F 检验效果最明显,置信概率为 95%。

(1)杨木粉在 160 ℃、30 min,20～50 MPa 条件下的回归分析

①模型描述如表 5.9 所示。

表 5.9　模型描述

模型名称		MOD-1
因变量	1	密度
方程	1	线性
	2	二次
	3	幂
	4	S
自变量		压力
常数		包含
其值在图中标记为观测值的变量		未指定
用于在方程中输入项的容差		0.000 1

②各种拟合方程比对如图 5.31 所示。

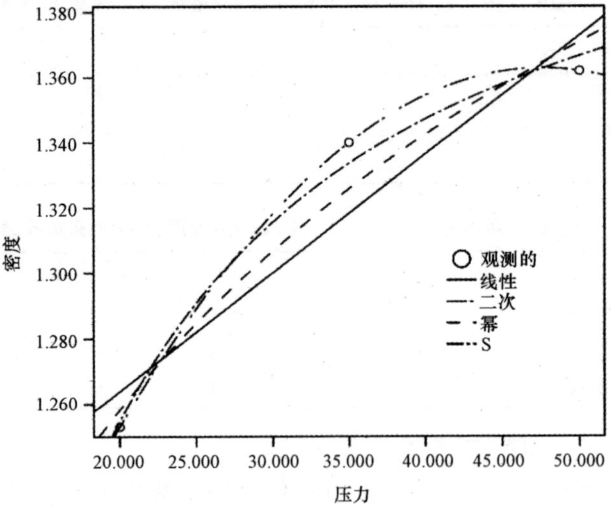

图 5.31　各种拟合方程比对图

③模型汇总与参数估计如表 5.10 所示。

表 5.10　模型汇总和参数估计值

方程	模型汇总					参数估计值		
	R^2	F	df_1	df_2	Sig	常数	b_1	b_2
线性	0.894	8.436	1	1	0.211	1.191	0.004	
二次	1.000	0.000	2	0	0.01	1.035 8	0.013 7	−0.000 14
幂	0.956	21.754	1	1	0.134	0.951	0.094	
S	0.991	108.245	1	1	0.061	0.369	−2.848	

因变量：密度；自变量：压力。

由此可得回归方程为：

$$\rho = 1.0358 + 0.0137P - 0.00014P^2 \quad P \in (20,50) \tag{5.68}$$

式中：ρ —压坯密度，g/cm^3；

P —成形压力，MPa。

(2)杨木粉在 160 ℃、30 min，50～80 MPa 条件下的回归分析

①模型描述如表 5.11 所示。

表 5.11　模型描述

模型名称		MOD-2
因变量	1	密度
方程	1	线性
	2	二次
	3	幂
	4	S
自变量		压力
常数		包含
其值在图中标记为观测值的变量		未指定
用于在方程中输入项的容差		0.000 1

②各种拟合方程比对如图 5.32 所示。

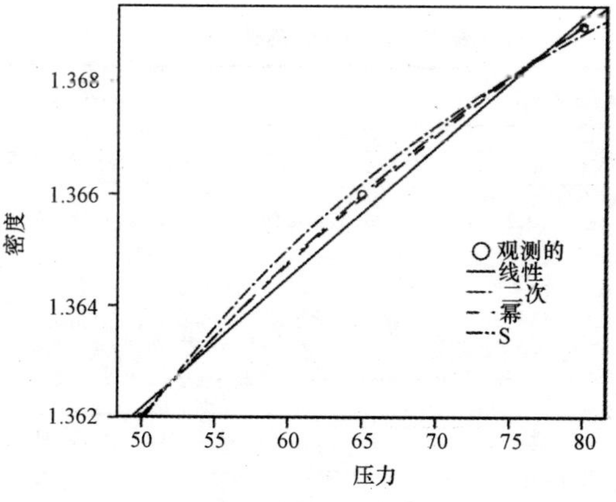

图 5.32　各种拟合方程比对图

③模型汇总与参数估计如表 5.12 所示。

表 5.12　模型汇总和参数估计值

方程	模型汇总					参数估计值		
	R^2	F	df_1	df_2	Sig	常数	b_1	b_2
线性	0.993	147.000	1	1	0.052	1.351	0.000	
二次	1.000	0.	2	0	0.001	1.341 4	0.000 52	−2.22E−006
幂	1.000	3 960.239	1	1	0.010	1.305	0.011	
S	0.998	408.404	1	1	0.031	0.322	−0.679	

因变量：密度；自变量：压力。

由此可得回归方程为：

$$\rho = 1.341\,4 + 0.000\,52P - 0.000\,002P^2 \quad P \in (50,80) \tag{5.69}$$

式中：ρ—压坯密度，g/cm³；

P—成形压力，MPa。

5.5.1.2　芦苇粉的压力-密度理论方程

(1)芦苇粉在 160 ℃、30 min，20～50 MPa 条件下的回归分析

①模型描述如表 5.13 所示。

表 5.13　模型描述

模型名称		MOD-3
因变量	1	密度
方程	1	线性
	2	二次
	3	幂
	4	S
自变量		压力
常数		包含
其值在图中标记为观测值的变量		未指定
用于在方程中输入项的容差		0.000 1

②各种拟合方程比对如图 5.33 所示。

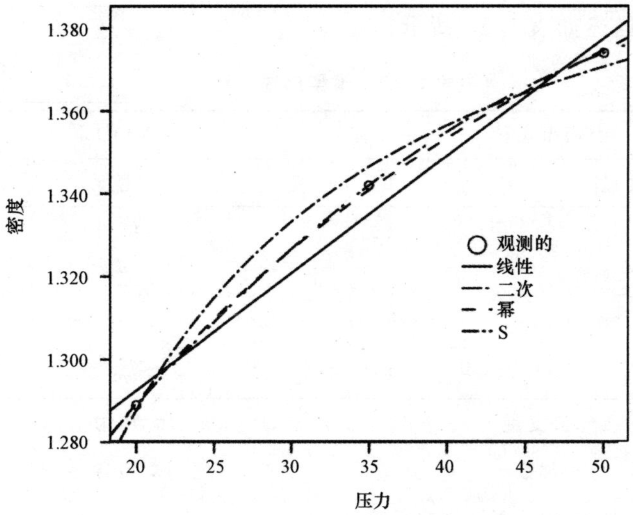

图 5.33　各种拟合方程比对图

③模型汇总与参数估计如表 5.14 所示。

表 5.14　模型汇总和参数估计值

方程	模型汇总					参数估计值		
	R^2	F	df_1	df_2	Sig	常数	b_1	b_2
线性	0.980	49.150	1	1	0.090	1.236	0.003	
二次	1.000	0.000	2	0	0.002	1.185 7	0.006 1	−0.000 046 7
幂	0.999	1 901.594	1	1	0.015	1.046	0.070	
S	0.991	116.324	1	1	0.059	.357	−2.081	

因变量：密度；自变量：压力。

由此可得回归方程为：

$$\rho = 1.185\,7 + 0.006\,1P - 0.000\,046\,7P^2 \quad P \in (30,50) \tag{5.70}$$

式中：ρ —压坯密度，g/cm^3；

P —成形压力，MPa。

(2)芦苇粉在 160 ℃、30 min,50～80 MPa 条件下的回归分析

①模型描述如表 5.15 所示。

表 5.15 模型描述

模型名称		MOD-4
因变量	1	密度
方程	1	线性
	2	二次
	3	幂
	4	S
自变量		压力
常数		包含
其值在图中标记为观测值的变量		未指定
用于在方程中输入项的容差		0.000 1

②各种拟合方程比对如图 5.35 所示。

③模型汇总与参数估计如表 5.16 所示。

表 5.16 模型汇总和参数估计值

方程	模型汇总					参数估计值		
	R^2	F	df_1	df_2	Sig	常数	b_1	b_2
线性	0.923	12.000	1	1	0.179	1.349	0.001	
二次	1.000	0.000	2	0	0.000	1.276 2	0.002 8	−1.78E−005
幂	0.954	20.956	1	1	0.137	1.247	0.025	
S	0.978	43.937	1	1	0.095	0.350	−1.575	

因变量：密度；自变量：压力。

由此可得回归方程为：

$$\rho = 1.276\,2 + 0.002\,8P - 0.000\,017P^2 \quad P \in (50,80) \tag{5.71}$$

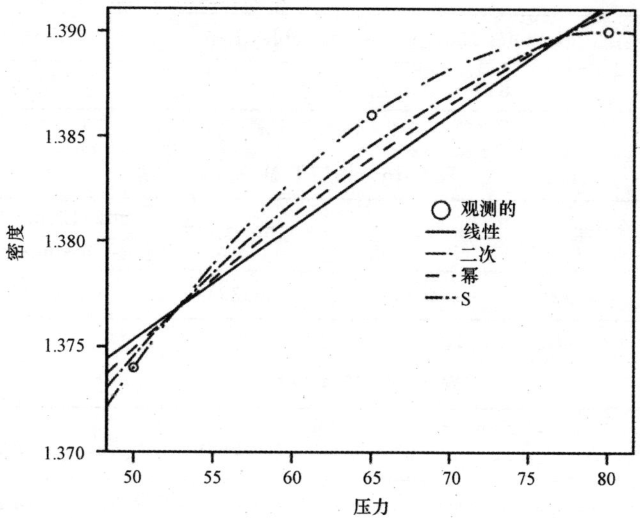

图 5.35　各种拟合方程比对图

式中：ρ —压坯密度，g/cm^3；

　　P —成形压力，MPa。

5.5.1.3　压力-密度理论方程

由以上分析可得，木质粉末高压无胶模塑成形过程中，压力-密度的通用理论方程为：

$$\hat{\rho} = \beta_0 + \beta_1 P + \beta_2 P^2 \quad P \in (35,80) \tag{5.72}$$

式中：$\hat{\rho}$ —压坯密度，g/cm^3；

　　P —成形压力，MPa。

5.5.2　压力-密度修正方程

5.5.2.1　杨木粉的压力-密度修正方程

由表 5.7，用统计分析软件 SPSS Statistics 以计算密度和实测密度差异为因变量、压力为自变量进行线性回归分析，得到表 5.17～表 5.20 结果。

表 5.17 导入/剔除变量[a]

Model	Variables Entered	Variables Removed	Method
1	压力[b]	0	输入

a. Dependent Variable：密度差；b. All requested variables entered。

表 5.18 模型汇总

Model	R	R^2	Adjusted R^2	Std. Error of the Estimate
1	0.772[a]	0.596	0.394	0.004 555

a. Predictors：(Constant)，压力。

表 5.19 方差分析[a]

Model		Sum of Squares	df_1	Mean Square	F	*Sig.*
1	Regression	0.000	1	0.000	2.952	0.228[b]
	Residual	0.000	2	0.000		
	Total	0.000	3			

a. Dependent Variable：密度差；b. Predictors：(Constant)，压力。

表 5.20 回归系数分析表[a]

Model		Unstandardized Coefficients		Standardized Coefficients	t	*Sig.*
		B	Std. Error	Beta		
1	(Constant)	0.043	0.008		7.212	0.019
	压力	0.000	0.000	−0.772	−1.718	0.228

a. Dependent Variable：密度差。

表 5.17 说明，所取的回归分析数据均被采入。

表 5.18 中，相关系数 $R=0.772$，判定系数 $R^2=0.596$，调整的判定系数为 0.394，标准差为 0.004 555。表明数据具有明显的线性相关关系。

表 5.19 为方差分析表。

表 5.20 为回归系数分析表。回归系数为 0，回归系数检验统计量

$t < Sig$，说明此时压力对密度差的影响较小；常数项 $B = 0.059$，$t > Sig$ 说明常数项影响密度差。

可得到的回归方程为：

$$\hat{\rho} = 0.043 + 0P \tag{5.73}$$

式中：$\hat{\rho}$ —压坯密度修正值，g/cm^3；

P —成形压力，MPa。

5.5.2.2　芦苇粉的压力-密度修正方程

按上节同样的方法可求得芦苇粉压坯密度差异回归方程为

$$\hat{\rho} = 0.025 + 0P \tag{5.74}$$

式中：$\hat{\rho}$ —压坯密度修正值，g/cm^3；

P —成形压力，MPa。

5.5.2.3　压力-密度修正方程

由以上分析可得结论：在 35 MPa 压力后，密度差异值与压力不相关，木质粉末无胶温压成形过程中，压力-密度的通用修正方程退化为常数，可描述为：

$$\Delta\hat{\rho} = \Delta \tag{5.75}$$

式中：$\Delta\hat{\rho}$ —压坯密度修正值，g/cm^3。

5.5.3　木质粉末无胶温压成形压坯压力-密度模型

综上所述，木质粉末无胶温压成形过程中，压力-密度模型由两部分组成：理论方程和修正项，其数学模型可描述为

$$\hat{\rho} = \beta_0 + \beta_1 P + \beta_2 P^2 + \Delta \quad P \in (35, 80) \tag{5.76}$$

式中：$\hat{\rho}$ —压坯密度，g/cm^3；

Δ —压坯密度修正值，g/cm^3；

P —成形压力，MPa。

该模型在应用过程中，先通过有限元理论计算确定不同材料的理论方程系数 β_0 、β_1 、β_2 ，再将试验数据和理论计算数据对比得到密度修正值 Δ 。

5.5.4　杨木粉和芦苇粉压坯压力-密度曲线修正

杨木和芦苇秆粉末压坯密度修正结果如表 5.21、表 5.22 所示。

表 5.21　杨木粉压坯密度修正

压力/MPa	35	50	65	80
实测密度/g. cm^{-3}	1.394	1.404	1.409	1.411
计算密度/g. cm^{-3}	1.340	1.362	1.366	1.369
修正密度/g. cm^{-3}	1.386 8	1.405 4	1.409 7	1.413 2

表 5.22　芦苇粉压坯密度修正

压力/MPa	35	50	65	80
实测密度/g. cm^{-3}	1.37	1.395	1.409	1.419
计算密度/g. cm^{-3}	1.342	1.374	1.386	1.39
修正密度/g. cm^{-3}	1.367	1.3987	1.4114	1.4164

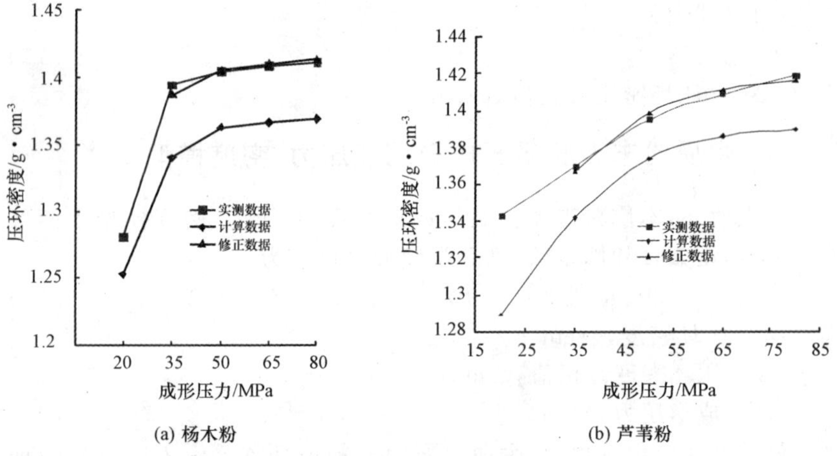

图 5.36　压坯密度随压力变化的数据对比图

图 5.36 为杨木粉和芦苇粉压坯密度随压力变化的实测数据、有限元计算数据和修正数据的对比图。

5.6 小 结

通过杨木粉和芦苇粉的无胶温压成形的对比试验，利用有限元法分析了在室温和最优温压工艺条件下，成形过程中压制压力对压坯密度的影响，通过试验测量和理论计算相结合的方法，对压制压力与压坯密度的关系进行了回归分析。结果表明：

(1)在弹塑性理论的理想假设下，Shima 模型可对木质粉末常温压制过程进行较好的数值模拟。

(2)在最优温压成形工艺条件下，Shima 模型对木质粉末压制过程的有限元计算结果和试验测量数据有一定偏差，但该偏差在压制后期趋近于定值。

(3)通过试验测量与理论计算，得到了木质粉末无胶温压成形压制压力与压坯密度关系的理论方程和修正项，建立了压力-密度数学模型。

参考文献

[1]Kuhu H A, Downey C L. Deformation characteristics and plasticity theroy of sintered powder materials[J]. International Journal of Powder Metallurgy, 1971, 7(1): 15-25.

[2]Shima S, Oyane M. Plasticity theory for porous mctal[J]. Int. J. Mech. Sci., 1976, 18: 285-292.

[3]Doraicelu S M, Gegel H L, Gunasekera J S, etal. A new yield functions for compressible P/M materials[J]. International Journal of Mechanical Sciences, 1984, 26(9/10): 527-535.

[4]Kim K Y, Cho J H. A densification model for mixed metal powder under cold compaction[J]. International Journal of Mechanical Sciences, 2001, 43(12): 2929-2946.

[5]任学平，康永林．粉末塑性加工原理及其应用[M]. 北京：冶金工业出版社，1998.

[6]李元元．金属粉末温压成形原理与技术[M]. 广州：华南理工大学出版社，

2008:1-3.

[7]龚晓南．土塑性力学[M]. 杭州:浙江大学出版社,1990.

[8]王瑁成,邵敏．有限单元法基本原理和数值方法[M]. 北京:清华大学出版社,1997.

[9]Cho H K,Suh J,Kim K T. Densification of porous alloy steel perform at high temperature[J]. International Journal of Mechanical Sciences,1994,36(4):307-328.

[10]陈火红．MARC有限元实例教程[M]. 北京:机械工业出版社,2005.

[11]王逢瑚．木质材料流变学[M]. 哈尔滨:东北林业大学出版社,2008.

[12]杜强．SPSS统计分析从入门到精通[M]. 北京:机械工业出版社,2009.

[13]宋志刚,谢蕾蕾,何旭洪．SPSS 16实用教程[M]. 北京:机械工业出版社,2008.

第6章　木质粉末原料的TD-GC/MS分析

试验发现，木质原料在粉碎加工、室内外存放与干燥以及木质粉末的模塑成形过程，挥发物的释放非常活跃。挥发物的释放势必导致试验材料成分的变化，同时也会对环境产生影响。因此，本章拟选取40 ℃、60 ℃、90 ℃和160 ℃4个工艺环境温度点，通过热脱附-气相色谱/质谱（TD-GC/MS）联机分析，考察试验所用木质原料在粉碎、存放、干燥和模塑成形过程的挥发物释放行为。

6.1　材料与方法

6.1.1　试验材料

第2章成果表明，试验涉及的杨木粉、松木粉、棉梗粉、芦苇秆粉和毛竹粉中，芦苇秆粉和杨木粉的温压成形工艺性能最佳，具有优先研究价值，故本章选取芦苇秆粉末和杨木粉两种基材进行分析。

（1）基材

基材的采集与2.1.1节相同。

（2）粉末制备方法

首先将2种基材或锯或劈成小段或小片，再在55 ℃下真空干燥至含水率12%～15%，然后粉碎成－20～100目（0.85～0.15 mm）的粉末备用。

6.1.2 分析方法

采用热脱附-气相色谱/质谱(TD-GC/MS)联机技术进行分析。

(1)GC/MS 条件

GC/MS:美国 Agilent 公司型号:Agilent6890N+5975C。色谱柱:DB-5MS 石英毛细管柱:30 μm×250 μm×0.25 μm。GC/MS 条件:进样口温度:250 度;分流比:15∶1;柱流量:1.2 mL/min;气体:He;柱温箱升温条件:50 ℃(2 min),然后以 8 ℃/min 升温速率升到 250 ℃,再以 5 ℃/min 速率升到 300 ℃(保持 5min)[1-2]。

(2)试验方法

将装有样粉的热脱附管放置在热脱附仪(MasterTD 意大利 DANI 公司生产)上加热吹扫一定时间,在吹扫过程中,用装有吸附剂的冷阱在低温条件下对挥发出来的有机物进行吸附。最后对冷阱吸附管高温加热解析,将解析产物进行 GC/MS 分析。热解析条件:吹扫时间:20 min;吹扫温度分别取 40 ℃、60 ℃、90 ℃和 160 ℃;Trap 低温吸附温度:0 ℃;Trap 高温解析温度:310 ℃;解析时间 10 min;阀温:240 ℃;传输线温度:260 ℃。

6.2 结果与分析

6.2.1 测定结果

在上述试验条件下对杨木和芦苇秆粉末在 40 ℃、60 ℃、90 ℃和 160 ℃环境温度中的挥发物热释放行为进行测定,得到色谱离子流谱图和质谱数据。以图 6.1～图 6.8 所示总离子流图为依据,由 HP5973/6890™型气相色谱-质谱联用仪配置的微处理机采用面积归一化法计算出各峰峰面积的相对百分含量。各峰的质谱数据,通过 NIST 标准谱库,用计算机自动检索,配合人工图谱解析和查阅公开的有关质谱资料[3-5],确定芦苇粉末在成形温度环境中释放出的化学成分,其结果见表 6.1、表 6.2。

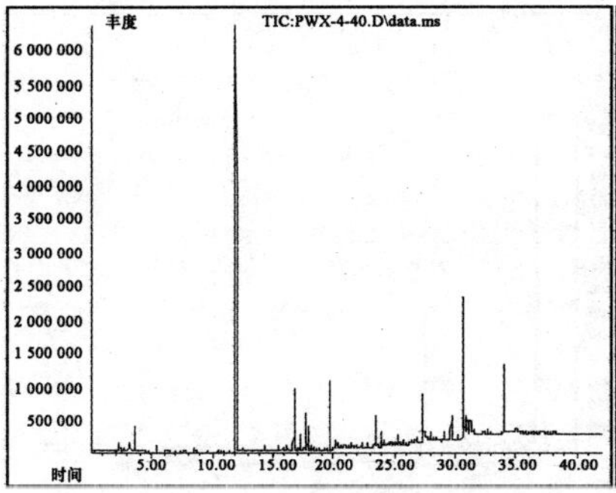

图 6.1　杨木粉在 40 ℃下的
挥发物总离子流图

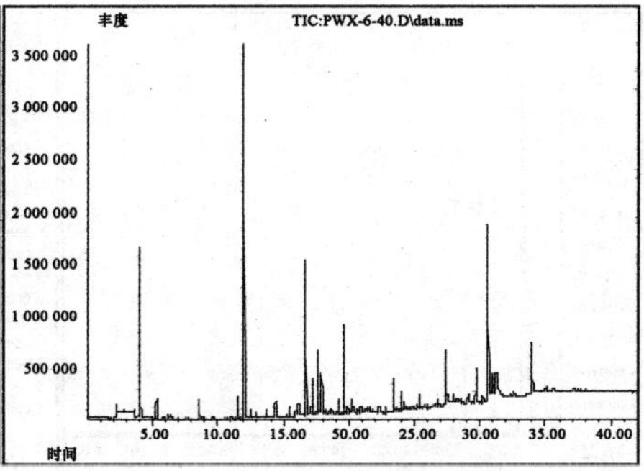

图 6.2　芦苇秆粉在 40 ℃下的
挥发物总离子流图

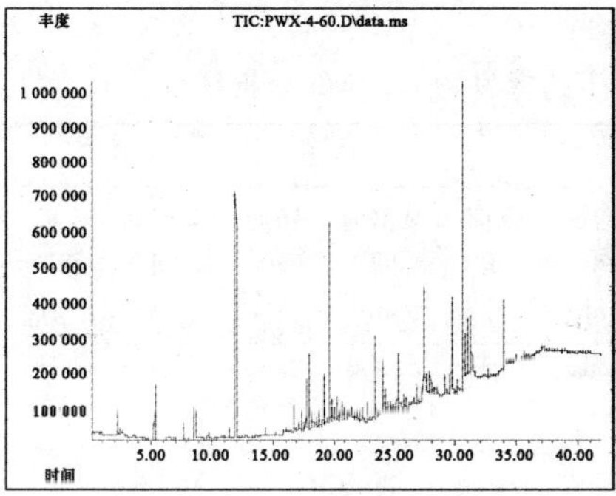

图 6.3　杨木粉在 60 ℃下的
挥发物总离子流图

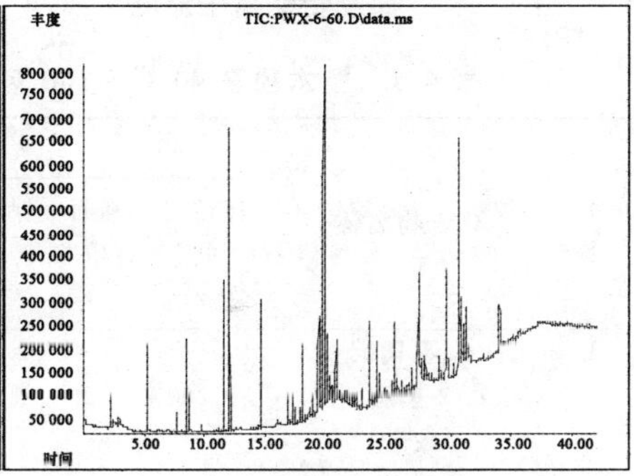

图 6.4　芦苇秆粉在 60 ℃下的
挥发物总离子流图

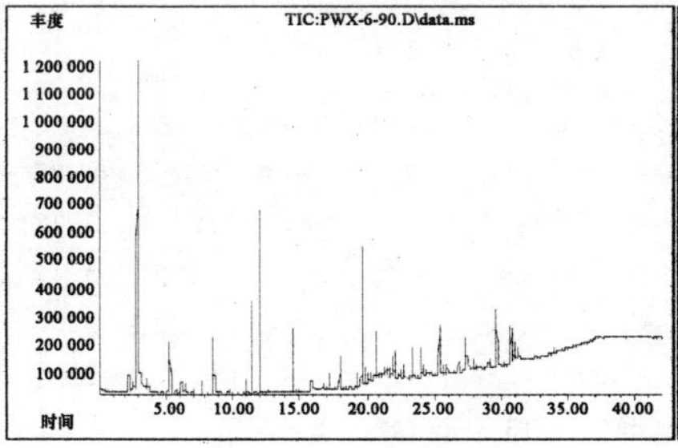

图 6.5　杨木粉在 90 ℃下的
挥发物总离子流图

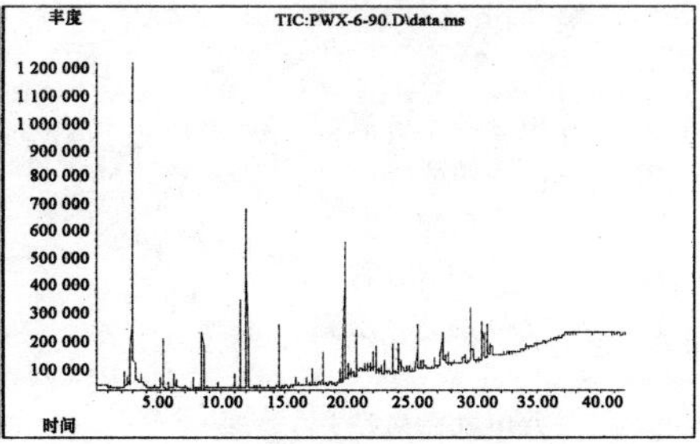

图 6.6　芦苇秆粉在 90 ℃下的
挥发物总离子流图

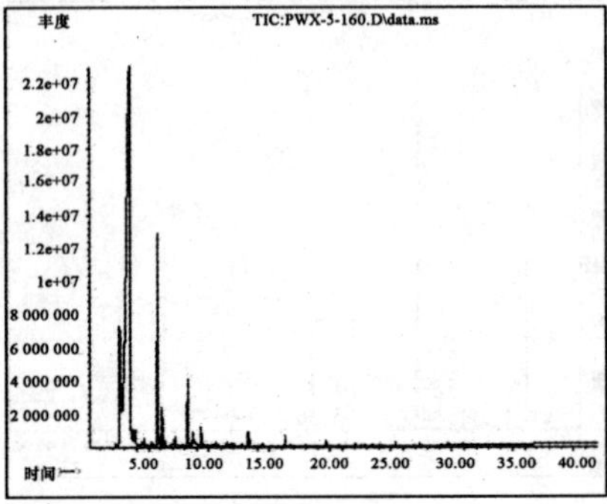

图 6.7 杨木粉在 160 ℃下的挥发物总离子流图

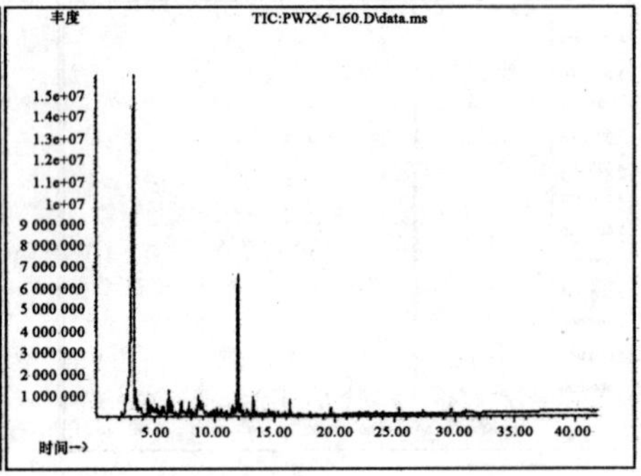

图 6.8 芦苇秆粉在 160 ℃下的挥发物总离子流图

表 6.1 杨木粉在 40 ℃～160 ℃下的挥发物 GC/MS 分析结果

编号	化合物名称	40 ℃		60 ℃		90 ℃		160 ℃	
		保留时间 / min	峰面积 / %	保留时间 / min	峰面积 / %	保留时间 /min	峰面积 /%	保留时间 /min	峰面积 /%
1	二氧化碳	—	—	2.233	1.88	2.233	2.36	2.253	0.26
2	2-辛胺	2.264	0.09	—	—	—	—	—	—
3	蚁酸	—	—	—	—	—	—	2.606	8.85
4	醋酸	3.600	2.44	—	—	—	—	3.393	69.58
5	(3-甲基-环氧-2-基)甲醇	—	—	—	—	—	—	3.870	1.32
6	丁醛	—	—	—	—	—	—	4.440	0.48
7	四氢-3-呋喃	—	—	—	—	—	—	4.657	0.77
8	己醛	—	—	—	—	—	—	5.165	0.19
9	六甲基环三硅氧烷	—	—	5.300	2.89	5.300	4.35	—	—
10	糠醛	—	—	—	—	—	—	5.756	6.97
11	糠醇	—	—	—	—	—	—	6.129	1.72
12	(S)-(＋)-1,2-丙二醇	—	—	-	—	—	—	6.927	0.42
13	1-(2-呋喃基)-乙酮	—	—	—	—	—	—	7.207	0.74
14	5-甲基糠醛	—	—	—	—	—	—	8.243	1.91
15	八甲基硅氧烷	—	—	8.502	1.13	8.492	1.67	—	—
16	β-蒎烯	—	—	8.637	1.05	—	—	—	—
17	苯酚	—	—	—	—	—	—	8.678	1.25
18	1H-吡咯-2-甲醛	—	—	—	—	—	—	9.352	1.02

续表 1

编号	化合物名称	40 ℃		60 ℃		90 ℃		160 ℃	
		保留时间 / min	峰面积 / %	保留时间 / min	峰面积 / %	保留时间 /min	峰面积 /%	保留时间 /min	峰面积 /%
19	2,5-二甲酰基呋喃	—	—	—	—	—	—	10.544	0.85
20	壬醛	—	—	—	—	11.052	1.54	—	—
21	十甲基五环硅氧烷	—	—	—	—	—	—	11.476	0.19
22	(1R)-1,3,3-三甲基-二环[2,2,1]庚烷-2-酮	—	—	—	—	11.984	10.16	—	—
23	樟脑	—	—	11.995	8.60	—	—	—	—
24	1,7,7-三甲基-双环[2,2,1]庚-2-酮	12.005	31.55	—	—	—	—	—	—
25	萘	—	—	—	—	—	—	12.720	0.20
26	2,3 二氢苯并呋喃	—	—	—	—	—	—	13.238	0.71
27	十二甲基六环硅氧烷	—	—	—	—	—	—	14.471	0.09
28	香兰素	—	—	—	—	—	—	16.285	0.30
29	2,3,4,7,8,8a-六氢-3,6,8,8-四甲基-1H-3a,7-亚甲基奥	—	—	—	—	—	—	16.720	0.05
30	石竹烯	16.751	5.26	16.741	1.20	—	—	—	—
31	α-石竹烯	17.321	1.27	—	—	—	—	—	—
32	[s-(E,E)]-1-甲基-5-亚甲基-8-(1-甲基乙基)-1,6-环癸二烯	—	—	17.694	1.84	—	—	—	—
33	八氢-7-甲基-3-亚甲基-4-(1-甲基乙基)-1H-环丙并[1,3]环戊并[1,2]苯	17.705	2.91	—	—	—	—	—	—
34	十四烷	—	—	17.798	0.72	—	—	—	—
35	丙二酸(羟)-二乙酯	17.839	1.12	—	—	—	—	—	—
36	2,4 -双(1,1 二甲基乙基)苯酚	17.964	2.56	17.953	3.56	—	—	—	—
37	2,4-二叔丁基苯酚	—	—	—	—	17.953	3.25	—	—
38	十六烷	—	—	19.280	1.98	19.280	2.26	—	—
39	雪松醇	19.694	5.29	19.694	7.26	19.684	12.55	19.684	0.19
40	2,6,10-三甲基十五烷	—	—	19.943	1.08	19.943	3.31	—	—

续表 2

编号	化合物名称	40 ℃		60 ℃		90 ℃		160 ℃	
		保留时间 / min	峰面积 / %	保留时间 / min	峰面积 / %	保留时间 /min	峰面积 /%	保留时间 /min	峰面积 /%
41	(1.α.,4a.α.,8a.α.)-1,2,3,4,4a,5,6,8a-八氢-7-甲基-4-亚甲基-1-(1-甲基乙基)萘	—	—	20.254	0.79	—	—	—	—
42	5-甲基乙基 3,6,8-壬三烯酸酯	20.264	0.65	—	—	—	—	—	—
43	十七烷	—	—	—	—	20.689	4.57	—	—
44	2-氨基-N-(1-甲基乙基)-乙酰胺	—	—	—	—	—	—	20.710	0.08
45	2,6,10,14 -四甲基十五烷	—	—	—	—	20.731	5.12	—	—
46	十八烷	—	—	—	—	22.036	1.19	—	—
47	2-四氢糠胺	—	—	—	—	—	—	22.098	0.26
48	2,6,10,14-四甲基十六烷	—	—	—	—	22.119	1.54	—	—
49	1-十四胺	—	—	—	—	—	—	22.586	0.08
50	邻苯二甲酸二异丁酯	—	—	22.855	0.86	—	—	—	—
51	二甲基汞	—	—	—	—	—	—	23.446	0.11
52	7,9-二叔丁基-1-氧杂螺[4.5]-癸烷-6 ,9 -二烯-2 ,8 -二酮	23.456	1.78	23.456	2.42	23.446	2.38	—	—
53	邻苯二甲酸二丁酯	24.036	1.46	24.036	2.52	24.036	3.29	24.036	0.17
54	喹啉	—	—	24.233	1.52	—	—	—	—
55	1,3-苯二乙腈	—	—	—	—	24.233	2.49	—	—
56	[4aS-(4a.α.,5.α.,8a.β.)]-十氢-1,1,4a-三甲基-6-亚甲基-5-(3-甲基-2,4-戊二烯基)萘	—	—	25.404	2.09	25.394	3.51	—	—
57	2-溴乙醇	25.404	0.87	—	—	—	—	—	—
58	[1,1′:3′,1″-三联苯]-2′-醇	27.363	5.97	27.363	9.11	27.353	5.65	—	—
59	2,6-二甲基-3,5-吡啶	—	—	27.529	1.28	—	—	—	—

续表 3

编号	化合物名称	40 ℃		60 ℃		90 ℃		160 ℃	
		保留时间 / min	峰面积 / %	保留时间 / min	峰面积 / %	保留时间 /min	峰面积 /%	保留时间 /min	峰面积 /%
60	4-氯-3,5-二硝基苯甲酸	27.529	0.21	—	—	—	—	27.353	0.14
61	2-氨基-5-乙基-1,3,4-噻二唑	—	—	27.622	2.39	—	—	—	—
62	二十烷	—	—	27.943	1.00	—	—	—	—
63	磷酸三苯酯	—	—	29.125	1.60	—	—	—	—
64	N -甘氨酰-DL-苯丙氨酸	—	—	—	—	—	—	29.684	0.17
65	5-(苯甲基)- 2-硫代-四咪唑啉酮	—	—	29.695	7.60	—	—	—	—
66	1 ,2-二乙酰基-3 -苄氧基-1,2 丙二醇	—	—	—	—	29.695	11.64	—	—
67	3-［(1Z)-1,3-丁二烯］-4-乙烯基环戊烷	29.705	3.92	—	—	—	—	—	—
68	邻苯二甲酸二正辛酯	—	—	—	—	30.607	6.01	—	—
69	1,2-苯二甲酸，单(2 乙基己基)酯	30.627	14.94	30.617	16.27	—	—	—	—
70	2-甲基-7-苯基吲哚	—	—	—	—	30.752	2.87	—	
71	2-苯基-5-甲基-吲哚	—	—	30.762	3.10	—	—	—	—
		—	—	31.145	0.84	—	—	—	—
72	4-氯-3 -三氟甲基乙基氯苯基	30.772	2.81	—	—	—	—	—	—
73	3-(2-烯基)- 2-甲基- 1,1-二苯基-1-丙烯	—	—	30.928	3.05				
74	1-甲基-2-苯基-吲哚	—	—	—	—	30.928	3.30	—	—
75	2-甲基- 3-氧-二乙基丁二酸酯	30.938	2.26	—	—	—	—	—	—
76	反(2,3-二苯环丙烷)甲基苯基砜	—	—	31.021	2.19	—	—	—	—
77	2,4-二甲基苯并［h］喹啉	—	—	—	—	31.021	2.06	—	—
78	N-n-丁基丙酰胺	31.031	1.91					—	—
79	1,4 二酮-2,5-二苯基-2,5 环己二烯	—	—	31.249	4.58	31.249	2.93	—	—

续表 4

编号	化合物名称	40 ℃		60 ℃		90 ℃		160 ℃	
		保留时间 / min	峰面积 / %	保留时间 / min	峰面积 / %	保留时间 /min	峰面积 /%	保留时间 /min	峰面积 /%
80	乙基丙酸酯	31.259	2.65	—	—	—	—	—	—
81	2-(对甲苯基)乙胺	31.415	0.75	—	—	—	—	—	—
82	(全 E)-2,6,10,15,19,23-六甲基-2,6,10,14,18,22-二十四碳己烯	—	—	33.985	3.63	—	—	—	—
83	角鲨烯	33.995	7.34	—	—	—	—	—	—

表 6.2　芦苇秆粉在 40 ℃～160 ℃下的挥发物 GC/MS 分析结果

编号	化合物名称	40 ℃		60 ℃		90 ℃		160 ℃	
		保留时间 / min	峰面积 / %	保留时间 / min	峰面积 / %	保留时间 /min	峰面积 /%	保留时间 /min	峰面积 /%
1	2-辛胺	2.170	0.50	—	—	—	—	—	—
2	二氧化碳	—	—	2.233	2.03	2.232	1.24	—	—
3	L-半胱亚磺酸	—	—	—	—	—	—	2.243	0.30
4	1,4,6-三乙酸-2-脱氧-3-甲基-吡喃半乳糖	2.264	0.33	—	—	—	—	—	—
5	乙醛	—	—	—	—	—	—	2.378	0.19
6	蚁酸	—	—	—	—	—	—	2.606	2.37
7	异丙磷化氢	—	—	—	—	—	—	2.761	1.81
8	醋酸	4.025	10.94	—	—	2.906	42.11	3.259	55.01
9	1-羟基-2-丙酮	—	—	—	—	—	—	3.414	2.03
10	2-戊酮	—	—	—	—	—	—	3.611	0.83
11	丙酸	—	—	—	—	—	—	3.746	0.69
12	碳酸亚乙烯酯	—	—	—	—	—	—	3.829	0.78
13	吡嗪	—	—	—	—	—	—	4.222	0.19
14	丙二醇	—	—	—	—	—	—	4.285	0.16
15	2-丙炔-1-醇	—	—	—	—	—	—	4.419	1.22
16	2,7-辛二酮	—	—	—	—	—	—	4.678	0.58
17	乙酰胺	—	—	—	—	—	—	4.709	0.75

续表 1

编号	化合物名称	40 ℃		60 ℃		90 ℃		160 ℃	
		保留时间 / min	峰面积 / %	保留时间 / min	峰面积 / %	保留时间 /min	峰面积 /%	保留时间 /min	峰面积 /%
18	2,3-丁二醇	—	—	—	—	—	—	4.906	0.68
		—	—	—	—	—	—	5.062	0.31
19	正己醛	—	—	—	—	—	—	5.155	0.82
20	六甲基环三硅氧烷	5.290	1.32	5.310	4.50	5.310	3.53	5.300	0.35
21	2-甲基吡嗪	—	—	—	—	—	—	5.601	0.58
22	糠醛	—	—	—	—	—	—	5.735	0.82
23	反式-3-己烯-1-醇	—	—	—	—	—	—	6.150	1.72
24	正己醇	—	—	—	—	—	—	6.388	1.30
25	4-环戊烯-1,3-二酮	—	—	—	—	—	—	6.658	0.17
26	正戊酸	—	—	—	—	—	—	6.772	0.26
27	高瓜氨酸	—	—	—	—	—	—	7.020	0.36
28	γ-丁内酯	—	—	—	—	—	—	7.217	0.94
29	1,1″-亚甲基-吡咯烷	—	—	—	—	—	—	7.414	0.47
30	1,2-环戊二酮	—	—	—	—	—	—	7.487	0.29
31	N,N-二乙基甲酰胺	—	—	—	—	—	—	7.673	0.20
32	衣康酸酐	—	—	—	—	—	—	7.818	0.67
33	5-甲基-2-呋喃甲醇	—	—	—	—	—	—	8.026	0.30
34	5-甲基呋喃醛	—	—	—	—	—	—	8.233	0.11
35	3-甲氧基-1,2-丙二醇	—	—	—	—	—	—	8.295	0.22
36	八甲基环四硅氧烷	8.492	0.87	8.502	2.73	8.502	2.23	8.492	0.19
37	2,4-二羟基-2,5-二甲基-3(2H)呋喃酮	—	—	—	—	—	—	8.606	0.75
38	β-蒎烯	—	—	8.637	1.19	—	—	—	—
39	6,6-二甲基-2-亚甲基-二环[3.1.1]庚烷	—	—	—	—	8.637	1.00	—	—
40	苯酚	—	—	—	—	—	—	8.668	0.41
41	2-正戊基呋喃	—	—	—	—	—	—	8.782	1.09
42	戊二酸酐	—	—	—	—	—	—	8.886	0.49
43	2-氟吡啶	—	—	—	—	—	—	8.969	0.27
44	3,4-二羟基-3-环丁烯-1,2-二酮	—	—	—	—	—	—	9.020	0.89
45	2,4,5-三羟基嘧啶	—	—	—	—	—	—	9.165	0.29
46	2-吡咯甲醛	—	—	—	—	—	—	9.311	0.15

续表 2

编号	化合物名称	40 ℃		60 ℃		90 ℃		160 ℃	
		保留时间/min	峰面积/%	保留时间/min	峰面积/%	保留时间/min	峰面积/%	保留时间/min	峰面积/%
47	2,3-二甲基马来酸酐	—	—	—	—	—	—	9.621	0.08
48	2-氯丙酸乙酯	—	—	—	—	—	—	9.673	0.10
49	1-甲基-3,3-五亚甲基二氮环甲烷	—	—	—	—	—	—	9.777	0.16
50	1,4-二甲基哌嗪	—	—	—	—	—	—	9.870	0.18
51	3,3-二甲基丁胺	—	—	—	—	—	—	9.912	0.29
52	4-羟基-2,5-二甲基-3(2H)呋喃酮	—	—	—	—	—	—	10.181	0.35
53	2-乙酰基吡咯	—	—	—	—	—	—	10.295	0.13
54	4,6-二羟基-2-甲基嘧啶	—	—	—	—	—	—	10.575	0.42
55	4-羟基-2,4,5-三甲基-2,5-环已二烯-1-酮	—	—	—	—	—	—	10.730	0.15
56	2,3,3-三甲基-1-戊烯	—	—	—	—	—	—	10.844	0.09
57	1,2,4-三甲基-环戊烷	—	—	—	—	—	—	10.948	0.09
58	壬醛	—	—	—	—	—	—	11.041	0.23
59	十甲基环五硅氧烷	11.476	0.99	11.476	4.25	11.476	3.45	11.466	0.35
60	2-甲基乙酰乙酸乙酯	—	—	—	—	—	—	11.715	0.50
61	甲氧基苯基肟	—	—	—	—	—	—	11.798	0.11
62	2,3-二氢-3,5-二羟基-6-甲基-4-吡喃酮	—	—	—	—	—	—	11.964	9.37
63	1,7,7-三甲基二环[2.2.1]庚烷-2-酮	—	—	—	—	11.984	7.30	—	—
64	樟脑	11.995	16.34	11.995	9.07	—	—	—	—
65	3-羟基十三烷酸乙酯	—	—	—	—	—	—	12.150	0.59
66	2,6-辛二烯	—	—	—	—	—	—	12.347	0.17
67	4-萜烯醇	12.585	0.41	—	—	—	—	—	—
68	萘	—	—	—	—	—	—	12.720	0.36
69	松油醇	12.844	—	—	—	—	—	—	—
70	4-氯苯酚	—	—	—	—	—	—	12.927	0.16
71	2,3-二氢苯并呋喃	—	—	—	—	—	—	13.238	0.63
72	5-羟甲基-2-呋喃甲醛	—	—	—	—	—	—	13.331	0.22

续表 3

编号	化合物名称	40 ℃		60 ℃		90 ℃		160 ℃	
		保留时间 / min	峰面积 / %	保留时间 / min	峰面积 / %	保留时间 /min	峰面积 /%	保留时间 /min	峰面积 /%
73	内 9-甲基-9-氮杂双环[3,3,1]壬烷-6-辛烯-2-醇	—	—	—	—	—	—	13.456	0.23
74	3-蒈烯	13.684	0.38	—	—	—	—	—	—
75	八甲基环四硅氧烷	—	—	—	—	—	—	14.326	0.05
76	左旋乙酸冰片酯	14.399	0.62	—	—	—	—	—	—
77	十二甲基环六硅氧烷	14.471	0.45	14.471	3.38	14.471	2.36	14.471	0.14
78	(E,E)-2,4-癸二烯醛	—	—	—	—	—	—	14.523	0.06
79	1-甲基萘	—	—	—	—	—	—	14.699	0.06
80	4-乙烯基-2-甲氧基苯酚	—	—	—	—	—	—	14.834	0.08
81	反式-2,4-癸二烯醛	—	—	—	—	—	—	14.938	0.10
82	顺-2-甲基-2-丁醛	—	—	—	—	—	—	15.290	0.07
83	α-荜澄茄油烯	15.477	0.45	—	—	—	—	—	—
84	反-2,3-环氧癸烷	—	—	—	—	—	—	15.860	0.08
85	荜澄茄油烯	15.995	0.36	—	—	—	—	—	—
86	1-乙烯基-1-甲基-2,4-二(1-甲基乙烯基)环已烷	16.181	1.08	—	—	—	—	—	—
87	十四烷	16.233	0.47	—	—	—	—	—	—
88	香兰素	—	—	—	—	—	—	16.275	0.51
89	石竹烯	16.751	8.05	16.741	1.17	—	—	—	—
90	异喇叭烯	16.865	0.82	—	—	—	—	—	—
91	6,10-二甲基-5,9-十一双烯-2-酮	—	—	—	—	—	—	17.000	0.03
92	甲基苯基聚硅氧烷	—	—	—	—	—	—	17.176	0.05
93	2,6,10,14-四甲基十七烷	17.176	0.38	—	—	—	—	—	—
94	3 -异丙氧基- 1,1,1,7,7,7 -六胺 1 - 3,5,5 -三(三甲基硅氧基)四硅氧烷	—	—	17.176	0.91	—	—	—	—

续表 4

编号	化合物名称	40 ℃		60 ℃		90 ℃		160 ℃	
		保留时间 / min	峰面积 / %	保留时间 / min	峰面积 / %	保留时间 /min	峰面积 /%	保留时间 /min	峰面积 /%
95	(Z,Z,Z)-1,5,9,9 四甲基-1,4,7 环-十一碳三烯	17.311	1.69	—	—	—	—	—	—
96	1-甲基-5-亚甲基-8-(1-甲基乙基)-1,6-环癸二烯	17.705	2.82	—	—	—	—	—	—
97	十六烷	17.798	0.46	19.280	3.25	—	—	19.280	0.04
		19.290	0.65	—	—	—	—	—	—
		27.943	0.54	—	—	—	—	—	—
		31.415	0.58	—	—	—	—	—	—
98	B-瑟林烯	17.839	1.08	—	—	—	—	—	—
99	2,4 双(1,1 二甲基乙基)苯酚	—	—	—	—	17.953	1.57	—	—
100	2,4-二叔丁基苯酚	—	—	17.953	2.80	—	—	17.943	0.08
101	雪松醇	19.694	4.38	19.684	10.9	19.684	6.06	19.684	0.20
102	2,6,10-三甲基十五烷	19.943	0.44	—	—	19.943	0.94	—	—
103	二十七烷	—	—	19.943	3.64	—	—	—	—
104	正三十一烷	—	—	20.192	1.07	—	—	—	—
105	2-异丙基-5-甲基-9-亚甲基-二环[4.4.0]萘烷-1-烯	20.254	0.61	—	—	—	—	—	—
106	1,2,3,3a,4,5,6,7-八氢化-1,4-二甲基-7-(1-甲基乙烯基)奥	20.347	0.33	—	—	—	—	—	—
107	十七烷	—	—	20.700	1.44	20.699	1.70	20.689	0.05
		—	—	—	—	—	—	22.036	0.06
108	2,6,10-三甲基-十六烷	—	—	—	—	20.731	1.87	20.731	0.04
109	2,6,10,14 -四甲基-十五烷	—	—	20.731	2.11	—	—	—	—
110	2-甲氧基-1,3,5 三甲基-苯	20.927	0.24	—	—	—	—	—	—
111	正十八烷	—	—	—	—	22.036	0.88	—	—

续表 5

编号	化合物名称	40 ℃		60 ℃		90 ℃		160 ℃	
		保留时间 / min	峰面积 / %	保留时间 / min	峰面积 / %	保留时间 /min	峰面积 /%	保留时间 /min	峰面积 /%
112	植烷	—	—	—	—	22.119	1.19	22.119	0.08
113	2-十氢乙基-萘	22.316	0.35	—	—	—	—	—	—
114	植酮	—	—	—	—	—	—	22.575	0.08
115	邻苯二甲酸异癸酯	—	—	—	—	—	—	22.845	0.06
116	邻苯二甲酸二异丁酯	22.855	0.37	—	—	—	—	—	—
117	7,9-二叔丁基-1-氧杂螺[4.5]-癸烷-6,9-二烯-2,8-二酮	23.456	1.35	23.456	2.12	23.446	1.33	23.446	0.07
118	邻苯二甲酸二丁酯	24.036	1.07	—	—	—	—	24.026	0.10
119	1,2-苯二甲酸丁基-2-甲基丙基酯	—	—	24.036	2.42	—	—	—	—
120	1,2-邻苯二甲酸丁基环己酯	—	—	—	—	24.036	1.93	—	—
121	α-氰基-4-(氰)乙基-苯乙酸酯	—	—	—	—	—	—	24.223	0.06
122	1,2-苯二乙腈	—	—	24.233	1.36	—	—	—	—
123	异喹啉	24.233	0.63	—	—	—	—	—	—
124	α-乙烯基十氢-α-5,5,8a-四甲基-2-亚甲基-1-萘丙醇	—	—	25.394	2.40	—	—	25.394	0.13
125	1,1,4a-三甲基-6-亚甲基-5-(3-甲基-2,4-戊二烯基)-十氢萘	—	—	—	—	25.394	2.11	—	—
126	α-乙烯基十氢-2-羟基-α-2,5,5,8a-五甲基-1-萘丙醇	25.404	0.74	—	—	—	—	—	—
127	二十八烷	26.834	0.23	—	—	—	—	—	—
128	[1,1′:3′,1″-三联苯]-2′-醇	27.363	4.89	27.363	3.87	27.363	2.47	27.353	0.12
129	2-甲基-3-氧二乙基丁二酸酯	27.529	0.63	—	—	—	—	—	—

续表 6

编号	化合物名称	40 ℃		60 ℃		90 ℃		160 ℃	
		保留时间 / min	峰面积 / %	保留时间 / min	峰面积 / %	保留时间 /min	峰面积 /%	保留时间 /min	峰面积 /%
130	(2,3-二苯环丙基)甲基苯基砜	27.622	0.91	—	—	—	—	—	—
131	二十烷	29.073	0.26	—	—	—	—	—	—
132	三苯基磷酸盐	29.125	0.56	—	—	—	—	—	—
133	反(2,3-二苯环丙基)甲基苯基砜	—	—	—	—	30.928	1.77	29.684	0.32
134	5-(苯甲基)-2-硫代四咪唑啉酮	29.705	3.37	29.695	9.44	29.695	7.00	—	—
135	正十九烷	30.233	0.47	—	—	—	—	—	—
136	1,2 -邻苯二甲酸二异辛酯	—	—	—	—	30.606	2.59	30.607	0.07
137	单(2 乙基己基)-1,2 -苯二甲酸酯	30.617	11.06	30.617	10.68	—	—	—	—
138	5-甲基-2-苯基吲哚	—	—	—	—	—	—	30.752	0.07
139	美沙酮 N -氧化物	— —	— —	30.762 31.021	2.74 1.96	— —	— —	— —	— —
140	2 -甲基- 7 -苯基吲哚	30.772	1.93	—	—	—	—	—	—
141	乙基-1,1 -二苯基-美沙酮 N -氧化物	—	—	—	—	—	—	30.918	0.08
142	5-甲基- 2-苯基-吲哚	30.938	1.69	30.928	2.80	30.762	1.57	—	—
143	3-(2-环戊烯基)-2-甲基-1-丙烯	—	—	—	—	—	—	31.011	0.05
144	3-(2-环戊烯基)-2-甲基-1,1 -二苯基-1-丙烯	31.031	1.36	—	—	31.032	1.02	—	—
145	2 -甲基- 3 -苯基-吲哚	31.145	0.59	—	—	—	—	—	—
146	2,5-联苯- 2,5-环己二烯-1,4-二酮	31.259	2.74	31.249	3.61	—	—	—	—
147	角鲨烯	33.995	3.26	33.985	2.17	—	—	—	—

6.2.2　挥发物化学成分比较

(1)GC/MS 分析结果显示

杨木粉在 40 ℃下挥发物中相对含量最高的是 1,7,7-三甲基-双环[2,2,1]庚-2-酮;在 60 ℃下挥发物中相对含量最高的是 1,2 -苯二甲酸,单(2 乙基己基)酯,其次是[1,1′:3′,1″-三联苯] -2′-醇;在 90 ℃下的挥发物中相对含量最高的是雪松醇;在 160 ℃下的挥发物中相对含量最高的是醋酸,其他成分相对较低。在杨木粉 40 ℃下挥发物中,烃、醇(含酚醇)、醛酮、酸、酯和其他化合物的相对含量分别为 17.79%、14.69%、33.33%、2.65%、19.36%、8.47%;在 60 ℃下的挥发物中,烃、醇(含酚醇)、醛酮、酯和其他化合物的相对含量分别为 21.31%、19.93%、10.02%、19.65%、20.1%;在90 ℃下的挥发物中,烃、醇(含酚醇)、醛酮、酯和其他化合物的相对含量分别为 17.99%、33.09%、17.01%、9.3%、22.61%;在 160 ℃下的挥发物中,醇(含酚醇)、醛酮、酸、酯和其他化合物的相对含量分别为 4.9%、11.71%、78.74%、0.17%、3.51%。这一结果表明,在 40 ℃下的挥发物中主要是醛酮类和酯类;60 ℃下的挥发物中主要是醇类和酯类;在 90 ℃下的挥发物中主要是烃类、醇(含酚醇)类和醛酮类;160 ℃下的挥发物中主要是酸类和醛酮类。

杨木粉在居里点气化后[6-10],在色谱柱分离过程中,各组分的保留时间呈现一定规律(如图 6.9 所示)。杨木粉在 40 ℃环境温度下挥发物的释放主要集中在 20 min 以内和 30 min 之后,总量高达 82.62%;而在 60 ℃～90 ℃环境温度下挥发物的释放主要集中在10 min以后,而10 min以内的释放量不足 10%;而在 160 ℃环境温度下挥发物的释放却集中在 10 min 之内,释放量高达 95.81%,几乎没有保留时间高于 30 min 的挥发物。

(2)GC/MS 分析结果显示

芦苇秆粉末在 40 ℃下挥发物中相对含量最高的是樟脑;在 60 ℃下挥发物中相对含量最高的是雪松醇,其次是单(2 乙基己基)-1,2 -苯二甲酸酯(10.68%);在 90 ℃下和在160 ℃下的挥发物中相对含量最

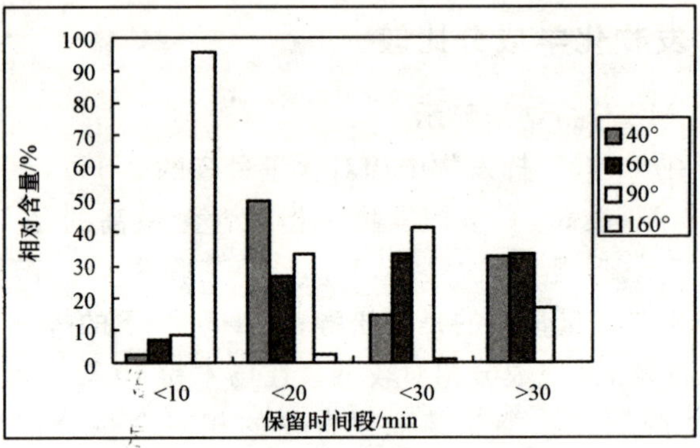

图 6.9 杨木粉挥发物在保留时间段上的分布

高的都是醋酸，其他成分相对较低。芦苇秆粉末在 40 ℃下挥发物中，烃、醇（含酚醇）、醛酮、酸、酯和其他化合物的相对含量分别为 36.30%、7.71%、2.74%、10.94%、2.32%和 11.85%；在 60 ℃下的挥发物中，烃、醇（含酚醇）、醛酮、酯和其他化合物的相对含量分别为 25.11%、19.97%、15.17%、10.68%和 26.66%；在 90 ℃下的挥发物中，烃、醇（含酚醇）、醛酮、酸、酯和其他化合物的相对含量分别为 8.60%、10.10%、15.63%、42.11%、4.52%和 19.04%；在 160 ℃下的挥发物中，烃、醇（含酚醇）、醛酮、酸、酯和其他化合物的相对含量分别为 0.62%、6.79%、17.01%、58.99%、2.54%和 10.93%。这一结果表明，在 40 ℃下的挥发物中主要是烃类和醛酮类；在 60 ℃下的挥发物中主要是羟类和醇（含酚醇）类；在 90 ℃下的挥发物中主要是酸类和醛酮类；在 160 ℃下的挥发物中主要是酸类。

芦苇秆粉末在居里点气化后，在色谱柱分离过程中各组分的保留时间呈现一定规律（如图 6.10 所示）。芦苇秆粉末在 40 ℃～60 ℃环境温度区间，挥发物的释放集中在 20 min 以内，40 ℃时的释放量为 45.24%，60 ℃时的释放量为 39.37%；而在 90 ℃～160 ℃环境温度区间，挥发物的释放时间却集中在 10 min 以内，90 ℃时的释放量为 50.11%，160 ℃时释放高达 82.82%。另外，芦苇秆粉末在 40 ℃～60 ℃环境区间保留时间在 20 min 以上，以及在 90 ℃环境温度下保留时间在 20～30 min 之间，挥发物的释放量也达到了 20%左右。而在 90 ℃环境温度下，保留时间在 30 min 以上的挥发物的释放量仅为 6.95%；160 ℃环境温度下，保留时间在 20 min 以上的挥发物释放量仅为 1%左右。

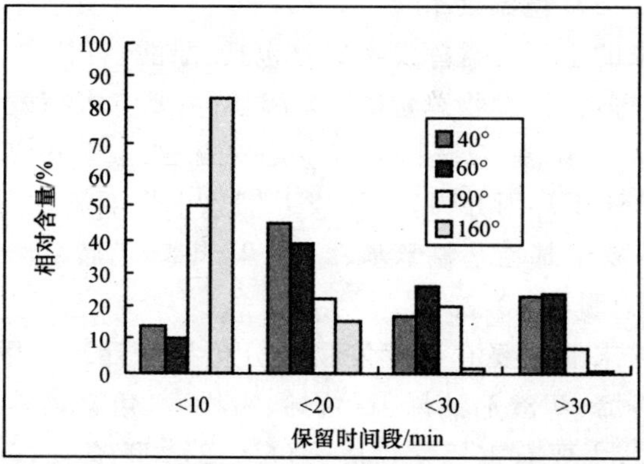

图 6.10　芦苇秆粉末挥发物在保留时间段上的分布

（3）杨木粉末和芦苇秆粉末在不同环境温度下的挥发物在居里点气化后，在色谱柱分离过程中，各组分的保留时间所呈现的规律明显不同。图 6.11 是在 160 ℃环境温度下，两种粉末的挥发物在居里点气化后在色谱柱分离过程中各组分的保留时间所呈现的不同规律的比较柱形图。

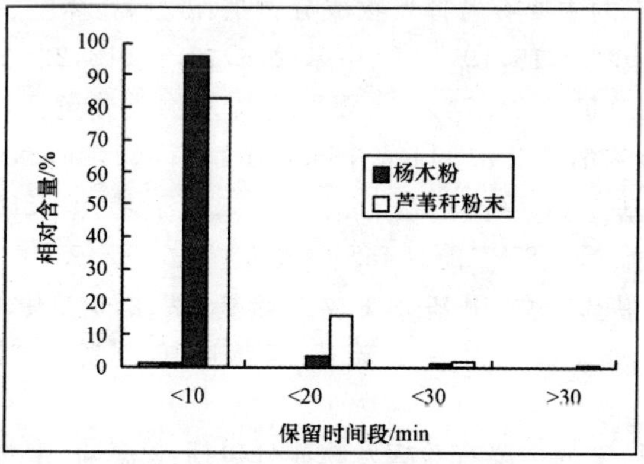

图 6.11　杨木/芦苇秆粉末挥发物在保留时间段上的分布

6.2.3 木质粉末挥发物对温压成形工作环境的影响

上述分析结果表明，不论杨木粉还是芦苇秆粉末，在不同环境温度下的挥发物对温压成形工作环境都有不同程度的影响。经分析鉴定：

(1)在 40 ℃环境温度下

杨木粉末的主要有益挥发物成分包括：醋酸、石竹烯、α-石竹烯、雪松醇、角鲨烯等，占挥发物总量的 22.76%；主要有害挥发物成分包括：2-辛胺、1,7,7-三甲基-双环[2,2,1]庚-2-酮、八氢-7-甲基-3-亚甲基-4-(1-甲基乙基)-1H-环丙并[1,3]环戊并[1,2]苯、4-氯-3,5-二硝基苯甲酸、4-氯-3 -三氟甲基乙基氯苯基、2-(对甲苯基)乙胺、N-n-丁基丙酰胺等，占挥发物总量的 40.23%。

芦苇秆粉末的主要有益挥发物成分包括：醋酸、十甲基环五硅氧烷、樟脑、3-蒈烯、荜澄茄油烯、石竹烯、雪松醇、角鲨烯等，占挥发物总量的 45.15%；主要有害挥发物成分包括：2,5-联苯- 2,5-环己二烯-1,4-二酮、5-(苯甲基)-2-硫代四咪唑啉酮、三苯基磷酸盐、(2,3-二苯环丙基) 甲基苯基砜、α-乙烯基十氢-2-羟基-α-2,5,5,8a-五甲基-1-萘丙醇、7,9 -二叔丁基- 1-氧杂螺[4.5]-癸烷- 6 ,9 -二烯- 2,8 -二酮、2-辛胺等，占挥发物总量的 10.17%。

(2)在 60 ℃环境温度下

杨木粉末的主要有益挥发物成分包括：β-蒎烯、樟脑、石竹烯、雪松醇、(全 E)-2,6,10,15,19,23-六甲基-2,6,10,14,18,22-二十四碳己烯等，占挥发物总量的 21.74%；主要有害挥发物成分包括：2,4 -双(1,1二甲基乙基)苯酚、(1.α.,4a.α.,8a.α.)-1,2,3,4,4a,5,6,8a-八氢-7-甲基-4-亚甲基-1-(1-甲基乙基)萘、7,9 -二叔丁基- 1-氧杂螺[4.5]-癸烷- 6 ,9 -二烯- 2 ,8 -二酮、[4aS-(4a.α.,5.α.,8a.β.)]-十氢-1,1,4a-三甲基-6-亚甲基-5-(3-甲基-2,4-戊二烯基)萘、2,6-二甲基-3,5-吡啶、磷酸三苯酯、5-(苯甲基)- 2-硫代-四咪唑啉酮等，占挥发物总量的 19.34%。

芦苇秆粉末的主要有益挥发物成分包括：β-蒎烯、十甲基环五硅氧烷、樟脑、石竹烯、雪松醇、角鲨烯等，占挥发物总量的 28.75%；主要有害挥发物成分包括：3 -异丙氧基- 1 ,1,1,7,7,7 -六胺 1 - 3 ,5,5 -三(三甲基硅氧基)四硅氧烷、2,4-二叔丁基苯酚、7,9 -二叔丁基- 1-氧杂螺[4.5]-癸烷- 6 ,9 -二烯- 2 ,8 -二酮、α-乙烯基十氢-2-羟基-α-2,5,5,8a-五甲基-1-萘丙醇、美沙酮 N -氧化物、5-(苯甲基)-2-硫代-4-咪唑啉酮等，占挥发物总量为 22.37%。

(3)在 90 ℃环境温度下

杨木粉末的主要有益挥发物成分包括：雪松醇、壬醛等，占挥发物总量的 14.09%；主要有害挥发物成分包括：邻苯二甲酸二丁酯、1,3-苯二乙腈、[4aS-(4a. α. ,5. α. ,8a. β.)]-十氢-1,1,4a-三甲基-6-亚甲基-5-(3-甲基-2,4-戊二烯基)-,萘、2,4-二甲基苯并[h]喹啉、(1R)-1,3,3-三甲基-二环[2,2,1]庚烷-2-酮、1,4-二酮-2,5-二苯基-2,5-环已二烯等，占挥发物总量的 24.44%。

芦苇秆粉末的主要有益挥发物成分包括：醋酸、十甲基环五硅氧烷、雪松醇等，占挥发物总量的 51.62%；主要有害挥发物成分包括：反(2,3-环丙二苯基)甲基苯基砜、5-(苯甲基)-2-硫代-4-咪唑啉酮、1,1,4a-三甲基-6-亚甲基-5-(3-甲基-2,4-戊二烯基)-十氢萘、7,9-二叔丁基-1-氧杂螺[4.5]-癸烷- 6,9-二烯-2,8 -二酮、2,4 双(1,1 二甲基乙基)苯酚、1,7,7-三甲基二环[2.2.1]庚烷-2-酮等，占挥发物总量的 21.08%。

(4)在 160 ℃环境温度下

杨木粉的主要有益挥发物成分包括：醋酸、雪松醇、香兰素等，占挥发物总量的 70.07%；主要有害挥发物成分包括：蚁酸、丁醛、四氢-3-呋喃、1-(2-呋喃基)-乙酮、苯酚、2-氨基-N-(1-甲基乙基)-乙酰胺、2-四氢糠胺、1-十四胺、二甲基汞、4-氯-3,5 二硝基-苯甲酸、N -甘氨酰-DL-苯丙氨酸等，占挥发物总量的 12.93%。

芦苇秆粉末的主要有益挥发物成分包括：醋酸、香兰素、雪松醇等，占挥发物总量的 55.72%；主要有害挥发物成分包括：甲氧基苯基肟、2,3-二氢-3,5-二羟基-6-甲基-4-吡喃酮、4-氯苯酚、3,3-二甲基丁胺、2-乙酰基吡咯、内 9-甲基-9-氮杂双环[3,3,1]壬烷-6-辛烯-2-醇、反式-2,4-癸二烯醛、植酮、α-氰基-4-(氰)-乙基-苯乙酸酯、反(2,3-二苯环丙基)甲基苯基砜等，占挥发物总量的 10.85%。相关数据汇总于表 6.3。

表 6.3 在不同环境温度下杨木粉末/芦苇秆粉末的挥发物比较

环境温度/℃		40		60		90		160	
挥发物		种类	含量/%	种类	含量/%	种类	含量/%	种类	含量/%
主要有益成分	杨木粉末	5	27.76	5	21.74	2	14.09	3	70.07
	芦苇秆粉末	8	45.15	6	28.75	3	51.62	3	55.72
主要有害成分	杨木粉末	7	40.23	7	19.34	6	24.44	11	12.93
	芦苇秆粉末	7	10.17	6	22.37	6	21.08	10	10.85
其他成分	杨木粉末	11	37.01	19	58.92	16	61.47	17	17.00
	芦苇秆粉末	38	45.13	16	48.88	16	27.30	82	33.43

总之,①杨木粉末在 40 ℃(相当于夏天室内外加工与储存环境温度)、90 ℃(相当于常压干燥温度)的挥发物中主要有害成分比主要有益成分含量高,有害成分为有益成分的 1.45 和 1.73 倍(根据表 6.3 数据计算得出),因而挥发物的环境友好性较差,应高度重视生产工人的劳保防护与周边环境的检测与保护;而在 60 ℃(相当于真空干燥温度)的挥发物中,主要有益成分与主要有害成分比例相差不大,环境友好性一般,应注意生产工人的劳保防护与周边环境的检测与保护;在 160 ℃(相当于木质粉末模塑成形环境温度)的挥发物主要有益成分为有害成分的 5.42 倍,环境友好性良好。②芦苇秆粉末在 40 ℃、160 ℃环境温度下的挥发物中主要有益成分分别为主要有害成分的 4.44 倍和 5.13 倍,环境友好性良好;在 60 ℃及 90 ℃的挥发物中,主要有益成分比例也比主要有害成分高,分别为主要有害成分的 1.29 倍和 2.45 倍,环境友好性较好。③由于芦苇秆粉末在 160 ℃环境温度下的挥发物中有益成分占主导地位,可以预测:以芦苇秆粉末为基材,在木质素软化温度点和木质材料炭化温度点之间(150 ℃～180 ℃)实施无胶温压成形制备木质粉末基复合材料必将体现出良好的环境友好性。

6.3 小　结

杨木粉末和芦苇秆粉末在 40 ℃、60 ℃、90 ℃、160 ℃环境温度下都存在挥发物释放行为，在不同环境温度下挥发物的种类与总量各不相同，挥发物中的有益成分与有害成分的比例相差较大。相比之下，在选定的 4 个环境温度下，芦苇秆粉末的挥发物释放行为的环境友好性优于杨木粉末；而在无胶温压成形最佳工艺环境温度（160 ℃），杨木粉末的挥发物释放行为的环境友好性优于芦苇秆粉末。

参考文献

[1]Isidorov V A,Krajew Ska U,VinogorovaV T,etal. Gas chrom atographic analysis of essential oil from buds ofdifferent birch species with preliminary partition of components[J]. Biochemical System atics and Ecology. 2004,32:1-13.

[2]贺莉娟，梁逸曾，赵晨曦．唇形科植物挥发油化学成分的 GC/MS 研究 [J]. 化学学报，2007,65(3):227-232.

[3]施钧慧，汪聪慧．香料质谱图集[M]. 北京：中国质谱学会有机专业委员会，1992.

[4]Jose A. B Baptista,Joaquim F. da P Tavaresa,Rita C. B. Carvalhob. Comparison of catechins and aromas among different green teas using HPLC/SPME-GC[J]. Food Research International,1998,31 (10):729-736.

[5]Bilia A R,Flamini G. GC MS analysis of essential oil of some commercial Fennel teas[J]. Food Chemistry,2002,76 :307-310.

[6]江婷，张莉莉，赵汝松，等．陶瓷贴花及纺织印花的主要成膜物质中聚甲基丙烯酸酯类的组成分析．光谱试验室，2010,27(2):532-534.

[7]Haslam J,W illis H A. Identification and Analysis of Plasties[M]. London: ILiffe Books,1965.

[8] HummalD. Inf rared Analysis of Polymers Resis and Add itive An A tlas (Vol. 1)[M]. New York:Aw iley2Intenscience Publication,1996.

[9]王红军，余波，蒋伟川．挥发性有机污染物的居里点脱附气相色谱分析（一）——吸附丝采样的可行性研究[J]. 环境污染与防治，1992,14(1):35-37.

[10]王红军，邓昭浦，宋璐琳，等．挥发性有机污染物的居里点脱附气相色谱分析（二）——定性分析可行性研究[J]. 环境污染与防治，1992,14(5):35-37.

第7章　木质粉末无胶温压成形结合机理

近年来，人们常借助于波谱分析手段研究木质材料的超分子结构、化学性质等，傅立叶红外光谱已成为有机物结构研究的常规手段。红外吸收光谱最突出的特点就是具有高度的特征性，一般来讲每种化合物都有自己的红外吸收光谱，红外光谱法特别适合鉴定有机物、高聚物及其他复杂结构的天然及人工合成产物的化学结构。红外吸收光谱可以用来分析木质材料结构中的基团，可以获得木质材料受到某种影响后官能团变化的化学分子结构信息，从而揭示反应和结合机制。因此这种现代分析手段促进了对木质材料结构的研究进展[1]，结合C-SNMR、SEM、TGA等手段可在探索木质材料及各级抽提物官能团的变化规律方面提供科学依据。

7.1　材料与方法

7.1.1　试验材料

试验采用与2.1.1节相同的杨木、芦苇秆粉末原料。杨木粉、芦苇秆粉的粒径为－40目。苯/醇溶液由分析纯的苯、乙醇按照体积比1∶2配制而成；乙酸和过氧化氢混合溶液由分析纯的乙酸、过氧化氢按照体积比1∶1混合而成；氢氧化钠为分析纯。

7.1.2　材料预处理

(1)杨木粉末的处理

1 000 g 杨木粉，在 80 ℃～85 ℃、浴比 1∶50 条件下连续苯/醇抽提6 h，分离、晾干后，留取约 200 g；再加入 17.5%氢氧化钠溶液，在 20 ℃～25 ℃、浴比 1∶20 下脱除半纤维素 24 h，分离、晾干后，再留取约200 g，留取样粉在 60 ℃烘干 10 h；然后加入乙酸和过氧化氢混合溶液，在 20 ℃～25 ℃、浴比 1∶10 下脱除木质素 24 h，分离、晾干，再在 60 ℃烘干 10 h，依次获得纤维素-木质素-半纤维素复合体、纤维素-木质素复合体、纤维素等 3 个层次的试验粉末原料。称取 3 个层次的试验粉末原料各 150 g，分别在 160 ℃、70 MPa 条件下温压成形并保温保压 30 min。最后将 3 类模塑材料的大部分加工成－200 目的粉末，用于 FTIR、NMR、TGA 测定；小部分经切片、镀膜，用于 SEM 观察。

(2)芦苇秆粉末的处理

方法与杨木粉末的处理相同。

7.1.3　红外光谱(FT-IR)分析

将温压前后的绝干粉末分别放入玛瑙研钵内，加入适量无结晶水的 KBr 晶体，在红外灯下混匀后反复研磨至颗粒直径为 2 μm 左右，然后取少许磨细的样品在压片机上压成透明的薄片，将薄片放在 Thermo Nicolet 公司的 IR100 型 FTIR 光谱仪上进行红外光谱测定。

7.1.4　固体核磁共振(SNMR)分析

固体核磁图谱采用交叉极化-魔角旋转(CP-MAS)方式采集，机器型号：布鲁克 400M- AV-Ⅲ型核磁共振波谱仪。将样品置于4 mm ZrO_2氧化锆转子中，驰豫时间 2 s，旋转频率 5 000 Hz，定标采用甘氨酸的羰基基团 176 ppm。

碳谱由布鲁克超导核磁共振仪(400 M)在 100.6 M 的频率下测定。40 mg 样品溶于 1 mL 的氘代氯仿中。使用氯仿的化学位移77 ppm定标，碳谱采集使用 30 度脉冲序列，采集温度 298 K(25 ℃)，驰豫时间 1.89 s，采样时间 1.36 s，持续累积次数 15 000 次。

7.1.5 热失重(TGA)分析

热失重试验在德国 NETZSCH 公司生产的 TG20 热重分析仪上进行。以高纯度氮气为载气,流量为 40 mL/min。每次试样用量控制在 10 mg 以内,升温速率为 5 ℃/min,从室温加热至 200 ℃作比较。系统自动采集数据,经处理得到失重速率数据。

7.2 试验结果与分析

细胞壁不同成分复合体和温压成形试样材料,经 FTIR 光谱仪测定后,都得到红外光谱图,并解析其红外光谱的特征峰及归属(KBr)。木材中的各个官能团的变化可以通过红外光谱图中谱峰位置和吸收峰相对吸收强度来表明[2-4]。根据朗伯-比耳(Lambert-Beer)定律,一定波长的单色光,吸光度与物质的浓度成线性关系[1,5],可按公式 $R=A_1/A_2$(R— 组分 1 相对组分 2 的含量;A_1— 组分 1 的吸光度;A_2 —组分 2 的吸光度)计算各种官能团的相对含量[6]。不同复合体在温压成形前后的傅立叶红外光谱对比图见图 7.1～图 7.6。

羟基(—OH)是强极性基团,很容易形成氢键。游离的羟基只存在于气态和低密度的非极性溶剂的溶液中,其红外光谱位置较高(3 610～3 640 cm^{-1}),峰形尖锐,随着氢键缔合程度的加强,—OH 伸缩振动频率降低,谱带加宽,强度增加。分子内氢键是指—OH 与同一分子中的另一电子对共用基团之间形成的氢键,如—NH、—OH、—C=O、π 键等[7]。羟基在分子间形成氢键时,键力常数下降,吸收波峰向低位转移[8]。分子内的氢键不改变谱带的位置和形状,只能加大吸收峰的强度。根据红外光谱谱带的变化,可以区分分子内的氢键和分子间的氢键[6]。苯环骨架振动的波峰常出现在 1 450 cm^{-1}、1 500 cm^{-1}、1 580 cm^{-1}、1 600 cm^{-1},尤其是后 3 个如存在就可判断苯环存在,其中酰胺的 δ(N—H)的波峰也常出现 1 500 cm^{-1} 左右,但它的吸收强度呈现 m—w。根据有关文献[1,5-8],杨木与芦苇红外光图谱的特征峰及基本归属见表 7.1。

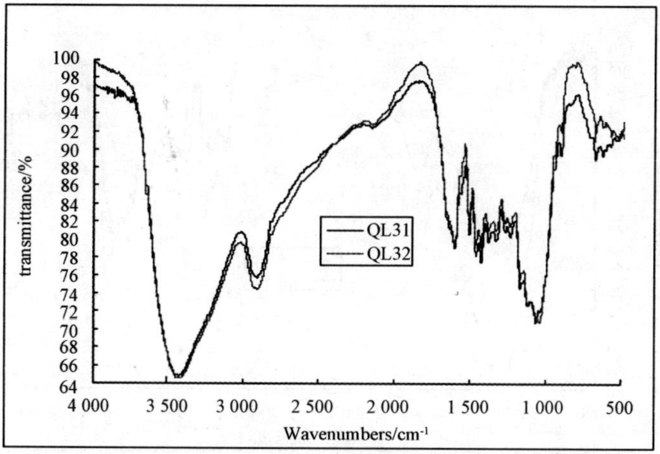

图 7.1　芦苇纤维素温压成形前后的 FT-IR 谱

QL31—纤维素；QL32—纤维素温压材料

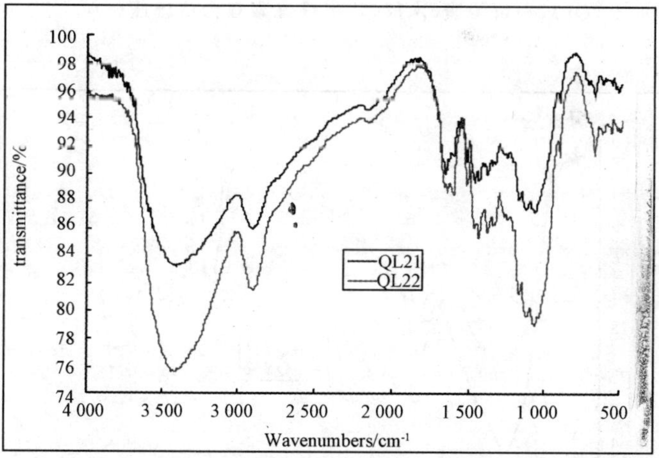

图 7.2　芦苇纤维素-木质素复合体温压成形前后的 FT-IR 谱

QL21—纤维素-木质素复合体；QL22—纤维素-木质素复合体温压材料

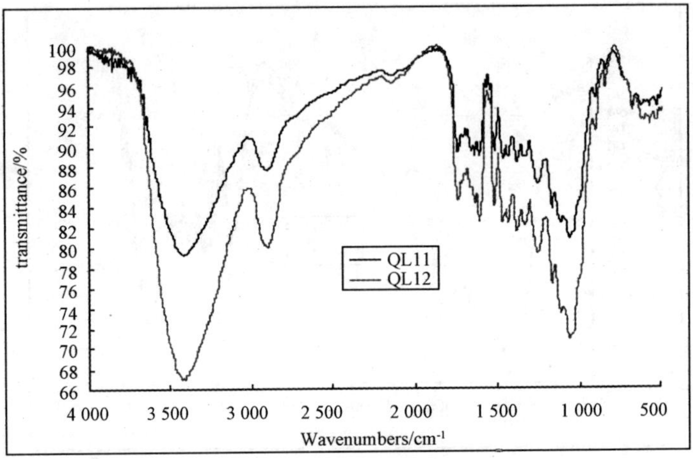

图 7.3　芦苇纤维素-木质素-半纤维素复合体温压成形前后的 FT-IR 谱

QL11—纤维素-木质素-半纤维素复合体；

QL12—纤维素-木质素-半纤维素复合体温压材料

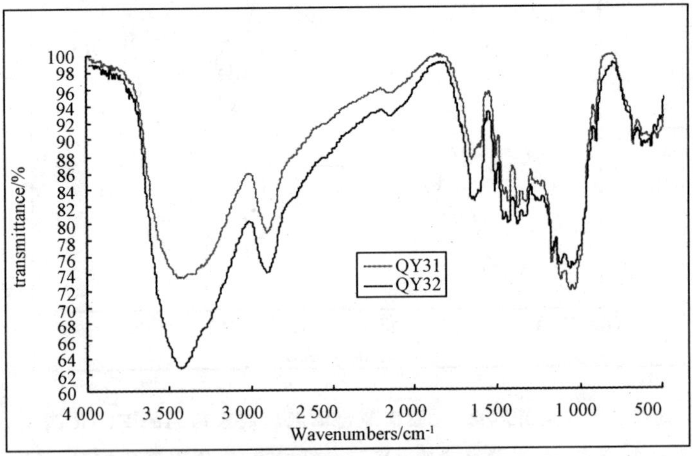

图 7.4　杨木纤维素温压成形前后的 FT-IR 谱

QY31—纤维素；QY32—纤维素温压材料

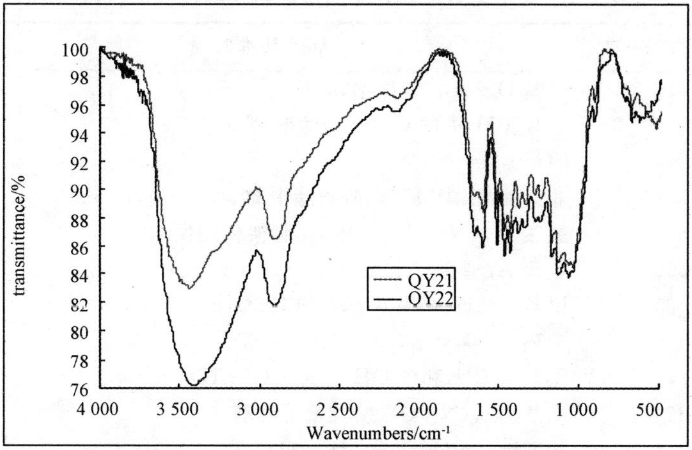

图 7.5　杨木纤维素-木质素复合体温压成形前后的 FT-IR 谱

QY21—纤维素-木质素复合体；QY22—纤维素-木质素复合体温压材料

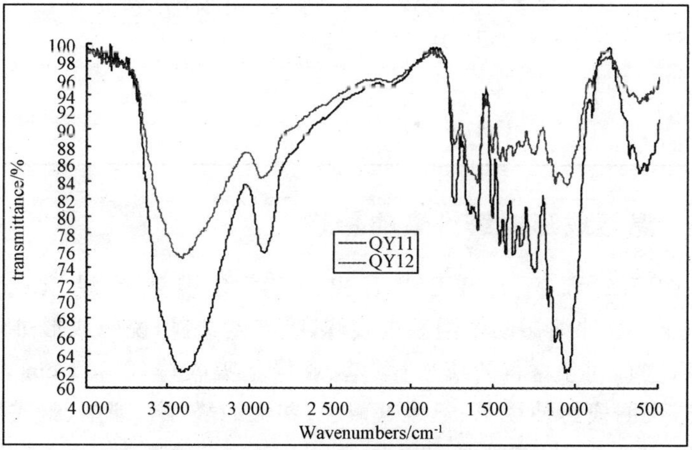

图 7.6　杨木纤维素-木质素-半纤维素复合体温压成形前后的 FT-IR 谱

QY11—纤维素-木质素-半纤维素复合体；

QY12—纤维素-木质素-半纤维素复合体温压材料

表 7.1 杨木与芦苇红外光图谱的特征峰及基本归属

吸光波数/cm^{-1}	基团基本归属
3 416	羟基 O—H 伸缩振动,s
2 935	CH_3、CH_2 中的 C—H 伸缩振动,s
2 344	CO_2 υ,m—w
1 739	非共轭醛、酮、羰基、酰和酯中的 υ(C=O),s—m
1 596	酰胺的 δ(N—H)、苯环 Ar 骨架伸缩振动
1 506	苯环 Ar 骨架伸缩振动
1 463	甲基 C—H、亚甲基 CH_2 的 δ_a、δ_s,m
1 426	苯环 Ar 骨架结合 C—H 在平面变形伸缩振动
1 375	脂肪族 CH_3 和酚 OH 上的 δ_s(C—H),m—w,m—s
1 329	硝基的 υ_s(N=O)、缩合紫丁香基
1 241	酚醚键 C—O—C 的 υ(C—O)
1 164	吡喃糖环上的 C—O—C、酯基、酚醇的 υ(C—O)
1 117	Ar—OH 和仲醇的 υ(C—O)
1 051	伯醇、饱和脂肪醚的 υ(C—O)
896	纤维素 β—键特征、苯环的 C—H 面外振动、$\gamma(CH_3)$
831	υ(C—Cl)、$\gamma(CH_2)$
667	ω(C=C),m
611 560	δ(=CH)m—w

7.2.1 温压成形对纤维素的影响

从图 7.1 和表 7.1 可以看出,芦苇纤维素经温压成形后,3 416 cm^{-1}处伸缩振动的羟基吸收峰,吸光度增强,说明成形过程使羟基减少,这有利于材料的疏水;甲基、亚甲基吸收峰(2 902 cm^{-1})吸光度增强,说明模压使甲基、亚甲基减少;共轭的醛、酮、羰基、酰或酯中的 C=O(1 637 cm^{-1})波峰基本重叠;1 423 cm^{-1}、1 459 cm^{-1}、1 509 cm^{-1}处振动的苯环骨架,吸收强度减弱。木质素的特征吸收峰 1 509 cm^{-1}、1 245 cm^{-1}减弱,纤维素的特征吸收峰 1 163 cm^{-1}及 1 054 cm^{-1}增强,表明木质素、纤维素在温压成形过程中发生了化学反应。

芦苇纤维素温压前后的固体 NMR 谱见图 7.7 和图 7.8。图 7.7

显示，芦苇纤维素复合体在 203 ppm 处具有酮基，185 ppm 处具有羰基，110～160 ppm 处是木质素的信号，这说明芦苇纤维素纯度不够，含有木质素，尤其 153 ppm 处的信号比较强，即紫丁香基的 C3/C5，132 ppm处是紫丁香基的 C-4；105 ppm 处是纤维素的 C-1，88 ppm 处是纤维素的 C-4(结晶区)，83～84 ppm 处是纤维素的 C-4(非结晶区)；73 ppm 处是纤维素的 C-3。63～64 ppm 处是纤维素的 C-3、C-6，55 ppm处是木质素的甲氧基信号；23～24 ppm 处是乙酰基中的甲基。图 7.8 显示，模压后，202 ppm 处具有酮基，186 ppm 处具有羰基，这两处的信号强度明显比温压前有所降低，说明温压后羧基和酮基有所减少，证明二基团发生了反应；110～160 ppm 处是木质素基团的信号，说明温压成形后，木质素结构没有消失，芦苇纤维素纯度不够，含有木质素，尤其 153 ppm 处的信号比较强，即紫丁香基的 C3/C5，134 ppm 处是紫丁香基的 C-4；122～123 ppm 处是阿魏酸。

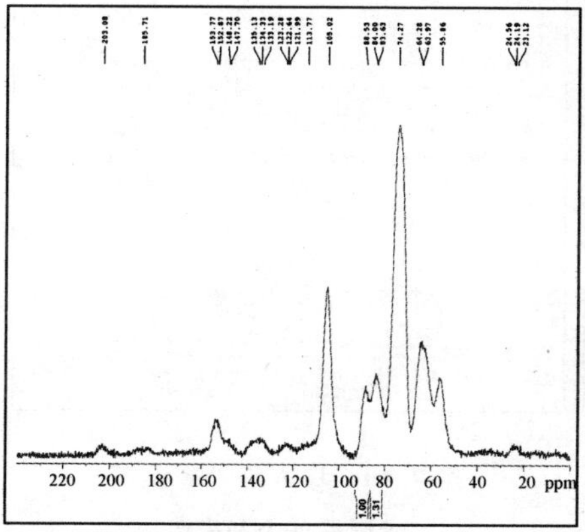

图 7.7　芦苇纤维素温压成形前的 NMR 谱

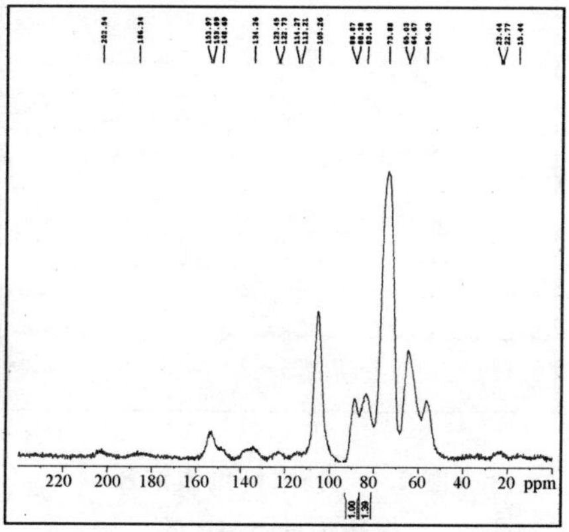

图 7.8　芦苇纤维素温压成形后的 NMR 谱

113～114 ppm 处是愈创木基的 C-5，说明芦苇的紫丁香基转化为愈创木基，但信号比较弱，说明转化的百分比不是很大；105 ppm 处是纤维素的 C-1，88 ppm 处是纤维素的 C-4(结晶区)，83 ppm 处是纤维素 C-4(非结晶区)；73 ppm 处是纤维素的 C-3；64～65 ppm 处是纤维素的 C-3、C-6，56 ppm 处是木质素的甲氧基；23～24 ppm 处是乙酰基中的甲基；15 ppm 处是木质素中的饱和侧链碳，说明模塑成形后，木质素的不饱和键极有可能发生了化学反应而产生了新的化学链接。

由图 7.4 和表 7.1 可以看出，杨木纤维素经过温压后，3 426 cm^{-1} 处伸缩振动的羟基吸收峰，吸光度降低，这说明温压成形使羟基的缔合程度降低；共轭的醛、酮、羰基、酰或酯中的 C=O(1 650 cm^{-1})波峰出现，且吸光度降低；1 429 cm^{-1}、1 456 cm^{-1}、1 507 cm^{-1}、1 595 cm^{-1} 处振动的苯环骨架，吸收强度减弱。木质素的特征吸收峰 1 234 cm^{-1} 减弱，纤维素的特征吸收峰 1 164 cm^{-1}、1 113 cm^{-1}、1 060 cm^{-1} 及 1 032 cm^{-1} 增强，表明木质素、纤维素发生了化学反应。

杨木纤维素温压成形前后的固体 NMR 谱见图 7.9 和图 7.10。

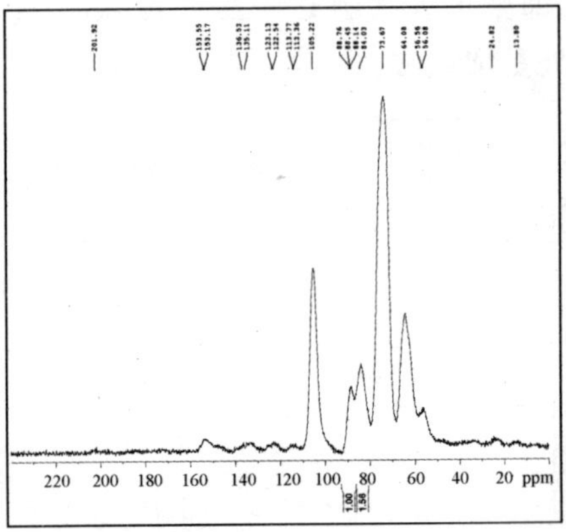

图 7.9　杨木纤维素温压成形前的 NMR 谱

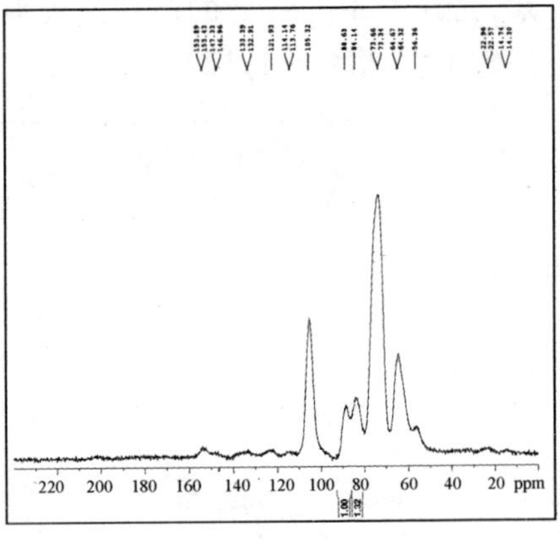

图 7.10　杨木纤维素温压成形后的 NMR 谱

图 7.9 显示，201 ppm 处是酮基，153 ppm 处是木质素中醚化的紫丁香基的 C3/C5；135～136 处 ppm 是紫丁香基的 C-4，122～123 ppm 处是木质素中的苯环；105 ppm 处是纤维素，88 ppm 处是纤维素的 C-4（结晶区），84 ppm 处是纤维素 C-4（非结晶区）；73 ppm 处是纤维素的 C-3、C-2、C-5，64 ppm 处是纤维素的 C-6，56 ppm 处是木质素的甲氧基，24 ppm 处是乙酰基中的甲基，13 ppm 处是脂肪族的饱和碳。

图 7.10 显示，201 ppm 处信号消失、153 ppm 处信号减弱，说明温压成形对杨木纤维素影响较大，发生的反应较为明显；146～147 ppm 处出现峰值，这更进一步证实温压成形使杨木纤维素发生了反应；132 ppm处是紫丁香基的 C-4，122 ppm 处是木质素中的苯环，113～114 ppm 处是愈创木基的 C-5，105 ppm 处是纤维素的 C-1，88 ppm 处是纤维素的 C-4(结晶区)，84 ppm 处是纤维素 C-4(非结晶区)，73 ppm 处是纤维素的 C-3，C-2，C-5；64 ppm 处是纤维素的 C-6，56 ppm 处是木质素的甲氧基，22 ppm 处是乙酰基中的甲基，14 ppm 处是木质素中饱和侧链的碳，说明温压成形过程中乙酰基并没有完全断裂。

7.2.2　温压成形对纤维素-木质素复合体的影响

从图 7.2 和表 7.1 中可以看出，芦苇纤维素-木质素复合体经过温压成形后，3 403 cm^{-1}处伸缩振动的羟基吸收峰，吸光度增强，说明温压成形使羟基减少，这有利于材料的疏水；甲基、亚甲基吸收峰(2 901cm^{-1})吸光度增强，说明温压成形使甲基、亚甲基减少；共轭的醛、酮、羰基、酰或酯中的 C＝O(1 650 cm^{-1})波峰减弱；1 427cm^{-1}、1 456 cm^{-1}、1 507 cm^{-1}处振动的苯环骨架减弱。木质素的特征吸收峰 1 507cm^{-1}减弱，纤维素的特征吸收峰 1 163 cm^{-1}、1 116 cm^{-1}及 1 058 cm^{-1}也减弱，可肯定木质素、纤维素在温压成形中发生了化学反应。

芦苇纤维素-木质素复合体温压成形前后的固体 NMR 谱见图 7.11 和图 7.12。

图 7.11 显示，198～201 ppm 处是酮的信号，但这些信号很微弱，因此推测这些物质含量很少。153 ppm 处是木质素中醚化的紫丁香基的 C3/C5；133 ppm 处是紫丁香基的 C-4，123 ppm 处是阿魏酸，113～114 ppm 处是愈创木基的 C-5，105 ppm 处是纤维素的 C-1，88 ppm 处是纤维素的 C-4(结晶区)，83 ppm 处是纤维素 C-4(非结晶区)；74 ppm 处是纤维素的 C-3、C-2、C-5，64 ppm 处是纤维素的 C-6，56 ppm 处是木质素的甲氧基，35～38 ppm 处是脂肪烃中的亚甲基；22 ppm 处是乙酰基中的甲基，12～15 ppm 处是木质素中饱和侧链的碳。

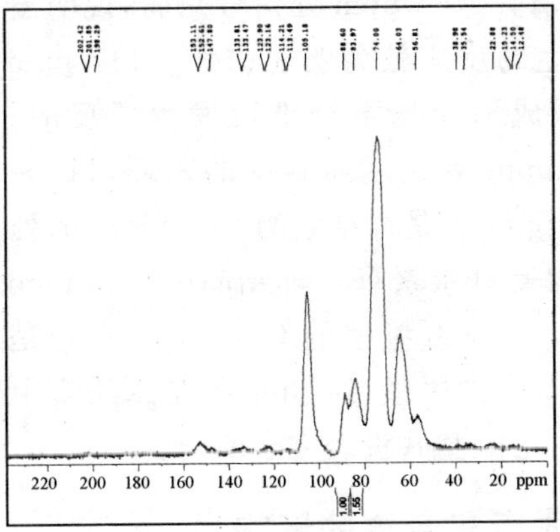

图 7.11　芦苇纤维素-木质素复合体温压成形前的 NMR 谱

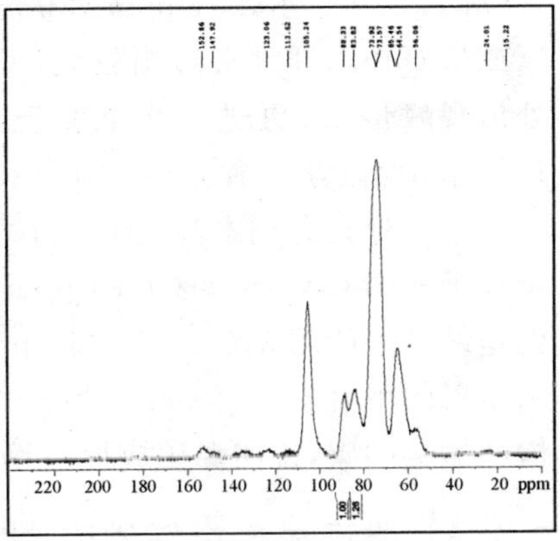

图 7.12　芦苇纤维素-木质素复合体温压成形后的 NMR 谱

图 7.12 显示，198～201 ppm 处信号全部消失，说明纤维素-木质素复合体中酮基发生了化学反应；152 ppm 处是木质素中醚化的紫丁香基的 C3/C5；123 ppm 处是阿魏酸，113 ppm 处是愈创木基的 C-5，105 ppm 处是纤维素的 C-1，88 ppm 处是纤维素的 C-4（结晶区），83 ppm处是纤维素的 C-4（非结晶区），73 ppm 处是纤维素的 C-3、C-2、C-5，64～65 ppm 处是纤维素的 C-6，56 ppm 处是木质素的甲氧基；24 ppm处是乙酰基中的甲基，15 ppm 处是木质素中饱和侧链的碳。

由此可见，经过温压成形后，芦苇纤维素-木质素复合体的多个峰值消失，说明芦苇纤维素-木质素复合体在温压成形中发生了化学反应，同时，木质素甲氧基的 56 ppm 处信号明显减弱，说明木质素在温压成形过程中反应剧烈，丧失了特征基团。

从图 7.5 和表 7.1 中可以看出，杨木纤维素-木质素复合体经过温压成形后，3 443 cm^{-1} 处伸缩振动的羟基吸收峰透射率增大，说明温压成形使羟基增多或缔合程度增大；甲基、亚甲基伸缩峰（2 902 cm^{-1}）透射率增大，说明温压成形使甲基、亚甲基相对含量增大；非共轭的醛、酮、羰基、酰或酯中的 C＝O（1 652 cm^{-1}）强度增强；1 425 cm^{-1}、1 463 cm^{-1}、1 504 cm^{-1}、1 593 cm^{-1} 处振动的苯环骨架，透射率均增大。木质素的特征吸收峰

1 504 cm^{-1}、1 268 cm^{-1}、1 231 cm^{-1}分别减弱，纤维素和半纤维素的特征吸收峰 1 163 cm^{-1}、1 028 cm^{-1}、1 121 cm^{-1}也减弱，这可以肯定木质素、纤维素、半纤维素在温压成形过程中发生了化学反应。

杨木纤维素-木质素复合体温压成形前后的固体 NMR 谱见图 7.13 和图 7.14。图 7.13 显示，202～203 ppm 处是酮，184～185 ppm 处是羰基；152～153 ppm 处是木质素中醚化的紫丁香基的 C3/C5，135 ppm处是紫丁香基的 C-4，122 ppm 处是木质素中的苯环，112 ppm 处是愈创木基的 C-5；105 ppm 处是纤维素或者木聚糖的 C-1，88 ppm 处是纤维素的 C-4（结晶区），83 ppm 处是纤维素的 C-4（非结晶区），74 ppm处是纤维素的 C-3、C-2、C-5，63 ppm 处是纤维素的 C-6，56 ppm处是木质素的甲氧基。图 7.14 显示，202 ppm 处是酮；184～185 ppm 处信号消失，说明杨木纤维素-木质素在温压成形过程中发生了化学反应；153 ppm 处是木质素中醚化的紫丁香基的 C3/C5，133～136 ppm 处是紫丁香基的 C-4，121～122 ppm 处是木质素中的苯环，104～105 ppm 处是纤维素的 C-1，88 ppm 处是纤维素的 C-4（结晶区），83 ppm 处是纤维素 C-4（非结晶区），73～74 ppm 处是纤维素的 C-3、C-2、C-5，64 ppm 处是纤维素的 C-6，56 ppm 处是木质素的甲氧基，22～24 ppm 处出现信号，证明羰基发生了化学反应。

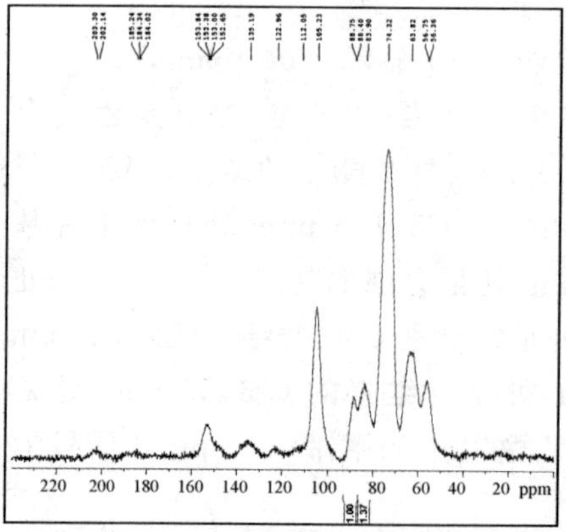

图 7.13　杨木纤维素-木质素复合体温压成形前的 NMR 谱

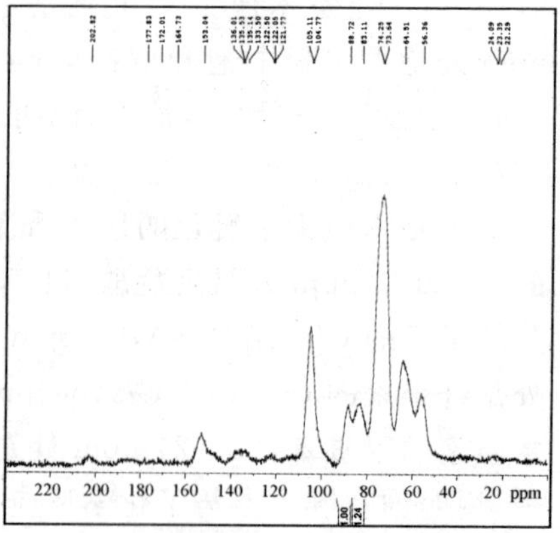

图 7.14　杨木纤维素-木质素复合体温压成形后的 NMR 谱

7.2.3 温压成形对纤维素-木质素-半纤维素复合体的影响

从图 7.3 和表 7.1 中可以看出，芦苇纤维素-木质素-半纤维素复合体经过温压成形后，3 427 cm^{-1}处伸缩振动的羟基吸收峰，吸光度增强，说明温压成形使羟基减少，这有利于材料的疏水；甲基、亚甲基吸收峰(2 898 cm^{-1})吸光度增强，说明温压成形使甲基、亚甲基减少；1 423 cm^{-1}、1 460 cm^{-1}、1 508 cm^{-1}处振动的苯环骨架减弱。木质素的特征吸收峰 1 508 cm^{-1}减弱，纤维素和半纤维素的特征吸收峰 1 059 cm^{-1}也减弱，这可肯定木质素、纤维素在温压成形过程中发生了化学反应。

芦苇纤维素-木质素-半纤维素复合体温压成形前后的固体 NMR 谱见图 7.15 和图 7.16。图 7.15 显示，204 ppm 处是酮，182～185 ppm 处是羰基，但这些信号很微弱，因此推测这些物质含量很少；172 ppm 处是酯键的羰基；110～160 ppm 处是木质素，153 ppm 处是木质素中醚化的紫丁香基的 C3/C5，132 ppm 处是紫丁香基的 C-4，122 ppm 处是阿魏酸，115 ppm 处是愈创木基的 C-5；105 ppm 处是纤维素的 C-1，89 是纤维素的 C-4(结晶区)，84 ppm 处是纤维素的 C-4(非结晶区)，73 ppm 处是纤维素的 C-3、C-2、C-5，64 ppm 处是纤维素的 C-6，56 ppm 处是木质素的甲氧基，22 ppm 处，是乙酰基中的甲基，12 ppm 处是木质素中饱和侧链的碳。图 7.16 显示，204 ppm 处、182～185 ppm 处的信号基本消失，说明芦苇纤维素-木质素-半纤维素复合体在温压成形过程中发生了反应；171 ppm 处是酯键的羰基；152～153 ppm 处是木质素中醚化的紫丁香基的 C3/C5，136 ppm 处是紫丁香基的 C-4，121 ppm 处是阿魏酸，115 ppm 处是愈创木基的 C-5；88 ppm处是纤维素的 C-4(结晶区)，83 ppm 处是纤维素 C-4(非结晶区)，73 ppm 处是纤维素的 C-3、C-2、C-5，64 ppm 处是纤维素的 C-6，56 ppm 处是木质素的甲氧基，20～21 ppm 处是乙酰基中的甲基，12 ppm处信号消失，说明饱和键也参与了化学反应。

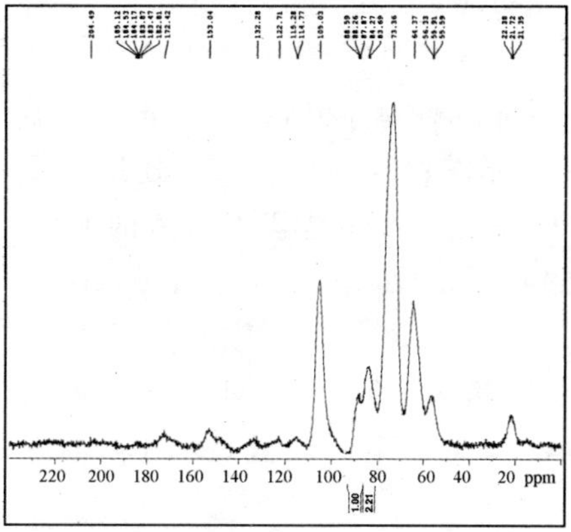

图 7.15　芦苇纤维素-木质素-半纤维素复合体温压成形前的 NMR 谱

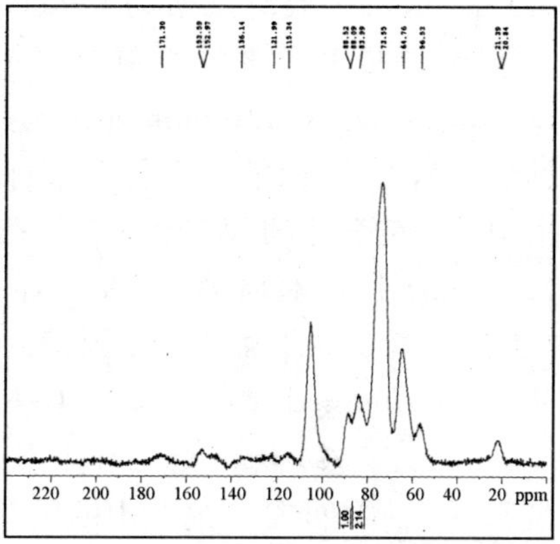

图 7.16　芦苇纤维素-木质素-半纤维素复合体温压成形后的 NMR 谱

从图 7.6 和表 7.1 中可以看出，杨木纤维素-木质素-半纤维素复合体经过温压成形后，3 415 cm^{-1}处伸缩振动的羟基吸收峰透射率增大，说明温压成形使羟基增多或缔合程度增大；甲基、亚甲基伸缩峰(2 909 cm^{-1})透射率增大，说明温压成形使甲基、亚甲基相对含量增大；非共轭的醛、酮、羰基、酰或酯中的 C＝O(1 735 cm^{-1})强度增强；1 425 cm^{-1}、1 463 cm^{-1}、1 504 cm^{-1}、1 594 cm^{-1}处振动的苯环骨架，透射率均增大。木质素的特征吸收峰 1 504 cm^{-1}、1 245 cm^{-1}分别减弱，纤维素和半纤维素的特征吸收峰 1 163 cm^{-1}、1 055 cm^{-1}也减弱，充分说明木质素、纤维素、半纤维素在温压成形过程中发生了化学反应。

杨木纤维素-木质素-半纤维素复合体温压成形前后的固体 NMR 谱见图 7.17 和图 7.18。图 7.17 显示，203 ppm 处是酮，184 ppm处是羰基，170～173 ppm 处是酯键的羰基，这说明木材中有未被打断的酯键；152～154 ppm 处是木质素中醚化的紫丁香基的 C3/C5，134～135 ppm处是紫丁香基的 C-4，122～123 ppm 处是木质素中的苯环，112 ppm 处是愈创木基的 C-5；105 ppm 处是纤维素或者木聚糖的 C-1，88ppm 处是纤维素的 C-4(结晶区)，83 ppm 处是纤维素 C-4(非结晶区），73 ppm 处是纤维素的 C-3、C-2、C-5，64 ppm 处是纤维素的 C-6，56 ppm 处是木质素的甲氧基，20～22 ppm 处乙酰基中的甲基。图 7.18 显示，201～202 ppm 处是酮，182 ppm 处是羰基，172 ppm 处是酯键的羰基，这说明模压后仍有未打断的酯键；151～153 ppm 处是木质素中醚化的紫丁香基的 C3/C5，132～134 ppm 处是紫丁香基的 C-4，122 ppm 处是木质素中的苯环，114 ppm 处是愈创木基的 C-5；105 ppm处是纤维素或者木聚糖的 C-1，88 ppm 处是纤维素的 C-4（结晶区），84 ppm 处是纤维素的 C-4（非结晶区），73 ppm 处是纤维素的 C-3、C-2、C-5，64 ppm 处是纤维素的 C-6，56～57 ppm 处是木质素的甲氧基，22 ppm 处是乙酰基中的甲基。

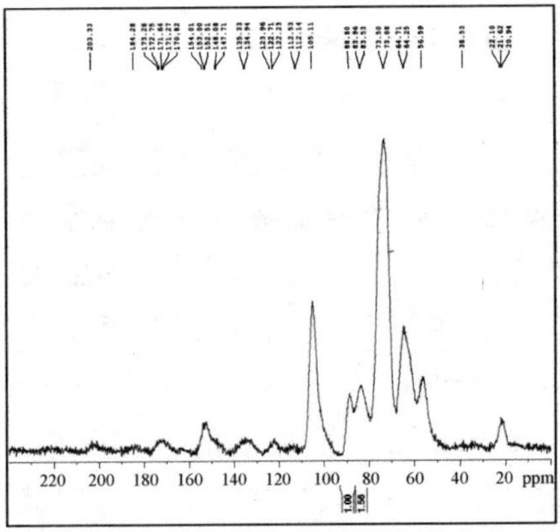

图 7.17　杨木纤维素-木质素-半纤维素复合体温压成形前的 NMR 谱

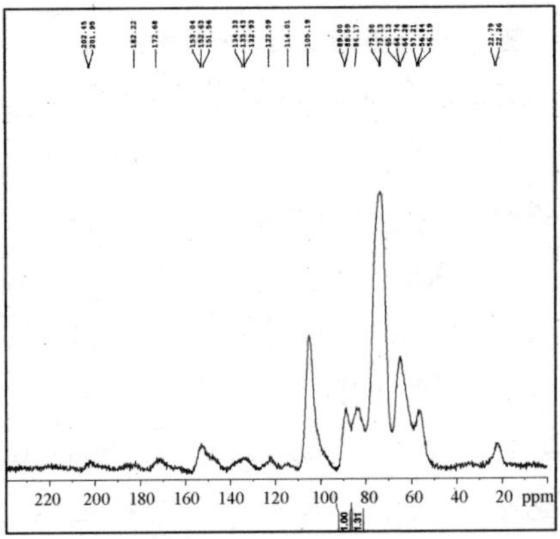

图 7.18　杨木纤维素-木质素-半纤维素复合体温压成形后的 NMR 谱

7.3　温压成形对纤维素结晶体的影响

基于 CP-MAS NMR 谱图，结晶度（CrI）是指结晶区 I_c（89 ppm 处，C-4）、无定形区 I_a（84 ppm 处，C-4）按照公式（7.1）计算所得的数值，结果见表 7.2。

$$CrI=\frac{I_c}{I_c+I_a} \tag{7.1}$$

表 7.2　温压成形对材料结晶度的影响

样品成分	温压成形前结晶度/%		温压成形后结晶度/%	
	杨木	芦苇	杨木	芦苇
纤维素-木质素-半纤维素	39.06	31.15	43.29	31.84
纤维素-木质素	42.19	39.21	44.64	44.24
纤维素	39.06	43.29	43.10	41.84

结晶度是一个重要的纤维素超分子结构参数。它对纤维素的力学性能、密度、光学性质、热性质、耐溶剂性、染色性以及气透性等都有显著的影响。表 7.2 显示，温压成形后，杨木纤维素、纤维素-木质素复合体、纤维素-木质素-半纤维素复合体的纤维素结晶度分别提高 4.04%、2.45%、4.23%，这说明半纤维素可促进纤维素在温压成形过程中无定形结晶，红外光谱图也显示，温压成形后羟基含量明显降低，导致 C-4 峰的闭合，而且杨木 3 个层次复合体的结晶度均在 40%以上，这将提高杨木粉末模形材料的热形变温度，因此以杨木纤维素、纤维素-木质素-半纤维素复合体为原料制备模压材料较好。而温压成形后，芦苇纤维素、纤维素-木质素复合体、纤维素-木质素-半纤维素复合体的纤维素结晶度分别提高－1.45%、5.03%、0.69%，这与红外光谱图显示的模塑成形后羟基含量变化是一致的。由此可见，芦苇应以纤维素-木质素复合体为原料制备模压材料。

7.4　温压成形对材料结构的影响

图 7.19、图 7.20 分别为芦苇和杨木不同细胞壁组分复合体温压成形前后在升温速率为 20 ℃/min 下的热失重速率曲线。在 0 ℃～200 ℃之间，温压成形前后的试样都存在热失重，且热失重速率均表现出增长趋势，100 ℃之前，热失重速率由零急速上升，这主要是由于水分的挥发而引起的失重，这一阶段主要发生物理变化；而 100 ℃～200 ℃之间热失重速率基本不变，这一阶段主要发生热脱水变化。在 100 ℃，芦苇纤维

素-木质素-半纤维素复合体、纤维素-木质素复合体、纤维素原粉的热失重速率分别为9.99%、10.18%、7.19%，而温压成形后，相应的热失重速率分别为7.01%、7.74%、7.62%；198 ℃时，芦苇纤维素-木质素-半纤维素复合体、纤维素-木质素复合体、纤维素的热失重速率分别为11.11%、11.95%、7.60%，而温压成形后，相应的热失重速率分别为7.88%、8.34%、9.18%。在100 ℃，杨木纤维素-木质素-半纤维素复合体、纤维素-木质素复合体、纤维素的热失重速率为11.74%、10.58%、9.78%；而温压成形后，相应的热失重速率为7.64%、8.80%、8.15%；198 ℃时，杨木纤维素-木质素-半纤维素复合体、纤维素-木质素复合体、纤维素的热失重速率为13.15%、12.04%、11.17%，而温压成形后，相应的热失重速率为8.14%、9.80%、9.35%。这些数据显示，温压成形可以使纤维素-木质素-半纤维素、纤维素-木质素复合体的热失重速率降低，延缓热失重；对于纤维素，芦苇粉末温压后热失重速率增大而杨木粉末温压后热失重速率减小；这说明温压可以改善纤维素-木质素-半纤维素复合体、纤维素-木质素复合体的化学结构，使其一体化程度提高，而温压对纤维素的化学结构影响依材料变化而不同。

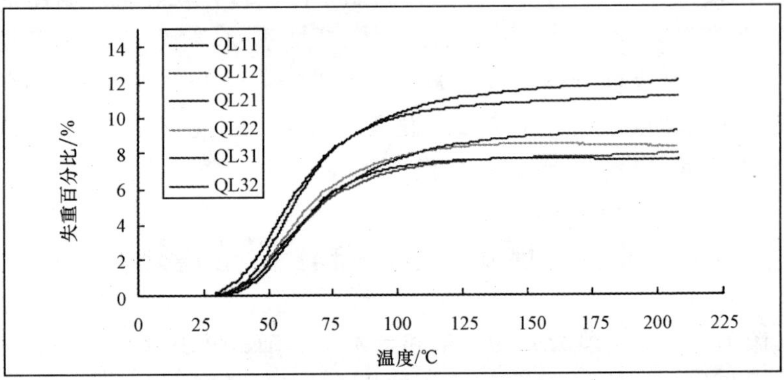

图 7.19　芦苇秆粉末抽提物温压成形前后热重分析对比

QL11—纤维素-木质素-半纤维素复合体；

QL12—纤维素-木质素-半纤维素复合体温压材料；

QL21—纤维素-木质素复合体；QL22—纤维素-木质素复合体温压材料；

QL31—纤维素；QL32—纤维素温压材料

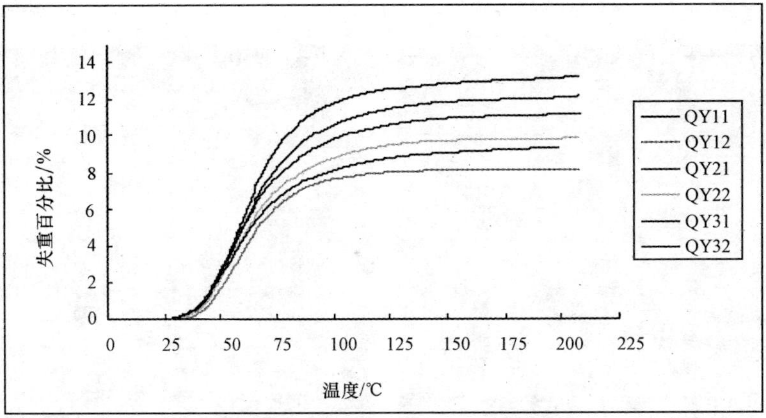

图 7.20　杨木粉抽提物温压成形前后热重分析对比

QY11—纤维素-木质素-半纤维素复合体；

QY12—纤维素-木质素-半纤维素复合体温压材料；

QY21—纤维素-木质素复合体；QY22—纤维素-木质素复合体温压材料；

QY31—纤维素；QY32—纤维素温压材料

图 7.21～图 7.24 分别为芦苇秆原粉.芦苇纤维素-木质素-半纤维素复合体、芦苇纤维素 木质素复合体、芦苇纤维素等的温压材料 SEM 断口形貌照片。图 7.25～图 7.28 分别为杨木原粉、杨木纤维素-木质素-半纤维素复合体、杨末纤维素-木质素复合体、杨末纤维素等的温压材料 SEM 断口形貌照片。从这些电子显微镜照片中可以看出，温压材料各组分结合程度进一步加强，这是因为温度使芦苇、杨木塑化程度增强，各组分得到软化，而压力的作用使各组分之间的接触更加紧密，为各组分之间产生化学链接提供条件。而纤维素温压成形后，结构变紧密，但自身可能发生了降解、分解，导致热失重增大。这充分说明，温压成形可以提高纤维素-木质素-半纤维素复合体、纤维素-木质素复合体的化学结合程度。

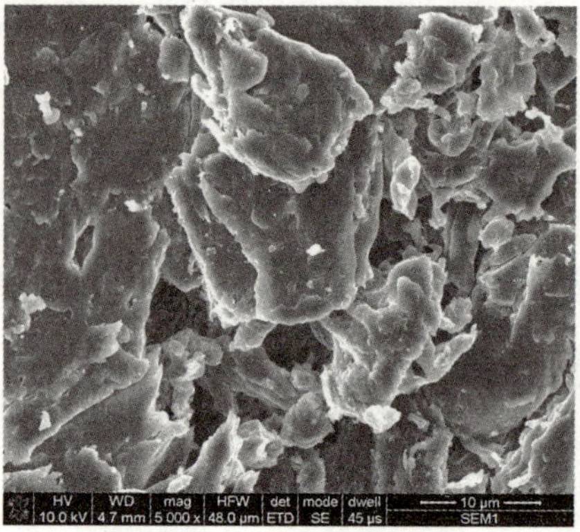

图 7.21　芦苇秆原粉温压材料 SEM 断口形貌

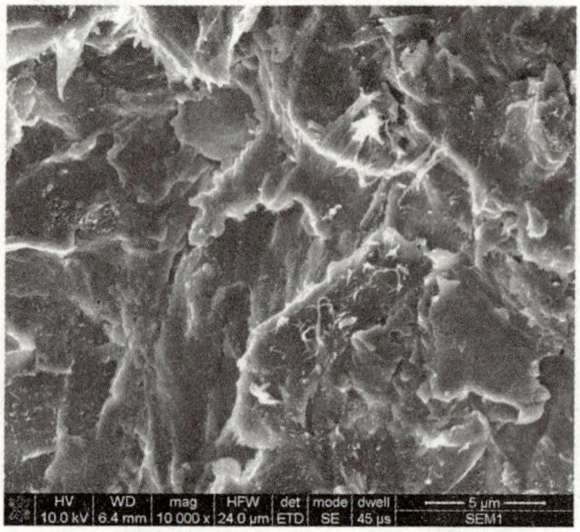

图 7.22　芦苇纤维素-木质素-半纤维素复合体温压材料 SEM 断口形貌

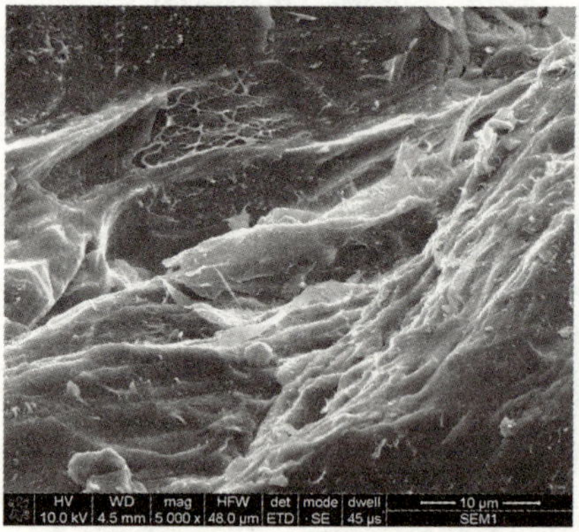

图 7.23　芦苇纤维素-木质素复合体温压材料 SEM 断口形貌

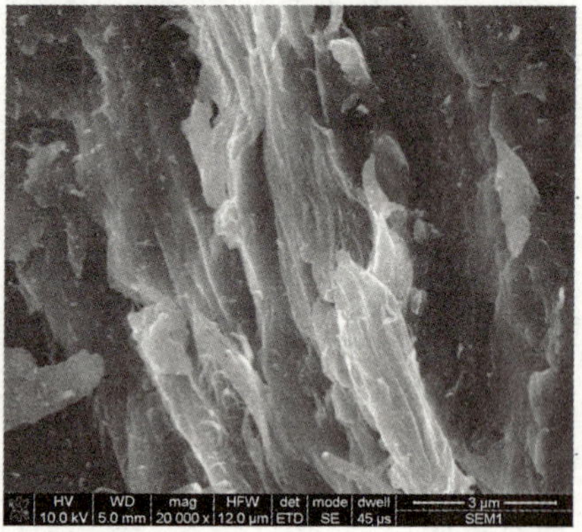

图 7.24　芦苇纤维素温压材料 SEM 断口形貌

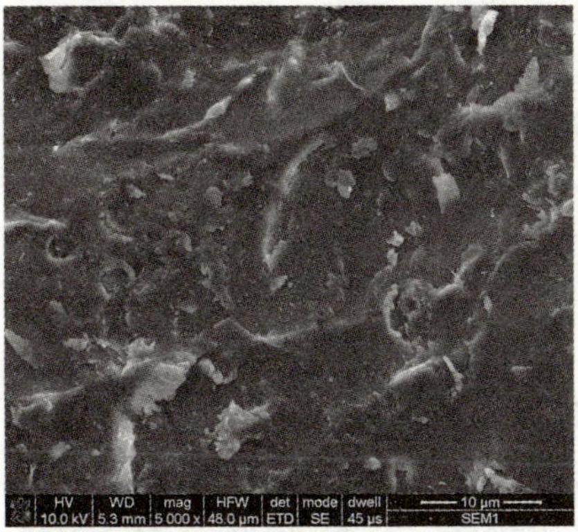

图 7.25　杨木原粉温压材料 SEM 断口形貌

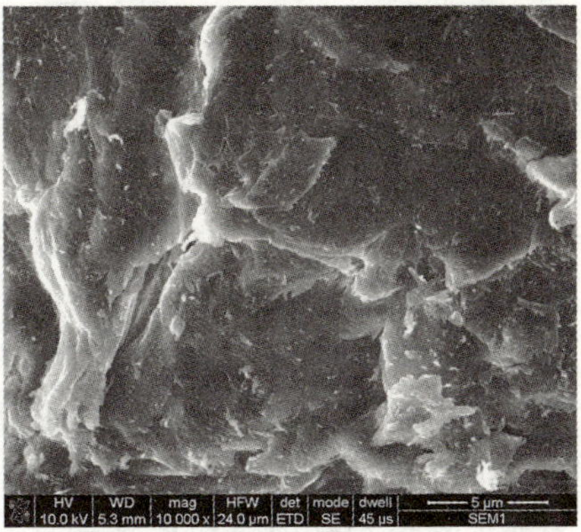

图 7.26　杨木纤维素-木质素-半纤维素复合体温压材料 SEM 断口形貌

图 7.27　杨木纤维素-木质素复合体温压材料 SEM 断口形貌

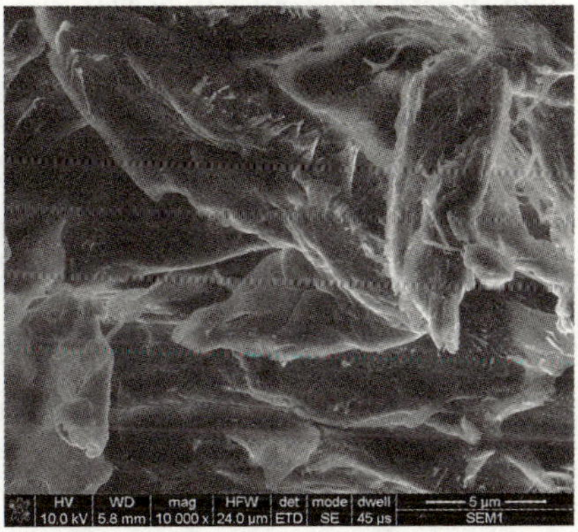

图 7.28　杨木纤维素温压材料 SEM 断口形貌

7.5 小 结

(1)温压成形前后,杨木、芦苇的纤维素、纤维素-木质素、纤维素-木质素-半纤维素复合体的红外光谱、固体核磁共振谱均发生了明显变化,表明温压成形过程中纤维素、半纤维素、木质素均发生了化学反应,产生了化学链接。

(2)杨木的纤维素、纤维素-木质素复合体、纤维素-木质素-半纤维素复合体的纤维素的结晶度分别提高 4.04%、2.45%、4.23%,而芦苇秆的纤维素、纤维素-木质素复合体、纤维素-木质素-半纤维素复合体的纤维素结晶度则分别提高 -1.45%、5.03%、0.69%,因此制备芦苇温压材料,采用纤维素-木质素复合体比较合适,而杨木则采用纤维素-木质素-半纤维素复合体或纤维素比较合适。

(3)在 0 ℃~200 ℃之间,温压成形前后的试样均有热失重,且热失重速率随着温度的升高而变大,100 ℃之前,热失重速率由零急速上升,这主要是由于水分的挥发而引起的失重,这一阶段主要发生物理变化;而 100 ℃~200 ℃之间热失重速率变化不大,这一阶段主要发生热脱水变化。温压成形可以改善纤维素-木质素-半纤维素复合体、纤维素-木质素复合体的化学结构,使各组分结合程度更高;而温压成形对纤维素的化学结构影响依材料变化而不同。纤维素-木质素-半纤维素复合体、纤维素-木质素复合体、纤维素温压材料的 SEM 断口形貌也进一步证明了温压成形可以提高纤维素-木质素-半纤维素复合体、纤维素-木质素复合体的化学结合程度。

参考文献

[1]李坚. 木材科学[M]. 北京:高等教育出版社,2002.

[2]池玉杰. 6 种白腐菌腐朽后的山杨木材和木质素官能团变化的红外光谱分析[J]. 林业科学, 2005,41(2):136-140.

[3]秦特夫. 杉木和"三北"一号杨磨木木质素化学官能团特征的研究[J]. 林业科学,1999,35(3):69-75.

[4]Perez V, Troya M T, Martinez A T, etal. Invitro decay of aextoxicon punctatum and fangus syhatica wood by white and brown rot fungi[J]. Wood Sci. Technol., 1993(2):295-307.
[5]李坚．木材保护学[M]. 哈尔滨：东北林业大学出版社,1999.
[6]张建春,郭玉海．电晕辐射技术[M]. 北京：中国纺织出版社,2003.
[7]李润卿．有机结构波谱分析[M]. 天津：天津大学出版社,2002.
[8]宁永成．有机化合物结构鉴定与有机波谱学[M]. 北京：科学出版社,2003.

第 8 章　木质粉末无胶温压成形工艺的环境友好性评估

8.1　木质粉末温压成形的环保理念与特征

随着人们环保意识的日益增强，对材料/产品的环保要求也越来越高，如对具有甲醛污染源的人造板的使用已受到消费者的高度质疑[1-5]。为了消除甲醛污染源，作者基于粉末冶金温压成形[6-9]和人造板干法无胶热压成形[10-19]原理与技术实施创新探索，用 7 章的篇幅通过大量的试验与分析，不仅找到了木质粉末温压成形的最佳工艺方案，而且解析了木质粉末在最佳工艺条件下的致密塑化行为，探明了木质粉末温压成形结合机理，为开发木质粉末基环境功能复合材料打下了良好的基础。

本书致力于为环境功能材料成形理论与产业化技术添砖加瓦。首先，试件与制品的制备采用无胶温压成形，“制备→使用→废弃或回收再利用”全过程都没有传统人造板热压工艺的甲醛释放烦恼；其次，立足于低质木材及其加工剩余物、竹材废料、木本藤条与秆茎、农作物秸秆与果壳等的高品质工业化应用，以减轻因焚烧、废弃这些物资给环境带来的负担；第三，通过温压成形工艺获得的木质材料，不仅具有各向同性特征，而且疏水性很好，其表面耐磨性堪比油漆（见表 8.1），具有防腐防虫功能，能有效减少油漆对环境造成的污染[20-24]。

表 8.1　木质粉末温压成形材料表面耐磨性

材质	芦苇秆	杨木	松木	棉梗	毛竹	实木地板
表面耐磨性 /g·100r^{-1}	0.049	0.047	0.073	0.056	0.048	≤0.08～0.15

8.2　TD-GC/MS 分析

8.2.1　试验材料选择与制备

将 3.3.5 节中的杨木和芦苇秆粉末的温压成形试件分别粉碎成粉末，并过 60 目筛备用。

8.2.2　GC/MS 条件与试验方法

参见 6.1.2.1～6.1.2.2。

8.2.3　结果与分析

8.2.3.1　纯芦苇秆粉末温压成形材料

(1)测定结果

在上述试验条件下对纯芦苇秆粉末温压材料的－60 目粉末在不同温度环境中的热释放行为进行测定，得到色谱离子流谱图和质谱数据。以总离子流图(见图 8.1～图 8.4)为依据，由 HP5973/6890™ 型气相色谱-质谱联用仪配置的微处理机采用面积归一化法计算出各峰峰面积的相对百分含量。各峰的质谱数据，可通过 NIST 标准谱库，用计算机自动检索，配合人工图谱解析和查阅公开的有关质谱资料[25-35]，确定纯芦苇秆粉末温压材料在不同温度环境中释放出的化学成分，其结果见表 8.2。

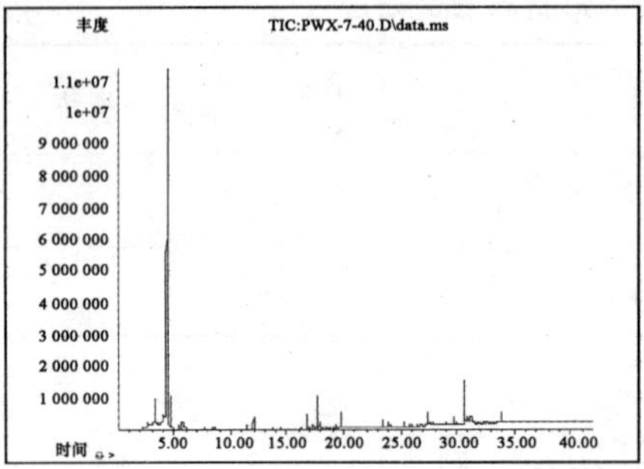

图 8.1　纯芦苇秆粉末温压材料在 40 ℃下的挥发物总离子流图

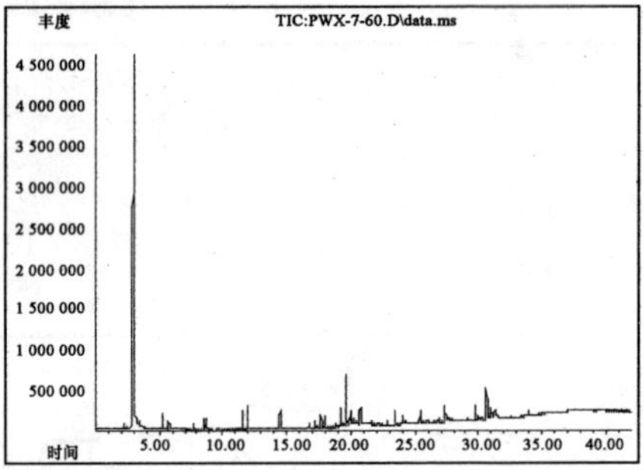

图 8.2　纯芦苇秆粉末温压材料在 60 ℃下的挥发物总离子流图

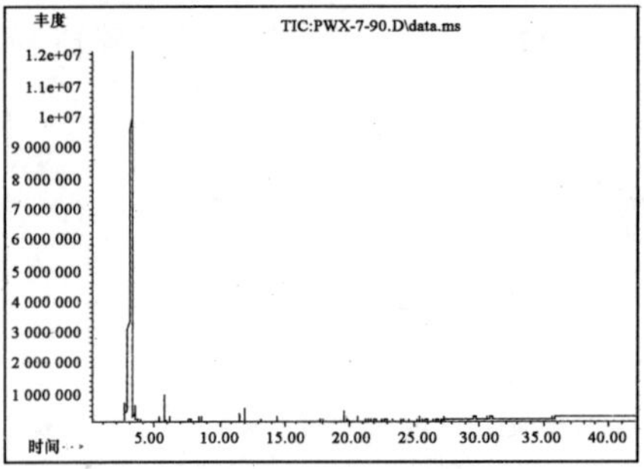

图 8.3　纯芦苇秆粉末温压材料在 90 ℃下的挥发物总离子流图

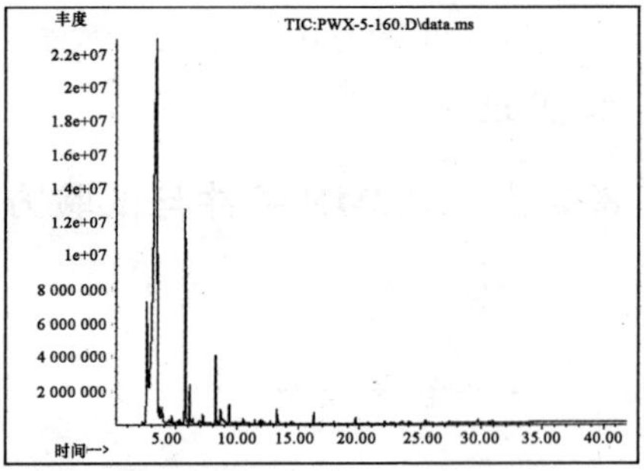

图 8.4　纯芦苇秆粉末温压材料在 160 ℃下的挥发物总离子流图

表 8.2　纯芦苇秆粉末温压材料在不同温度下的挥发物 GC/MS 分析结果

编号	化合物名称	40 ℃		60 ℃		90 ℃		160 ℃	
		保留时间 / min	峰面积 / %	保留时间 / min	峰面积 / %	保留时间 /min	峰面积 /%	保留时间 /min	峰面积 /%
1	2,5-二甲-4-(甲砜)苯丙胺	2.243	0.18	—	—	—	—	—	—
2	二氧化碳	—	—	2.233	0.58	2.243	0.22	2.232	0.10
3	4-甲基-2-正己烷胺	—	—	—	—	—	—	2.305	0.04
4	1-溴-1-氯丙酮	—	—	—	—	—	—	2.367	0.05
5	乙醇	—	—	—	—	2.492	0.07	—	—

续表 1

编号	化合物名称	40 ℃		60 ℃		90 ℃		160 ℃	
		保留时间 / min	峰面积 / %	保留时间 / min	峰面积 / %	保留时间 /min	峰面积 /%	保留时间 /min	峰面积 /%
6	甲酸	—	—	—	—	2.616	2.35	—	—
7	蚁酸	—	—	—	—	—	—	2.595	5.85
8	硫脲	—	—	—	—	—	—	2.740	1.85
		2.647	1.99	3.031	72.98	3.196	86.80	3.507	63.40
		3.041	1.00	—	—	—	—	—	—
9	醋酸	3.310	5.13	—	—	—	—	—	—
		4.015	2.09	—	—	—	—	—	—
		4.398	64.87	—	—	—	—	—	—
10	乙基肼	2.875	0.64	—	—	—	—	—	—
11	1-羟基-2-丙酮	3.435	0.15	3.414	1.41	3.404	1.48	—	—
		4.626	1.54	—	—	—	—	—	—
12	2,6-二氯醇	3.476	0.12	—	—	—	—	—	—
13	丙二醇	4.056	1.26	—	—	—	—	—	—
14	2-戊酮	—	—	—	—	—	—	3.704	0.52
15	3,3-二甲基-2-丁酮	—	—	—	—	—	—	3.776	0.33
16	1-甲氧基-2-甲基-丙烷	—	—	—	—	—	—	3.911	1.05
17	丙酸	—	—	—	—	—	—	4.015	0.52
18	1,3-二嗪	—	—	—	—	—	—	4.264	0.14
19	2-甲基丙基酯-2-丙烯酸	—	—	—	—	—	—	4.450	0.34
20	己烷	—	—	—	—	—	—	4.668	0.49
21	酰胺	—	—	—	—	—	—	4.885	0.31
22	2,3-丁二醇	—	—	—	—	—	—	4.947	0.29
		—	—	—	—	—	—	5.113	0.15
23	已醛	—	—	—	—	—	—	5.165	0.21
24	六甲基环三硅氧烷	5.321	0.24	5.310	1.11	5.300	0.39	5.310	0.30
25	甲基吡嗪	—	—	—	—	—	—	5.642	0.14
26	糠醛	5.725	1.25	5.756	1.17	5.735	2.53	5.797	6.68
27	丙基丙二酸	—	—	—	—	—	—	6.046	0.06
28	2-呋喃甲醇	—	—	—	—	6.129	0.63	6.170	2.65
29	1-(乙酰氧基)-2-丙酮	—	—	—	—	—	—	6.236	0.19
30	1-已醇	—	—	—	—	—	—	6.419	0.31
31	2-丙烯酰胺	—	—	—	—	—	—	6.543	0.22
32	2-环戊烯-1,4-二酮	—	—	—	—	—	—	6.668	0.20

续表 2

编号	化合物名称	40 ℃		60 ℃		90 ℃		160 ℃	
		保留时间/min	峰面积/%	保留时间/min	峰面积/%	保留时间/min	峰面积/%	保留时间/min	峰面积/%
33	戊酸	—	—	—	—	—	—	6.865	0.11
34	3-己烯	—	—	—	—	—	—	7.227	1.27
35	4-羟基-丁酸	—	—	—	—	—	—	7.258	0.41
36	N-甲基-吡咯-2-烷酮-5-甲醇乙酸酯	—	—	—	—	—	—	7.518	0.17
37	α-蒎烯	—	—	7.725	0.44	7.725	0.23	7.725	0.12
38	3-甲基-2,5-呋喃二酮	—	—	—	—	—	—	7.839	0.33
39	3-羟基丙酸	—	—	—	—	—	—	7.963	0.11
40	2-(甲氧基甲基)- 呋喃	—	—	—	—	—	—	8.046	0.11
41	5-甲基-2-呋喃甲醛	—	—	—	—	—	—	8.243	0.51
42	八甲基环四硅氧烷	8.502	0.14	8.502	0.53	8.492	0.18	8.502	0.10
43	β-蒎烯	8.637	0.16	8.637	0.69	—	—	8.626	0.13
44	苯酚	—	—	—	—	—	—	8.678	0.11
45	2-戊基呋喃	—	—	—	—	—	—	8.813	0.20
46	3-氨基-s-三氮唑	—	—	—	—	—	—	8.896	0.50
47	2-甲基亚胺氢化-1,3-恶嗪	—	—	—	—	—	—	9.041	0.38
48	DL-阿拉伯醇	—	—	—	—	—	—	9.196	0.26
49	1H-吡咯-2-甲醛	—	—	—	—	—	—	9.404	0.53
50	2-羟基-3-甲基-2-环戊烯-1-酮	—	—	—	—	—	—	9.559	0.14
51	4-乙烯基-1,4-二甲基-环己烯	—	—	—	—	—	—	9.642	0.05
52	4-庚烯醛	—	—	—	—	—	—	9.683	0.07
53	O-(3-甲基丁酯)-羟胺	—	—	—	—	—	—	9.922	0.21
54	2,5-二甲基-4-羟基-3(2H)-呋喃	—	—	—	—	—	—	10.222	0.12
55	1-(1H-吡咯-2-基)乙酮	—	—	—	—	—	—	10.336	0.19
56	4-庚烯醛	—	—	—	—	—	—	10.44	0.10
57	2,5-呋喃二甲醛	—	—	—	—	—	—	10.544	0.13
58	羟甲基呋喃酮	—	—	—	—	—	—	10.647	0.17
59	2-甲氧基酚	—	—	—	—	—	—	10.73	0.17
60	2,3,4,5-四氢吡啶	—	—	—	—	—	—	10.844	0.05

续表 3

编号	化合物名称	40 ℃ 保留时间 / min	40 ℃ 峰面积 / %	60 ℃ 保留时间 / min	60 ℃ 峰面积 / %	90 ℃ 保留时间 /min	90 ℃ 峰面积 /%	160 ℃ 保留时间 /min	160 ℃ 峰面积 /%
61	N-甲基-1,3-丙二胺	—	—	—	—	—	—	10.927	0.05
62	1-乙酰基-4-哌啶酮	—	—	—	—	—	—	11.041	0.07
63	2-乙酰	—	—	—	—	—	—	11.310	0.06
64	十甲基环戊硅氧烷	11.476	0.22	11.476	0.86	11.466	0.27	11.476	0.14
65	樟脑	11.994	0.83	—	—	11.984	0.55	—	—
66	N-甲基-N-亚 3,3-二甲基-2-丁酮	—	—	—	—	—	—	11.725	0.12
67	4-乙基酸环戊酯	—	—	—	—	—	—	11.787	0.07
68	2,3-二氢-3,5-二羟基-6-甲基-4H-吡喃-4-酮	—	—	—	—	13.248	0.20	11.963	2.24
69	(1R)-1,7,7-三甲基-双环[2.2.1]庚-2-酮	—	—	11.995	1.10	—	—	—	—
70	四氢-1,3-恶嗪-2-硫酮	—	—	—	—	—	—	12.160	0.18
71	4-乙基苯酚	—	—	—	—	—	—	12.253	0.10
72	辛酸	—	—	—	—	—	—	12.378	0.14
73	萘	—	—	—	—	—	—	12.720	0.09
74	对氯酚	—	—	—				12.927	0.07
75	2,3-二氢苯并呋喃	—	—	—	—	—	—	13.248	2.13
76	5-羟甲基-2-呋喃甲醛	—	—	—	—	—	—	13.342	0.20
77	4-辛炔	—	—	—	—	—	—	13.466	0.10
78	壬酸	—	—	—	—	—	—	14.046	0.04
79	八甲基环四硅氧烷	—	—	—	—	—	—	14.326	0.03
80	十甲基环己烯硅氧烷	—	—	—	—	14.471	0.23	—	—
81	十二甲基环六硅氧烷	14.471	0.16	14.471	0.78	—	—	14.471	0.05
		17.798	0.18	—	—	—	—	—	—
82	丁香烯	16.741	1.03	16.741	0.41	—	—	—	—
83	(Z Z Z)-1,5,9,9-四甲基-十一碳三烯	17.311	0.20	—	—	—	—	—	—
84	(+)-表双环倍半水芹烯	17.694	1.72	—	—	—	—	—	—
		20.254	0.13	—	—	—	—	—	—

续表 4

编号	化合物名称	40 ℃		60 ℃		90 ℃		160 ℃	
		保留时间 / min	峰面积 / %	保留时间 / min	峰面积 / %	保留时间 /min	峰面积 /%	保留时间 /min	峰面积 /%
85	1,1,7-三甲基-4-亚甲基-1H-环丙基[e]十氢化茂并芳庚烷	17.839	0.15	—	—	—	—	—	—
86	2-甲基-萘	—	—	—	—	—	—	14.699	0.03
87	2-甲氧基-4-乙烯基苯酚	—	—	—	—	—	—	14.834	0.20
88	1-甲基-萘	—	—	—	—	—	—	14.969	0.02
89	4-羟基-3-甲基-2-丁烯基醋酸	—	—	—	—	—	—	15.300	0.01
90	4-氯苯亚磺酸	—	—	—	—	—	—	15.87	0.01
91	香兰素	—	—	—	—	—	—	16.285	0.18
92	2,6-二氧-金刚烷-4-醇	—	—	—	—	—	—	16.544	0.02
93	2,3-二甲基萘	—	—	—	—	—	—	16.73	0.03
94	(E)-6,10-二甲基-5,9-十一烷二烯-2-酮	—	—	—	—	—	—	17.000	0.01
95	十二甲基五硅氧烷	—	—	—	—	—	—	17.176	0.02
96	1,1,1,7,7,7-六甲基-3-异丙氧基-3,5,5-三(三甲基硅氧烷)四硅氧烷	—	—	17.176	0.38	17.176	0.07	—	—
97	八氢-7-甲基-3-亚甲基-4-(1-甲基乙基)-1H-环戊烯并[1,3]环丙并[1,2]苯	—	—	17.694	0.58	—	—	—	—
98	[3aS-(3a. α,3bβ,4β.,7α,7aS＊)]-八氢-7-甲基-3-亚甲基-4-(1-甲基乙基)-1H-环戊烯并[1,3]环丙并[1,2]苯	—	—	—	—	17.694	0.10	—	—
99	2,4-双(1,1-二甲基乙基)苯酚	17.953	0.66	17.953	0.74	17.953	0.17	17.943	0.02
100	1,2,4a,5,8,8a-六氢-4,7-二甲基-1-(1-甲基乙基)萘	18.202	0.18	—	—	—	—	—	—

续表 5

编号	化合物名称	40 ℃		60 ℃		90 ℃		160 ℃	
		保留时间 / min	峰面积 / %	保留时间 / min	峰面积 / %	保留时间 /min	峰面积 /%	保留时间 /min	峰面积 /%
101	十六烷	19.280 26.834 31.415	0.25 0.16 0.15	19.280 — —	0.87 — —	— — —	— — —	19.280 — —	0.01 — —
102	雪松醇	19.694	0.95	19.694	2.35	19.684	0.49	19.684	0.05
103	2,6,10-三甲基十五烷	—	—	19.943	0.87	—	—	—	—
104	亚硫酸七溴丁基癸酯	—	—	20.192	0.28	—	—	—	—
105	2,2,7-三甲基-3-辛炔	22.316	0.11	—	—	—	—	—	—
106	七溴癸烷	27.943	0.18	20.700	0.58	20.689	0.16	20.689	0.02
107	十三烷	—	—	—	—	—		20.730	0.01
108	2,6,10,14-四甲基十五烷	—	—	20.731	0.77	20.731	0.19	—	—
109	十八烷	—	—	—	—	22.036	0.10	22.036	0.02
110	2,6,10,14-四甲基十六烷	—	—	—	—	22.119	0.15	22.119	0.03
111	6,10,14-三甲基-2-十五烷酮	—	—	—	—	—	—	22.575	0.03
112	1,2-邻苯二甲酸双(2-甲基丙基)酯	22.855	0.15	—	—	22.845	0.08	22.844	0.02
113	十溴-7,-9-二叔丁基-1-氧杂螺(4,5)-6,9-二烯-2,8-二酮	23.456	0.43	23.456	0.58	23.446	0.12	23.446	0.02
114	邻苯二甲酸二丁酯	24.036	0.38	24.036	0.63	24.026	0.18	24.026	0.03
115	1,2-二乙腈苯	24.233	0.19	—	—	—	—	—	—
116	(E)-3-苯基-2-丙烯腈	—	—	24.233	0.36	—	—	—	—
117	10H-1,1,4a-三甲基-6-亚甲基-5-(3-甲基 l-2,4-戊二烯基)- 萘	—	—	25.404	0.61	—	—	—	—
118	顺式-3-溴-2,6,10,15,19,23-六甲基-二十四烷基醇	25.394	0.33	—	—	—	—	—	—

续表 6

编号	化合物名称	40 ℃		60 ℃		90 ℃		160 ℃	
		保留时间 / min	峰面积 / %	保留时间 / min	峰面积 / %	保留时间 /min	峰面积 /%	保留时间 /min	峰面积 /%
119	1-甲基-3-(1,3,3-三甲基-双环[4.1.0]庚-2-基)-丙烯酯乙酸	—	—	—	—	—	—	25.394	0.04
120	[4aS-(4aα,5α,8aβ)]-十氢-1,1,4a-三甲-6-亚甲基-5-(3-甲基 l-2,4-戊二烯基)-萘	—	—	—	—	25.394	0.22	—	—
121	[1,1′:3′,1″-三联苯]-2′-醇	27.363	1.53	27.363	1.26	27.353	0.24	27.352	0.03
122	反式-2-(1,1-二甲基乙基)环已烷羧酸	27.529	0.17	29.695	0.82	—	—	—	—
123	6-溴-1,1a,6,6a-四氢-环丙并[a]茚	27.622	0.27	—	—	—	—	—	—
124	四烷	29.073	0.09	—	—	—	—	—	—
125	三苯基磷酸盐	29.124	0.17	—	—	—	—	—	—
126	α-苯基-α-甲苯磺酰腙	29.694	0.55	—	—	—	—	—	—
127	滔罗定	29.933	0.72	—	—	—	—	—	—
128	十四烷	30.233	0.15	—	—	—	—	—	—
129	邻苯二甲酸正辛酯	30.617	3.48	—	—	—	—	—	—
130	5-(苯甲基)-2-硫代-4-咪唑啉酮	—	—	—	—	29.684	0.23	29.684	0.03
131	1-乙基-3,3-双(三氟甲基)氮丙啶	—	—	29.943	1.45	29.933	0.42	—	—
132	1,2-邻苯二甲酸二异辛酯	—	—	30.617	1.97	—	—	—	—
133	1,2-邻苯二甲酸,单(2-乙基已基)酯	—	—	—	—	30.607	0.20	30.596	0.02
134	2-甲基-3-苯基-1H-吲哚	—	—	—	—	—	—	30.751	0.02
135	5-甲基-2-苯基-1H-吲哚	30.762	0.59	—	—	30.928	0.17	30.917	0.03
136	美沙酮氮氧化物	—	—	—	—	—	—	31.011	0.01

续表 7

编号	化合物名称	40 ℃		60 ℃		90 ℃		160 ℃	
		保留时间 / min	峰面积 / %	保留时间 / min	峰面积 / %	保留时间 /min	峰面积 /%	保留时间 /min	峰面积 /%
137	反式-(2,3-二苯基丙基)甲基苯基砜	30.938	0.52	31.021	0.43	30.762	0.14	—	—
138	3-(2-环戊烯基)-2-甲基-1,1-二苯基-1-丙烯	31.031	0.40	30.928	0.66	31.011	0.10	—	—
139	2-甲基-7-苯基吲哚	31.145	0.15	30.762	0.63	—	—	—	—
140	2,5-二苯基-2,5-环已二烯-1,4-二酮	31.249	0.93	31.249	0.76	—	—	—	—
141	角鲨烯	33.985	0.82	33.985	0.38	—	—	—	—

(2)挥发物化学成分比较

40 ℃时，纯芦苇秆粉末温压材料的挥发物在 TD-GC/MS 分析中共分离出 52 个峰，从中鉴定出 44 种化合物，占总峰面积的 99.75%，其中相对含量较高的主要有醋酸(75.08%)、邻苯二甲酸正辛酯(3.48%)、(+)-表双环倍半水芹烯(1.85%)、1-羟基-2-丙酮(1.54%)、[1,1′:3′,1″-三联苯]-2′-醇(1.53%)、丙二醇(1.26%)、糠醛(1.25%)、丁香烯(1.03%)、雪松醇(0.95%)、2,5- 二苯基-2,5-环已二烯-1,4-二酮(0.93%)、樟脑(0.83%)、角鲨烯(0.82%)、滔罗定(0.72%)等。

60 ℃时，纯芦苇秆粉末温压材料的挥发物在 TD-GC/MS 分析中共分离出 34 个峰，从中鉴定出 33 种化合物，占总峰面积的 99.87%，其中相对含量较高的主要有醋酸(72.98%)、雪松醇(2.35%)、1,2-邻苯二甲酸二异辛酯(1.97%)、1-乙基-3,3-双(三氟甲基)氮丙啶(1.45%)、1-羟基-2-丙酮(1.41%)、[1,1′:3′,1″-三联苯]-2′-醇(1.26%)、反式(2,3-二苯基环丙烷)甲基苯基砜(1.25%)、糠醛(1.17%)、六甲基环三硅氧烷(1.11%)、(1R)-1,7,7-三甲基-双环[2.2.1]庚-2-酮(1.1%)、十六烷(0.87%)、2,6,10-三甲基十五烷(0.87%)、十甲基环戊硅氧烷(0.86%)等。

90 ℃时，纯芦苇秆粉末温压材料挥发物在 TD-GC/MS 分析中共分离出 34 个峰，从中鉴定出 33 种化合物，占总峰面积的 99.91%，其中相对含量较高的主要有醋酸(86.80%)、糠醛(2.53%)、甲酸(2.35%)、1-羟基-2-丙酮(1.48%)、雪松醇(0.49%)、樟脑(0.55%)等。

160 ℃时,纯芦苇秆粉末温压材料挥发物在 TD-GC/MS 分析中共分离出 100 个峰,从中鉴定出 96 种化合物占总峰面积的 99.91%,其中相对含量较高的主要有醋酸(63.40%)、蚁酸(5.85%)、2-呋喃甲醇(2.65%)、2,3-二氢-3,5-二羟基-6-甲基-4H-吡喃-4-酮(2.24%)、2,3-二氢苯并呋喃(2.13%)、硫脲(1.85)、3-己烯(1.27%)、1-甲氧基-2-甲基丙烷(1.05%)等。

TD-GC/MS 分析结果显示:

40 ℃时,纯芦苇秆粉末温压材料的挥发物中相对含量最高的是醋酸,其次是邻苯二甲酸正辛酯;60 ℃时,纯芦苇秆粉末温压材料的挥发物中相对含量最丰富的是醋酸,其次是雪松醇,其他成分相对较低;90 ℃时,纯芦苇秆粉末温压材料的挥发物中相对含量最丰富的是醋酸,其次是糠醛、甲酸、1-羟基-2-丙酮,其他成分相对较低;160 ℃时,纯芦苇秆粉末温压材料的挥发物中相对含量最高的是醋酸,然后依次是蚁酸、2-呋喃甲醇、2,3-二氢-3,5-二羟基-6-甲基-4H-吡喃-4-酮,其他成分相对较低。

40 ℃时,纯芦苇秆粉末温压材料的挥发物中,烃、醇(含酚醇)、醛酮、酸、酯和其他化合物的相对含量分别为 5.82%、4.07%、3.87%、75.25%、4.01%和 6.98%;而 60 ℃时,纯芦苇秆粉末温压材料的挥发物中的相对含量分别为 9.33%、3.61%、4.44%、72.98%、2.88%和 6.76%;90 ℃时,纯芦苇秆粉末温压材料的挥发物中的相对含量分别为 2.42%、1.6%、4.36%、89.12%、0.46%和 2.04%;160 ℃时,纯芦苇秆粉末温压材料的挥发物中的相对含量分别为 2.44%、4.29%、13.18%、70.03%、0.66%和 9.4%。

这一结果表明,40 ℃和 60 ℃时,纯芦苇秆粉末温压材料的挥发物种类中除酸类以外,主要是烃类化合物。而 90 ℃和 160 ℃时,纯芦苇秆粉末温压材料的挥发物除酸类以外,含量较多的是醛酮类化合物;也就是说,环境温度在 60 ℃以下时,纯芦苇秆粉末温压材料的挥发物种类中除酸类以外,烃类化合物相对含量较多;而环境温度在 60 ℃以上时,纯芦苇秆粉末温压材料的挥发物种类中醛酮类化合物相对含量较多,酯类化合物相对含量较少。

纯芦苇秆粉末温压材料的挥发物在居里点气化后,在色谱柱分离时各组分的保留时间的规律性明显(见图 8.5)。在 40 ℃～60 ℃环境温度区间,挥发物的释放主要集中在 10 min 以内,释放量均在 70%以上;而保留时间在 10 min 以上的挥发物释放量只有 4%～9%。在 90 ℃～160 ℃环境温度区间,挥发物的释放更加集中于 10 min 以内,释放量均在 90%以上;特别是在 90 ℃环境温度下,保留时间在 10 min 以内的挥发物释放量高达 95.2%。另外,在 90 ℃环境温度下能保留 30 min 以上和在 160 ℃环境温度下能保留 20 min 以上的挥发物释放量均在 1%以下。

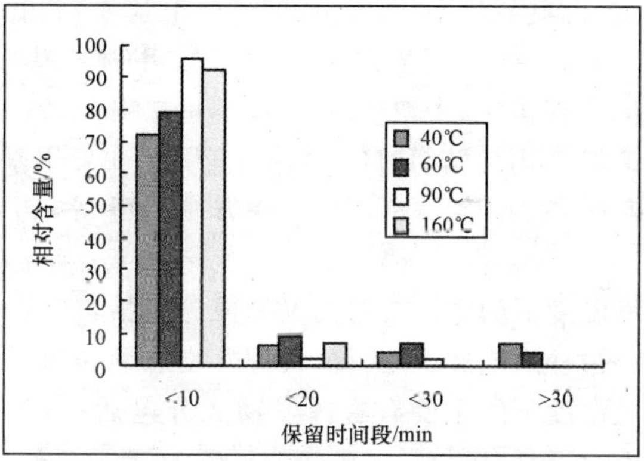

图 8.5　纯芦苇秆粉末温压材料挥发物组分在保留时间段上的分布

(3)成分变化与环境友好性

上述分析结果表明,纯芦苇秆粉末温压材料在不同环境温度下都有种类多少不等的挥发物产生,即在不同环境温度下材料成分因挥发都有不同程度的减少;另外,不同环境温度下材料的挥发物对环境的友好性各不相同。

40 ℃环境温度下的主要有益挥发物成分包括:醋酸、1-羟基-2-丙酮、β-蒎烯、樟脑、丁香烯、雪松醇、角鲨烯等，占挥发物总量的80.56%。

40 ℃环境温度下的主要有害挥发物成分包括：乙基肼、6-溴-1,1a,6,6a-四氢-环丙并[a]茚、三苯基磷酸盐、2,5-二苯基-2,5-环己二烯-1,4-二酮、1,2-二乙腈苯、十溴-6,9-二烯-2,8-二酮-7, 9-二叔丁基-1-氧杂螺、反式-(2,3-二苯基丙基)甲基苯基砜、(1,1-二甲基乙基)-2,4-双苯酚、2,5-二甲-4-(甲砜)苯丙胺等，占挥发物总量的3.99%。

60 ℃环境温度下的主要有益挥发物成分包括：1-羟基-2-丙酮、α-蒎烯、β-蒎烯、醋酸、丁香烯、角鲨烯、雪松醇、十甲基环戊硅氧烷等，占挥发物总量的79.52%。

60 ℃环境温度下的主要有害挥发物成分包括：(1R)-1,7,7-三甲基-双环[2.2.1]庚-2-酮、1,1,1,7,7,7-六甲基-3-异丙氧基-3,5,5-三(三甲基硅氧烷)四硅氧烷、八氢-7-甲基-3-亚甲基-4-(1-甲基乙基)-1H-环戊烯并[1,3]环丙并[1,2]苯、2,4-双(1,1-二甲基乙基)苯酚、亚硫酸七溴丁基癸酯、七溴癸烷、十溴-6,9-二烯-2,8-二酮-7,-9-二叔丁基-1-氧杂螺、(E)-3-苯基-2-丙烯腈、10H-1,1,4a-三甲基-6-亚甲基-5-(3-甲基l-2,4-戊二烯基)- 萘、[1,1′:3′,1″-三联苯]-2′-醇等，占挥发物总量的6.47%。

90 ℃环境温度下的主要有益挥发物成分包括：1R-α-蒎烯、1-羟基-2-丙酮、醋酸、雪松醇、乙醇、樟脑等，占挥发物总量的89.59%。

90 ℃环境温度下的主要有害挥发物成分包括：(1S)-6,6-二甲基-2-亚甲基-双环[3.1.1]庚烷、[1,1′:3′,1″-三联苯]-2′-醇、[3aS-(3a.α,3bβ,4β.,7α,7aS*)]-八氢-7-甲基-3-亚甲基-4-(1-甲基乙基)-1H-环戊烯并[1,3]环丙并[1,2]苯、[4aS-(4aα,5α,8aβ)]-十氢-1,1,4a-三甲基-6-亚甲基-5-(3-甲基l-2,4-戊二烯基)- 萘、1,1,1,7,7,7-六甲基-3-异丙氧基-3,5,5-三(三甲基硅氧烷)四硅氧烷、甲酸、十溴-6,9-二烯-2,8-二酮-7,-9-二叔丁基-1-氧杂螺等，占挥发物总量的3.45%。

160 ℃环境温度下的主要有益挥发物成分包括：α-蒎烯、β-蒎烯、醋酸、十甲基环戊硅氧烷、香兰素、雪松醇等，占挥发物总量的64.04%。

160 ℃环境温度下的主要有害挥发物成分包括：1-(1H-吡咯-2-基)乙酮、羟甲基呋喃酮、2-甲氧基酚、1-乙酰基-4-哌啶酮、2,3-二氢-3,5-二羟基-6-甲基-4H-吡喃-4-酮、四氢-1,3-恶嗪-2-硫酮、十溴-7，9-二叔丁基-1-氧杂螺(4,5)-6,9-二烯-2,8-二酮、5-(苯甲基)-2-硫代-4-咪唑啉酮等,占挥发物总量的 3.07%。

将芦苇秆粉末温压材料及芦苇秆原粉不同温度下挥发物种类及含量测试结果列于表 8.3 和表 8.4 中。由表可知,在不同环境温度下芦苇秆粉末温压材料挥发物中的有益成分明显多于有害成分。

表 8.3　芦苇秆粉末温压材料在不同环境温度下的挥发物比较

环境温度/℃	40		60		90		160	
挥发物	种类	含量/%	种类	含量/%	种类	含量/%	种类	含量/%
主要有益成分	7	80.56	8	79.52	6	89.59	6	64.04
主要有害成分	9	3.99	10	6.47	7	3.45	8	3.07
其他成分	36	15.45	16	14.01	21	6.96	86	32.89

表 8.4　芦苇秆原粉在不同环境温度下的挥发物比较

环境温度/℃	40		60		90		160	
挥发物	种类	含量/%	种类	含量/%	种类	含量/%	种类	含量/%
主要有益成分	8	45.15	6	28.75	3	51.62	3	55.72
主要有害成分	7	10.17	6	22.37	6	21.08	10	10.85
其他成分	38	44.68	16	48.88	16	27.30	82	33.43

在 40 ℃、60 ℃时,有益成分含量分别为有害成分含量的 20 倍和 12 倍以上;90 ℃时有益成分为有害成分的 26 倍,环境友好性良好。芦苇秆粉末温压材料的总挥发物种类及有益成分种类、有害成分种类与芦苇秆原粉相应种类相当,但有益成分明显增多,有害成分减少,增减幅度较大。

8.2.3.2　纯杨木粉温压材料

(1)检测结果

在上述试验条件下对纯杨木粉温压材料在不同温度环境中的热释

放行为进行测定，得到色谱离子流谱图和质谱数据。以总离子流图（见图 8.6～图 8.9）为依据，由 HP5973/6890™ 型气相色谱-质谱联用仪配置的微处理机采用面积归一化法计算出各峰峰面积的相对百分含量[11-12]。各峰的质谱数据，可通过 NIST 标准谱库，用计算机自动检索，配合人工图谱解析和查阅公开的有关质谱资料，确定纯杨木粉温压材料在不同温度环境中释放出的化学成分，其结果见表 8.5。

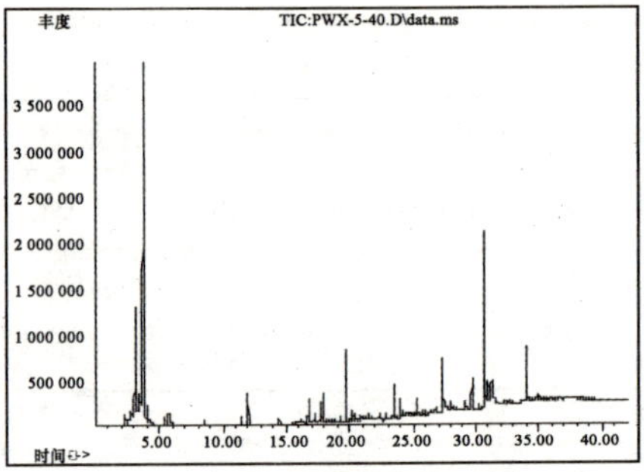

图 8.6　纯杨木粉温压材料在 40 ℃下的挥发物总离子流图

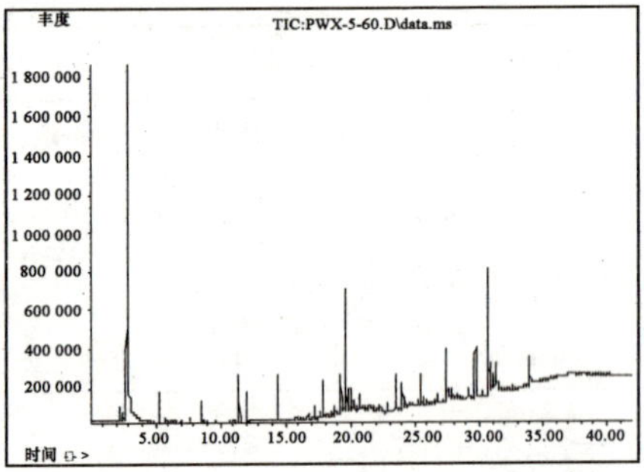

图 8.7　纯杨木粉温压材料在 60 ℃下的挥发物总离子流图

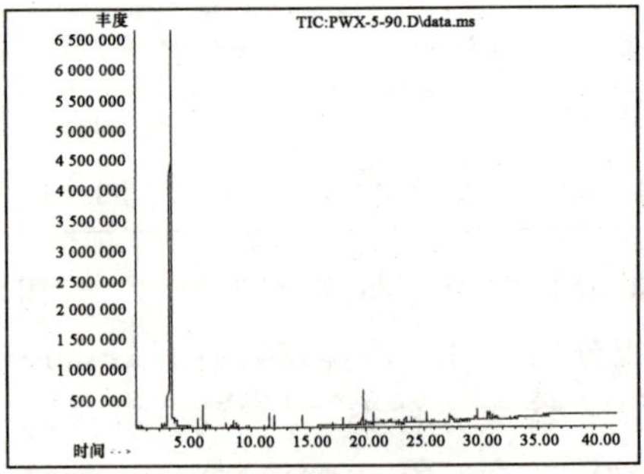

图 8.8　纯杨木粉温压材料在 90 ℃下的挥发物总离子流图

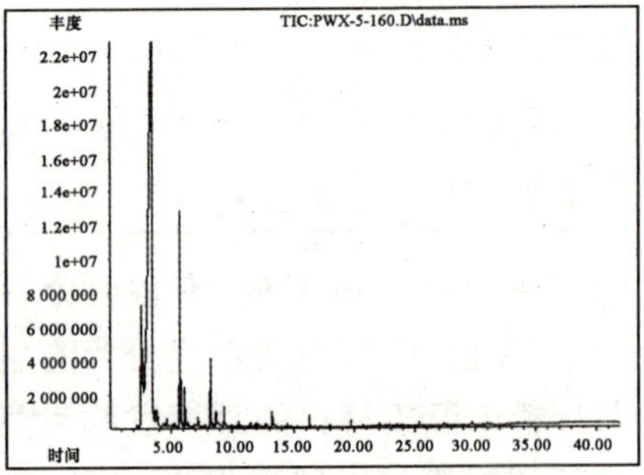

图 8.9　纯杨木粉温压材料在 160 ℃下的挥发物总离子流图

表 8.5　纯杨木粉温压材料在不同温度下的挥发物 GC/MS 分析结果

编号	化合物名称	40 ℃		60 ℃		90 ℃		160 ℃	
		保留时间 / min	峰面积 / %	保留时间 / min	峰面积 / %	保留时间 /min	峰面积 /%	保留时间 /min	峰面积 /%
1	4-乙氧基苯丙胺	2.264	0.51	—	—	—	—	—	—
2	1-乙氧基碳酰甲基-4-(2-甲苯)-氨基脲	2.430	0.94	—	—	—	—	—	—
3	二氧化碳	—	—	2.233	1.17	2.233	0.32	2.233	0.11
4	醋酸	2.637	0.90	2.937	46.70	3.082	81.45	3.455	68.55
		2.824	2.75	—	—	—	—	—	—
		3.114	6.53	—	—	—	—	—	—
		3.456	4.84	—	—	—	—	—	—
		3.798	35.58	—	—	—	—	—	—
5	环氧乙烷	—	—	—	—	—	—	2.305	0.13
6	无水乙醇	—	—	—	—	2.481	0.55	—	—
7	蚁酸	—	—	—	—	2.647	1.67	2.585	7.22
8	硫脲	—	—	—	—	—	—	2.74	1.96
9	二甲基硅烷二醇	3.228	2.01	—	—		—	—	—
10	羟基丙酮	4.150	1.32	—	—	3.404	0.88	3.507	2.22
11	2-戊酮	—	—	—	—	—	—	3.642	0.72
12	2-乙氧基丙烷			—	—	—	—	3.870	1.37
13	2-甲基-丁醛	—	—	—	—	—	—	4.429	0.28
14	吗啉	—	—	—	—	—	—	4.647	0.39
15	乙酰胺	—	—	—	—	—	—	4.792	0.16
16	己醛	—	—	—	—	—	—	5.165	0.19
17	六甲基环三硅氧烷	5.332	0.32	5.310	1.83	5.300	0.56	5.300	0.17
18	糠醛	5.725	1.09	—	—	5.735	2.66	5.424	0.14
19		—	—	—	—	—	—	5.766	7.12
20	糠醇	—	—	—	—	—	—	6.129	1.32
21	乙二醇二乙酸酯	—	—	—	—	—	—	6.305	0.09
22	4-甲基-1-戊醇	—	—	—	—	—	—	6.398	0.24
23	甲基二酸丙醇	—	—	—	—	—	—	6.927	0.24
24	N,N-二甲基-乙硫酰胺	—	—	—	—	—	—	7.031	0.05
25	溴环戊烷	—	—	—	—	—	—	7.082	0.09
26	1-(2-呋喃基)-乙酮	—	—	—	—	—	—	7.207	0.46
27	1R-α-蒎烯	—	—	—	—	7.725	0.19	7.725	0.08

续表 1

编号	化合物名称	40 ℃		60 ℃		90 ℃		160 ℃	
		保留时间 / min	峰面积 / %	保留时间 / min	峰面积 / %	保留时间 /min	峰面积 /%	保留时间 /min	峰面积 /%
28	二氢-3-亚甲基-2,5-呋喃二酮	—	—	—	—	—	—	7.818	0.07
29	5-甲基糠醛	—	—	—	—	—	—	8.243	1.82
30	八甲基环四硅氧烷	8.513	0.18	8.502	0.91	8.492	0.32	8.492	0.09
31	β-蒎烯	—	—	—	—	8.637	0.13	—	—
32	苯酚	—	—	—	—	—	—	8.668	0.47
33	己酸	—	—	—	—	—	—	8.751	0.1
34	1-甲基-2-吡咯烷	—	—	—	—	—	—	8.813	0.15
35	2-羟基-γ-丁内酯	—	—	—	—	—	—	8.854	0.14
36	4-乙基-3-氨基-4H-1,2,4-三唑	—	—	—	—	—	—	8.917	0.16
37	2,5-哌嗪二酮	—	—	—	—	—	—	9.031	0.18
38	1H-吡咯-2-甲醛	—	—	—	—	—	—	9.362	0.72
39	3-甲基-1,3-环戊二酮	—	—	—	—	—	—	9.538	0.07
40	2,6-二甲基-4-庚酮	—	—	—	—	—	—	9.932	0.08
41	1-(1H-吡咯-2-基)乙酮	—	—	—	—	—	—	10.285	0.05
42	Z-4-十二烯醇	—	—	—	—	—	—	10.419	0.07
43	2,5-呋喃甲醛	—	—	—	—	—	—	10.533	0.15
44	羟甲基呋喃酮	—	—	—	—	—	—	10.637	0.06
45	2-甲氧基苯酚	—	—	—	—	—	—	10.73	0.06
46	壬醛	—	—	—	—	—	—	11.051	0.05
47	十甲基环戊硅氧烷	11.477	0.29	11.476	1.93	11.476	0.61	11.466	0.09
48	甲氧基苯基肟	—	—	—	—	—	—	11.777	0.04
49	2,3-二氢-3,5-二羟基-6-甲基-4H-吡喃-4-酮	—	—	—	—	—	—	11.870	0.09
50	(1R)-1,7,7-三甲基-二环[2,2,1]庚烷-2-酮	—	—	11.995	1.28	11.984	0.52	11.984	0.07
51	樟脑	11.995	0.99	—	—	—	—	—	—
52	二氢-4-羟基-2(3H)-呋喃酮	—	—	—	—	—	—	12.108	0.05
53	3-羟基-十三烷酸乙酯	—	—	—	—	—	—	12.150	0.07
54	萘	—	—	—	—	—	—	12.720	0.06
55	2,3-二氢-苯并呋喃	—	—	—	—	—	—	13.228	0.26

续表 2

编号	化合物名称	40 ℃		60 ℃		90 ℃		160 ℃	
		保留时间 / min	峰面积 / %	保留时间 / min	峰面积 / %	保留时间 /min	峰面积 /%	保留时间 /min	峰面积 /%
56	5-(羟甲基)-2-呋喃甲醛	—	—	—	—	—	—	13.321	0.21
57	八甲基环四氧硅烷	—	—	—	—	—	—	14.326	0.03
58	十二甲基环己硅氧烷	—	—	14.471	1.67	14.471	0.50	14.471	0.06
59	1-甲基萘	—	—	—	—	—	—	14.699	0.03
60	香兰素	—	—	—	—	—	—	16.274	0.28
61	2,3,4,7,8,8A-六氢-3,6,8,8-四甲基1H-3A,7-亚甲基奥	—	—	—	—	—	—	16.720	0.03
62	石竹烯	16.752	—	—	—	—	—	—	—
63	十二甲基五硅氧烷	—	—	17.176	0.68	—	—	—	—
64	(Z,Z,Z)-1,5,9,9-四甲基-1,4,7-环十一碳三烯	17.311	0.34	—	—	—	—	—	—
65	1-甲基-5-亚甲基-8-(1-甲基乙基)1,6-环癸二烯	17.705	0.70	—	—	—	—	—	—
66	十五烷	17.798	0.28	—	—	—	—	—	—
67	2-(1-甲基乙烯基)-ahydro-4a-萘-8-甲酯	17.840	0.32	—	—	—	—	—	—
68	2,4 双(1,1 二甲基乙基)苯酚	17.954	1.29	17.953	1.79	17.953	0.42	17.943	0.04
69	十六烷	19.291	0.25	19.29	1.73	19.28	0.28	—	—
70	雪松醇	19.695	2.65	19.694	5.53	19.684	1.70	19.684	0.11
71	2,6,10-三甲基十五烷	—	—	19.943	1.34	19.943	0.46	—	—
72	1-甲基-9-亚甲基双环[4.4.0]正癸烯-2-异丙醇	20.254	0.35	—	—	—	—	—	—
73	2-异丙烯基-4a,8-二甲基-1,2,3,4,4a,5,6,8a-八氢萘	20.348	0.20	—	—	—	—	—	—

续表 3

编号	化合物名称	40 ℃		60 ℃		90 ℃		160 ℃	
		保留时间 / min	峰面积 / %	保留时间 / min	峰面积 / %	保留时间 /min	峰面积 /%	保留时间 /min	峰面积 /%
74	2,6,10,14-四甲基-十五烷	—	—	—	—	—	—	20.731	0.02
75	2,6,11,15-四甲基-5-已基十六烷	—	—	20.741	0.69	—	—	—	—
76	对叔丁基苯酚	20.928	0.16	—	—	—	—	—	—
77	十八烷	—	—	—	—	22.036	0.18	22.036	0.04
78	四十三烷	—	—	—	—	22.119	0.23	—	—
79	2,3,5,8-四甲基-1,5,9-癸三烯	22.317	0.28	—	—	—	—	—	—
80	2,6,10,14-四甲基-十六烷	—	—	—	—	—	—	22.119	0.05
81	6,10,14-三甲基-2-十五烷酮	—	—	—	—	—	—	22.575	0.04
82	1,2-苯二甲酸-2-甲基丙基丁酯	—	—	—	—	—	—	22.845	0.08
83	邻苯二甲酸二丁酯	22.855	0.31	24.036	1.53	24.036	0.43	—	—
84	7,9-二叔丁基-1-氧杂螺[4.5]癸 6,9-二烯-2,8-二酮	23.456	1.40	23.456	1.30	23.446	0.32	23.446	0.03
85	1,2-苯二甲酸-2-甲基丙基丁酯	—	—	—	—	—	—	24.036	0.05
86	α-乙烯基十氢-2-亚甲基-α,5,5,8A-四甲基-1-萘丙醇	—	—	—	—	—	—	25.394	0.06
87	邻苯二甲酸丁基升辛酯	24.037	0.96	—	—	—	—	—	—
88	1,2-苯二乙腈	—	—	24.233	0.85	—	—	—	—
89	异喹啉	24.234	0.66	—	—	—	—	—	—
90	十四甲基六硅氧烷	25.249	0.33	—	—	—	—	—	—
91	十二氢-1,1,4A,7-四甲基-7-乙烯基-1,2,3,4,4A,5,6,7,8,9,10,10A-菲	—	—	—	—	25.394	0.49	—	—

续表 4

编号	化合物名称	40 ℃		60 ℃		90 ℃		160 ℃	
		保留时间/min	峰面积/%	保留时间/min	峰面积/%	保留时间/min	峰面积/%	保留时间/min	峰面积/%
92	1,1,4A-三甲基-6-亚甲基-5-(3-甲基-2,4-戊二烯基)-十氢萘	—	—	25.404	1.32	—	—	—	—
93	2-甲基-3-(3-甲基-2-丁烯基)-2-(4-甲基-3-戊烯基)-环氧丙烷	25.405	0.59	—	—	—	—	—	—
94	二十二烷	26.835	0.29	—	—	—	—	—	—
95	间三联苯-2-醇	27.363	3.98	27.363	3.72	27.353	0.47	27.353	0.07
96	6-羟胺-5-间-偶氮-1H-嘧啶-2,4-二酮	27.529	0.60	—	—	—	—	—	—
97	反(2,3-环丙二苯基)甲基-苯基亚砜	27.622	1.05	—	—	—	—	—	—
98	三十二烷	—	—	27.943	0.51	—	—	—	—
99	十七烷	27.944	0.92	20.699	0.49	20.689	0.55	20.689	0.03
100	十七烷-2,6-二甲酯	—	—	—	—	20.731	0.64	—	—
101	二十四烷	29.073	0.35	—	—	—	—	—	—
102	三苯基磷酸盐	29.125	0.70	—	—	—	—	—	—
103	1-(苄氧基)-2-[(苄氧基)甲基]-丁烷	—	—	29.695	5.43	—	—	—	—
104	N-羟基-N-(苯甲基)苯甲胺	—	—	—	—	29.695	1.42	—	—
105	(5-碘戊烷)苯	—	—	—	—	—	—	29.695	0.17
106	邻苯二甲酸正辛酯	—	—	—	—	—	—	30.607	0.04
107	3-苄氧基-1,2-丙二醇-1,2-双乙酰	29.705	3.12	—	—	—	—	—	—
108	十九烷	30.244	0.39	—	—	—	—	—	—
109	1,2-苯二甲酸单(2乙基己基)酯	30.617	8.48	30.617	7.93	30.607	0.66	—	—

续表 5

编号	化合物名称	40 ℃		60 ℃		90 ℃		160 ℃	
		保留时间 / min	峰面积 / %	保留时间 / min	峰面积 / %	保留时间 /min	峰面积 /%	保留时间 /min	峰面积 /%
110	3-(2-环戊烯基)-2-甲基-1,1-二苯基-1-丙烯	—	—	30.762	1.96	—	—	—	—
		—	—	31.021	1.22	—	—	—	—
111	美沙酮-N-氧化物	30.773	1.45	—	—	30.928	0.43	—	—
112	1,3-联二苯-1-(三甲基硅氧基)-1-戊烯	30.845	0.40	30.938	1.74	—	—	—	—
113	2-甲基-3-苯基吲哚	30.939	1.24	—	—	—	—	30.928	0.04
114	2,4 二甲基苯并[h]喹啉	—	—	—	—	31.011	0.26	—	—
115	3-(2-环戊烯基)-2-甲基-1,1-二苯基-1-丙烯	—	—	—	—	—	—	31.021	0.03
116	反(2,3-环丙二苯基)甲基-苯基亚砜	31.032	1.01	—	—	—	—	—	—
117	5-甲基-2-苯基吲哚	—	—	31.145	0.46	—	—	30.762	0.04
118	2-甲基-7-苯基吲哚	31.146	0.43	—	—	30.762	0.38	—	—
119	2,5-联苯-2,5-环己二烯-1,4-二酮	21.250	1.90	31.249	2.54	—	—	—	—
120	1,5-二苯基-1,4-戊二炔-3-醇	—	—	—	—	31.260	0.32	—	—
121	二十一烷	31.415	0.39	—	—	—	—	—	—
122	角鲨烯	33.996	2.79	33.985	1.75	—	—	—	—

(2)挥发物化学成分比较

在 40 ℃环境温度下,纯杨木粉温压材料的挥发物在 TD-GC/MS 分析中共分离出 50 个峰,从中鉴定出 45 种化合物,占总峰面积的 99.97%,其中相对含量较高的主要有醋酸(50.6%)、1,2-苯二甲酸单(2 乙基己基)酯(8.48%)、间三联苯-2-醇(3.98%)、3-苄氧基-1,2-丙二醇-1,2-双乙酰(3.12%)、角鲨烯(2.79%)、雪松醇(2.65%)、反(2,3-环丙二苯基)甲基-苯基亚砜(2.06%)、二甲基硅烷二醇(2.01%)、2,5-联苯-2,5-环己二烯-1,4-二酮(1.9%)、美沙酮-N-氧化物(1.45%)、7,9-二叔丁基-1-氧杂螺[4.5]癸 6,9-二烯-2,8-二酮(1.4%)、羟基丙酮

(1.32%)、2,4 双(1,1 二甲基乙基)苯酚(1.29%)、2-甲基-3-苯基吲哚(1.24%)、樟脑(1.16%)、糠醛(1.09%)、石竹烯(0.99%)等。

在 60 ℃环境温度下,纯杨木粉温压材料的挥发物在 TD-GC/MS 分析中共分离出 28 个峰,从中鉴定出 27 种化合物,达到总峰面积的 100%,其中相对含量较高的主要有醋酸(46.7%)、1,2-苯二甲酸,单(2 乙基己基)酯(7.93%)、雪松醇(5.53%)、1-(苄氧基)-2-[(苄氧基)甲基]-丁烷(5.43%)、[1,1′,3′,1″-三联苯]-2′-醇(3.72%)、3-(2-环戊烯基)-2-甲基-1,1-二苯基-1-丙烯(3.18%)2,5-联苯-2,5-环己二烯-1,4-二酮(2.54%)、3-(2-环戊烯基)-2-甲基-1,1-二苯基-1-丙烯(1.96%)、十甲基环戊硅氧烷(1.93%)、六甲基环三硅氧烷(1.83%)、2,4 双(1,1 二甲基乙基)苯酚(1.79%)、角鲨烯(1.75%)、2-甲基-3-苯基吲哚(1.74%)、十六烷(1.73%)、十二甲基环己硅氧烷(1.67%)、邻苯二甲酸二丁酯(1.53%)、2,6,10 三甲基十五烷(1.34%)、1,1,4A-三甲基-6-亚甲基-5-(3-甲基-2,4-戊二烯基)-十氢萘(1.32%)等。

在 90 ℃环境温度下,纯杨木粉温压材料的挥发物在 TD-GC/MS 分析中共分离出 31 个峰,从中鉴定出 31 种化合物,占总峰面积的 100%,其中相对含量较高的主要有醋酸(81.45%)、糠醛(2.66%)、雪松醇(1.7%)、蚁酸(1.67%)、N-羟基-N-苯甲基苯甲胺(1.42%)、1-羟基-2-丙酮(0.88%)、1,2 苯二甲酸单(2 乙基己基)酯(0.66%)等。

在 160 ℃环境温度下,纯杨木粉温压材料的挥发物在 TD-GC/MS 分析中共分离出 72 个峰,从中鉴定出 69 种化合物,达到总峰面积的 100%,其中相对含量较高的主要有醋酸(68.55%)、糠醛(7.26%)、蚁酸(7.22%)、1-羟基-2-丙酮(2.22%)、硫脲(1.96%)、5-甲基糠醛(1.82%)、2-乙氧基丙烷(1.37%)、糠醇(1.32%)、2-戊酮(0.72%)、1H-吡咯-2-甲醛(0.72%)等。

TD-GC/MS 分析结果显示:杨木粉末基复合材料在 40 ℃环境温度下挥发物中相对含量最高的是醋酸,其次是 1,2-苯二甲酸单(2 乙基己基)酯;而在 60 ℃、90 ℃和 160 ℃环境温度下的挥发物中相对含量最高的都是醋酸,其他成分相对较低;在 40 ℃环境温度下的挥发物中,烃、醇(含酚醇)、醛酮、酸、酯和其他化合物的相对含量分别为 7.72%、

10.44%、7.47%、50.60%、10.07%和13.67%；在60 ℃环境温度下的释放物中，烃、醇(含酚醇)、醛酮、酸、酯和其他化合物的相对含量分别为9.69%、11.04%、5.12%、46.70%、9.46%和17.99%；在90 ℃环境温度下的释放物中，烃、醇(含酚醇)、醛酮、酸、酯和其他化合物的相对含量分别为2.13%、1.34%、6.08%、83.12%、1.30%和6.03%；在160 ℃环境温度下的挥发物中，烃、醇(含酚醇)、醛酮、酸、酯和其他化合物的相对含量分别为0.25%、2.11%、15.00%、75.87%、0.42%和6.40%。这一结果表明，在40 ℃、60 ℃环境温度下的挥发物主要是酸类和醇类；在90 ℃、160 ℃下的挥发物主要是酸类和醛酮类。

杨木粉末基复合材料在居里点气化后，挥发物组分在色谱柱中的保留时间呈现一定规律(见图8.10)。在40 ℃～60 ℃环境温度区间，保留时间在10 min以内的挥发物含量与保留时间在10 min以上各个温度点释放总量相当，为51%～57%；而在90 ℃～160 ℃环境温度区间，挥发物的释放主要集中在10 min以下，比例高达88%～97%。另外，在90 ℃环境温度下保留时间在10 min以上的各个时间段，挥发物的释放均在5%以下；而在160 ℃环境温度下保留时间在10 min以上的各个时间段，挥发物的释放不足2%，特别是保留时间在30 min以上的挥发物的释放量仅为0.15%。

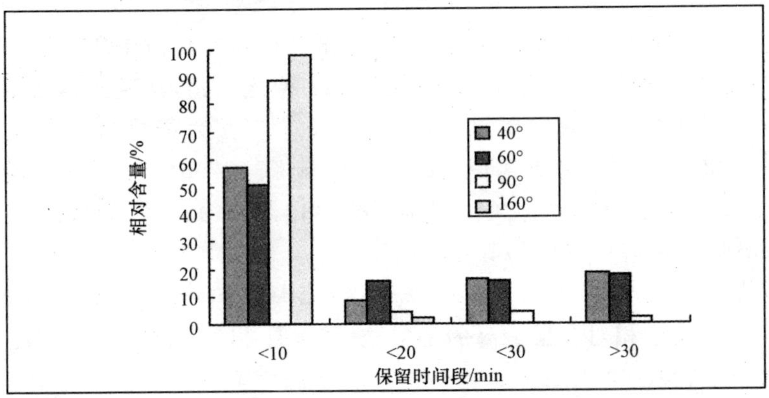

图8.10　纯杨木粉温压材料的挥发物组分在保留时间段上的分布

(3)成分变化与环境友好性

上述分析结果表明，纯杨木粉末温压材料在不同环境温度下都有种类多少不等的挥发物产生，即在不同环境温度下材料成分因挥发而都有不同程度的减少；另外，不同环境温度下材料的挥发物对环境的友好性各不相同。

40 ℃环境温度下的主要有益挥发物成分包括：醋酸、羟基丙酮、十甲基环戊硅氧烷、樟脑、石竹烯、雪松醇、角鲨烯等，占挥发物总量的59.8%。

40 ℃环境温度下的主要有害挥发物成分包括：2,5-联苯-2,5-环己二烯-1,4-二酮、反(2,3-环丙二苯基)甲基-苯基亚砜、美沙酮-N-氧化物、三苯基磷酸盐、6-羟胺-5-间-偶氮-1H-嘧啶-2,4-二酮、7,9-二叔丁基-1-氧杂螺[4.5]癸6,9-二烯-2,8-二酮、1-乙氧基碳酰甲基-4-(2-甲苯)-氨基脲、4-乙氧基苯丙胺等，占挥发物总量的8.51%。

60 ℃环境温度下的主要有益挥发物成分包括：醋酸、十甲基环戊硅氧烷、雪松醇、角鲨烯等，占挥发物总量的55.91%。

60 ℃环境温度下的主要有害挥发物成分包括：2,5-联苯-2,5-环己二烯-1,4-二酮、1,2-苯二乙腈、7,9-二叔丁基-1-氧杂螺[4.5]癸6,9-二烯-2,8-二酮、2,4双(1,1二甲基乙基)苯酚、(1R)-1,7,7-三甲基-二环[2,2,1]庚烷-2-酮、1,1,4A-三甲基-6-亚甲基-5-(3-甲基-2,4-戊二烯基)-十氢萘等，占挥发物总量的9.08%。

90 ℃环境温度下的主要有益挥发物成分包括：无水乙醇、醋酸、1-羟基-2-丙酮、1R-α-蒎烯、β-蒎烯、十甲基环戊硅氧烷、雪松醇等，占挥发物总量的85.51%。

90 ℃环境温度下的主要有害挥发物成分包括：2,4二甲基苯并[h]喹啉、N-羟基-N-(苯甲基)苯甲胺、7,9-二叔丁基-1-氧杂螺[4,5]癸6,9-二烯-2,8-二酮、2,4双(1,1二甲基乙基)苯酚、1,7,7-三甲基-二环[2,2,1]庚烷-2-酮等，占挥发物总量的2.94%。

160 ℃环境温度下的主要有益挥发物成分包括：醋酸、羟基-2-丙酮、α-蒎烯、甲基环戊硅氧烷、香兰素、雪松醇等，占挥发物总量的71.33%。

160 ℃环境温度下的主要有害挥发物成分包括：蚁酸、硫脲、N，N-二甲基-乙硫酰胺、1-(2-呋喃基)-乙酮、苯酚、4-乙基-3-氨基-4H-1，2，4-三唑、2，5-哌嗪二酮、2，6-二甲基-4-庚酮、甲氧基苯基肟、2，3-二氢-3，5-二羟基-6-甲基-4H-吡喃-4-酮、α-乙烯基十氢-2-亚甲基-α、5，5，8A-四甲基-1-萘丙醇等，占挥发物总量为10.77%。

将杨木粉末温压材料及杨木原粉不同温度下挥发物种类及含量测试结果列于表8.6和表8.7中。由表可知，在不同温度下，杨木粉末温压材料挥发物中的有益成分明显多于有害成分，在40 ℃、60 ℃和160 ℃时，有益成分含量为有害成分含量的6倍以上，90 ℃时有益成分为有害成分的29倍，环境友好性良好。杨木粉末基复合材料总挥发物种类及有益成分种类、有害成分种类与杨木原粉相应种类大致相当，但有益成分明显增多，有害成分减少，增减幅度较大。

表8.6　杨木粉末温压材料在不同环境温度下的挥发物比较

环境温度/℃	40		60		90		160	
挥发物	种类	含量/%	种类	含量/%	种类	含量/%	种类	含量/%
主要有益成分	7	59.80	4	55.91	7	85.51	6	71.33
主要有害成分	8	8.51	6	9.08	5	2.94	11	10.77
其他成分	36	32.69	16	35.01	19	11.55	86	17.90

表8.7　杨木原粉在不同环境温度下的挥发物比较

环境温度/℃	40		60		90		160	
挥发物	种类	含量/%	种类	含量/%	种类	含量/%	种类	含量/%
主要有益成分	5	27.76	5	21.74	2	14.09	3	70.07
主要有害成分	7	40.23	7	19.34	6	24.44	11	12.93
其他成分	11	32.01	19	58.92	16	61.47	17	17.00

8.3 小　结

(1)纯芦苇秆粉和纯杨木粉的温压材料,在不同环境温度下都有种类多少不等的挥发物产生,即在不同环境温度下材料成分因挥发而都有不同程度的减少;另外,不同环境温度下材料的挥发物对环境的友好性各不相同。

纯芦苇秆粉温压材料在 40 ℃～160 ℃环境温度各区间的挥发物,有益成分的比例大,均达 60%以上;特别是 40 ℃～90 ℃环境温度区间,挥发物中有益成分的比例高达 80%～90%,明显优于芦苇秆原粉(详见第 6 章)。不仅表明这类木质粉末基复合材料,不论在用于制品加工的过程中,还是其制品在室内外使用期间,都具有很好的环境友好性,而且说明芦苇秆粉末温压材料的成形工艺本身具有环境友好性。

(2)纯杨木粉高压温压材料在 40 ℃～160 ℃环境温度各区间的挥发物中的有益成分,尽管在环境温度低于 60 ℃时没有明显优势,但在环境温度高于 60 ℃时随着环境温度的升高其优势迅速突显,在 90 ℃时达到 85.51%,即使在 160 ℃时仍保持 71.33%的高水平。说明这类木质粉末温压材料的环境友好性虽然不及纯芦苇秆粉末温压材料,但应用于制品时在制品加工过程中和室内外使用期间的环境友好性明显优于杨木原粉(参见 6.3 节的相关内容)。

(3)不论是芦苇秆粉末温压材料还是杨木粉末温压材料,与原料本身相比都具有更优越的环境友好性。说明本书推崇的利用低等级木材、木材加工剩余物、竹材碎料、木质农作物秸秆、木质果壳等原料的粉末,通过温压成形制备木质材料的工艺技术具有环境友好性。

参考文献

[1]严彦,王光学. 木质人造板甲醛释放规律的研究[J]. 环境科学研究学报,2003,23(1)134-137.

[2]夏宏丽,董明旭,刘丹,等. 新装修居室内甲醛浓度及人造板使用量对甲醛浓度的影响[J]. 辽宁建材,2009(10):50-52.

[3]付斌,宋瑞金,吴远强．木质人造板材的甲醛释放量[J]. 环境与健康杂志,2006,7(24):297-299.

[4]崔九思．室内空气污染监测方法[M]. 北京：化学工业出版社,2002.

[5]邵明坤．胶合板甲醛释放机理及降低措施[J]. 淮阴工学院学报,2003,12(1):80-82.

[6]李元元．金属粉末温压成形原理与技术[M]. 广州:华南理工大学出版社,2008:1-3.

[7]Bocchini G F. Warm compaction of metal powder:why it works,why it requires a sophisticated engineering approach[J]. Powder metallurgy,1999,42(2):171-180.

[8]Stroem H,Johansson B. Metal powder composition for warm compaction and method for products[P]. US: 5744433,1998-04-28.

[9]Guo S J,Lin T. Investigation on critical techniques of iron powders warm compaction[A]//TMS(The Minerals,metals and materials Society). Proceedings of Third Pacific Rim International Conference on Advanced Materials and Processing[C]. 1998:2013-2018.

[10]李坚．木质材料的界面特性与无胶胶合技术[M]. 哈尔滨：东北林业大学出版社,1989.

[11]闫昊鹏,曹忠荣,郭文莉．干法无胶纤维板黏合机理的研究(1)——制板过程中化学成分的变化及作用[J]. 1996,10(4):3-6.

[12]Such sland O etc. Binderless Fiberboard from Two Different Types of Fiber Furnishes1Forest Products Journal,1985,35 (2) :63-68.

[13]Okuda N,Sato M. Manufacture and mechanical properties of binderless boards from kenaf core[J]. J Wood Sci,2004,50(1) :53-61.

[14]Velasquez JA,Ferrando F,Farriol X,etal. Binderless fiberboard from steam exploded Miscanthus sinensis[J]. Wood Sci Technol 2003,37:269-278.

[15] Laemsak N,OkumaM. Development of boards made from oil palm frond Ⅱ: properties of binderless boards from steam exploded fibers of oil palm frond [J]. J Wood Sci,2000,46:322-326.

[16]邵顺流,朱汤军．毛竹无胶黏剂蒸爆板的制造和特性研究[J]. 浙江林业科技,2007,27(3):34-37.

[17]Jianying Xu,Guangping Han,E. D. Wong,etal. Development of binderless particleboard from kenaf core using steam-injection pressing[J]. Journal of

Wood Science 2003,49(4):327-332.

[18]Jianying Xu,Ryo Sugawara,Ragil Widyorini,etal. Manufacture and properties of low-density binderless particleboard from kenaf core[J]. Journal of Wood Science,2004,50(1):62-67.

[19]C. Mancera,F. Ferrando,J. Salvado. Cynara cardunculus as raw material for the production of binderless fiberboards: optimization of pretreatment and pressing conditions[J]. Journal of wood chemistry and Technology,2008(28):207-226.

[20]顾炼百,涂登云,于学利．炭化木的特点及应用[J]. 中国人造板,2007(5):30-32.

[21]周建斌,邓丛静,蒋身学．炭化木物理力学性能的研究[J]. 林产工业,2008,35(6):28-31.

[22]Viitaniemi Pertti,Ranta-Maunus Alpn,Jämsä Saila,etal. Method for processing of wood at elevated temperatures[P]. Finland,95918005,1995-09-11.

[23]Tariqnr Rabbani Blmiyan,Nobnynki Hirai. Study of crystalline behavior of heat-treated wood cellulose during treatments in water[J]. Journal of Wood Science,2005,51 (1) :42-47.

[24]Wang J. Y. ,Cooper P. A. Effect of oil type,temperature and time on moisture properties of hot oil-treated wood[J]. Holzals Roh-und Werkstoff, 2005, 63 (6):417-422.

[25]Mclafferty F W, Stauffer D B. The Wiley/NBS registry of mass spectraldata [M]. New York: Wiley2Inter science Publication,1989.

[26]从浦珠．质谱在天然有机化学中的应用[M]. 北京:科学出版社,1987.

[27]中国质谱学会有机专业委员会．香料质谱图集[M]. 北京:科学出版社,1992.

[28]Heller S R,Milne G W A. EPA/NIH mass spectraldata base [M]. Washington: US Government Printing Office,1978.

[29]Hillis W E. Wood extractives and their significance to the pulp and paper industy[M]. New York: Academ-ic Press,1962.

[30]Peng W,Li K,Fan Z. Determination of chemical components of cold water extractives of Eurograndisby GC/MS[J]. T of China Pulp and Paper,2006,21 (4) :11-13.

[31]Yur Iy R L,Chr Istopher J B,ZHEN Y L,etal. Production of dimethylfuran

for liquid fuels from biomassderived carbohydrates[J]. Nature, 2007, 447: 982-985.

[32]张铭光,沈晓玲,曾令海,等. 不同产脂力马尾松的热脱附-气相色谱/质谱研究. 华南师范大学学报(自然科学版),2009(1):95-99.

[33]Li Jian-guang, JN You-ju, Luo You-qing. Preliminary study on the chemical constituents of volatiles from ash-leaf maple by adsorption- thermal desorption and GC /MS identification[J]. Hebei Journal of Forestry And Orchard Research, 1999, 14 (4) :298-302.

[34]李萍,刘纬琦,万德光. 四川不同产地马尾松针叶挥发油成分的气- 质谱分析[J]. 成都中医药大学学报,2002,25(2):20-21.

[35]Lee J G, Lee C G, Kwag J J, etal. Determination of optimum conditions for the analysis of volatile components in pine needles by double-shot pyrolysis-gas chromatography-mass spectrometry[J]. Journal of Chromatography A, 2005, 1089 (1-2):227-234.

第9章 木质粉末复合材料的温压成形与应用分析

9.1 木质粉末与复合组分

第2章研究结果表明：芦苇、杨木、棉梗、毛竹和松木等木质材料的粉末经无胶温压成形获得的材料均具有较好的物理力学性能，但吸水率相差较大。其中芦苇秆粉末温压材料最佳，静曲强度高达58.43 MPa，吸水率仅为1.71%；其次是杨木粉温压材料，静曲强度为49.85 MPa，吸水率为3.26%；棉梗粉温压材料的静曲强度为47.41 MPa，吸水率为3.14%；毛竹粉温压材料虽然其静曲强度达到了43.52 MPa，但其吸水率高达6.12%；松木粉温压材料虽然其静曲强度只有23.53 MPa，但其吸水率仅为1.61%。第8章TD-GC/MS分析结果表明：不论是芦苇秆粉还是杨木粉，其温压材料与原料本身相比都具有明显的环境友好性，但芦苇秆粉末更有优势。故本章把芦苇秆粉末作为首选基础试验原料。

第3章基于响应面分析法的工艺参数优化研究结果表明：木质粉末温压成形的最佳工艺条件为：成形压力70 MPa，成形温度160 ℃，保温时间30 min。本章旨在依据最佳工艺条件对纯芦苇秆粉末温压材料进行改性与表征：一是利用木质素的黏接性能对纯芦苇秆粉末温压材料进行改性与表征，制备芦苇秆/木质素复合材料（或富木质素人造木）；二是利用紫铜粉末的弥散强化作用对纯芦苇秆粉末温压材料进行改性与表征，制备芦苇秆/紫铜复合材料（或金属化木材），以期作为食品/医药/纺织机械等的滑动轴承材料、汽车高档内饰件材料与结构件等领域获得实际应用。

9.1.1 木质素

木质素又称作木质素，是构成植物细胞壁的成分之一，在木材等硬组织中含量较多，是数量仅次于纤维素的天然高分子材料[1]。

木质素具有黏性，可直接用做胶黏剂。天然植物中，木质素就像胶黏剂一样，分布在纤维的周围，以及纤维内部的细小纤维之间，使之成为强有力的骨架结构，树木之所以能够挺立几十米甚至上百米不倒，就是因为木质素的黏合力。随着石化能源的日益枯竭和人们环保意识的日益增强，加上木质素丰富的储量与较低的成本，木质素作为胶黏剂的应用前景十分广阔。

木质粉末无胶温压成形研究课题引入木质素是出于环保考虑，其作用在于弥补某些木质粉末在无胶温压成形过程中自黏合能力的不足，而不至于使用传统人造板热压工艺中使用的有诸多环保问题的脲醛/酚醛树脂胶，以提高木质粉末基复合材料的内结合强度等性能。

本书使用的木质素粉末(－200 目，“－”表示筛下物，以下同)为造纸副产品，呈深褐色，碱性，具有较强的亲水性，松装密度为 1.3～1.5 g/cm^3，粉体与颗粒形貌照片见图 9.1。

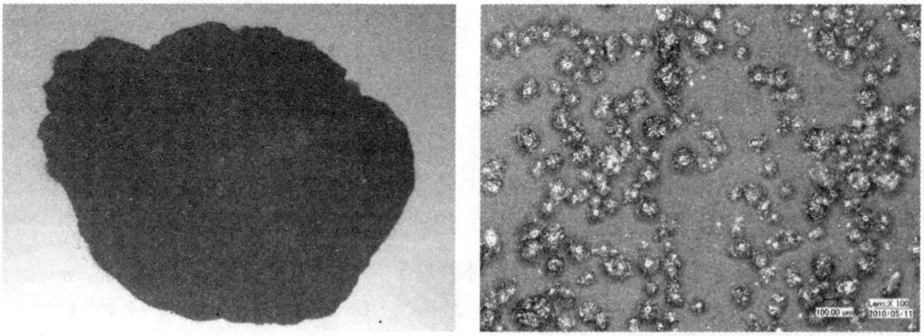

(a) 粉体照片　　(b) 颗粒形貌 ×100

图 9.1　木质素粉末照片

9.1.2 紫铜粉

将用于粉末冶金结构零件生产的紫铜粉(－200 目)用于木质环境功能材料生产，以期通过无胶温压成形获得金属化木质复合材料。

紫铜粉的生产主要有电解法和雾化法两种。电解铜粉纯度高，粒度细，分散性好；雾化铜粉含氧量较高，粒度粗，分散性较差。本书使用的电解纯铜粉(Cu99.8%，－200 目)，呈玫瑰红树枝状(见图 9.2)，松装密度为 2.0～2.3 g/cm^3。

(a) 粉体照片

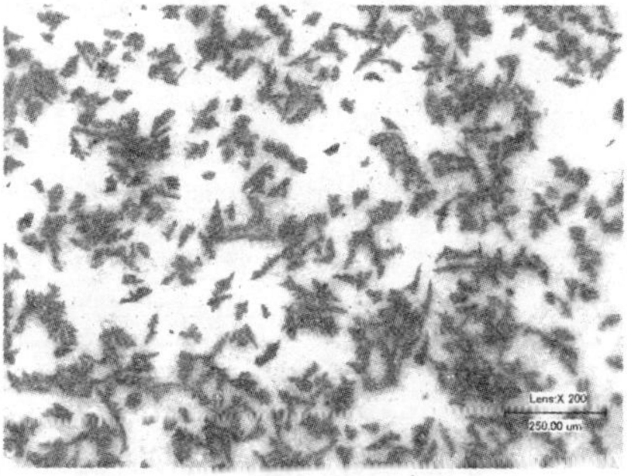

(b) 颗粒形貌 ×200

图 9.2　紫铜粉末照片

9.2 芦苇秆/木质素复合材料

9.2.1 试件制备

将－20 目芦苇秆粉末分别与质量比为 0%、5%、10%、15%、20%、25%、30%的－200 目木质素均匀混合，采用图 2.5、图 9.3、图 9.4 所示成形模在 HX100 型压模机上按最佳无胶温压成形工艺参数模压成如图 9.5 所示 3 种试件(用于密度、静曲强度、内结合强度、压溃强度、表观硬度、表面耐磨性、吸水率等性能的检测)。

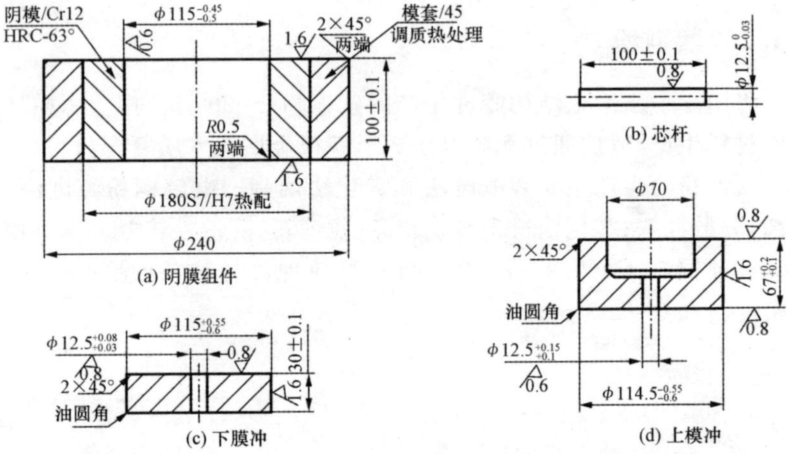

图 9.3　表面耐磨性测试试件成形模

注:(b)、(c)、(d)的材质可以是 Cr12 或 Cr12MoV / HRC58～63。

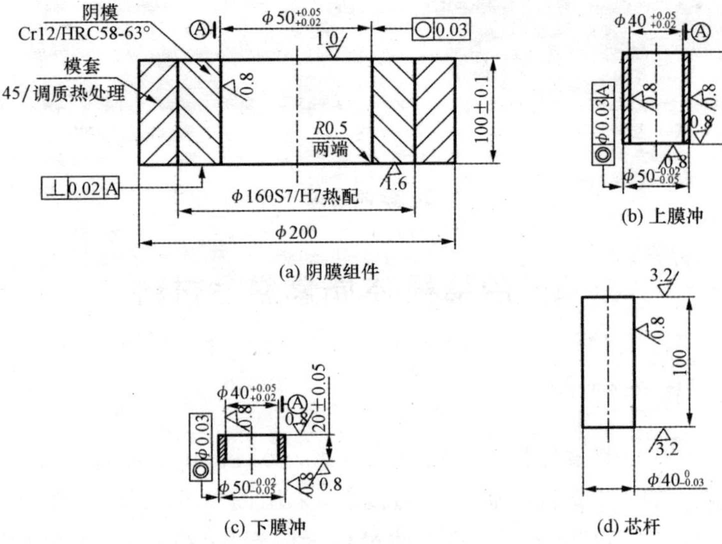

图 9.4　滑动轴承压溃强度测试试件成形模

注:(b)、(c)、(d)的材质可以是 Cr12 或 Cr12MoV / HRC58～63。

图 9.5　芦苇秆粉末/木质素温压复合材料试件

9.2.2　性能与结构表征

9.2.2.1　常规物理力学性能

在最优工艺条件下获得的芦苇粉末/木质素温压复合材料的密度、表面耐磨性、静曲强度等常规物理力学性能与木质素添加量的关系如图 9.7～图 9.12 所示。

图 9.7 是借助图 9.6 漆膜磨耗仪（JM－Ⅰ型，180 号砂带，500 g 砝码）通过图 9.5 中 $\phi115\times\phi8.5\times8$ 规格试样测得的磨耗量与木质素添加量的关系曲线。可以看出，木质素的添加量对芦苇秆粉末温压材料的表面耐磨性影响不大，基本保持木质素零添加量水平（$<$0.05 g/100 r），优于实木地板优等品表面耐磨性（$\leqslant$0.08 g/100 r）[2]。

从图 9.8、图 9.9、图 9.10 可看出，复合材料的静曲强度、弹性模量和内结合强度随着木质素添加量的变化表现出类似的规律。首先随着木质素添加量的增加而增大；越过极大值点后随木质素添加量的增加而减小。静曲强度和弹性模量均在木质素添加量为 15%时获得极大值，分别为 70.21 MPa、6 563 MPa，比纯芦苇秆粉末温压材料分别提高 20.4%和 41.6%；而内结合强度则在木质素添加量为 20%时获得极大值（7.64 MPa），比纯芦苇秆粉末温压材料提高 63.6%。而图 9.11、图

图 9.6　漆膜摩耗仪

9.12 则表明，添加木质素不利于模塑木质复合材料密度的提高与防水性的改善，特别是当木质素的添加量高于 15%时的吸水率比纯芦苇秆粉末温压材料增加了 1 倍以上，超过了木质层积塑料的 24 h 吸水率(＜5%)[2]。所以，试图通过单纯添加木质素改善纯木质粉末温压材料的物理力学性能时，木质素的添加量应控制在 15%以内。

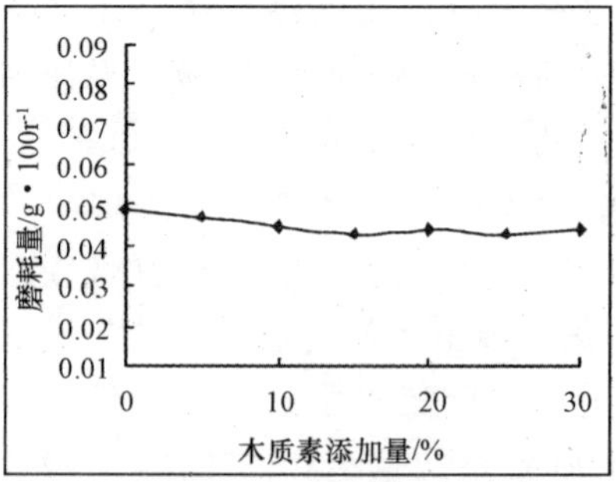

图 9.7　木质素添加量对压坯表面耐磨性的影响

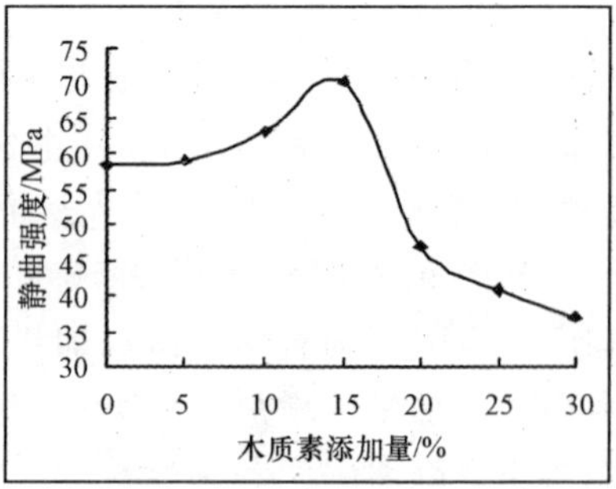

图 9.8　木质素添加量对压坯静曲强度的影响

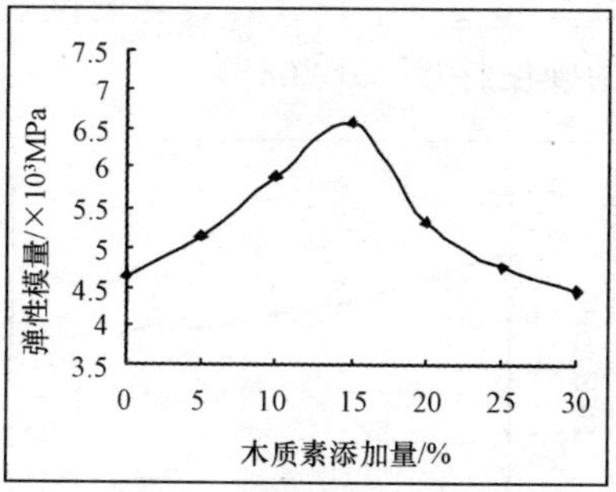

图 9.9　木质素添加量对压坯弹性模量的影响

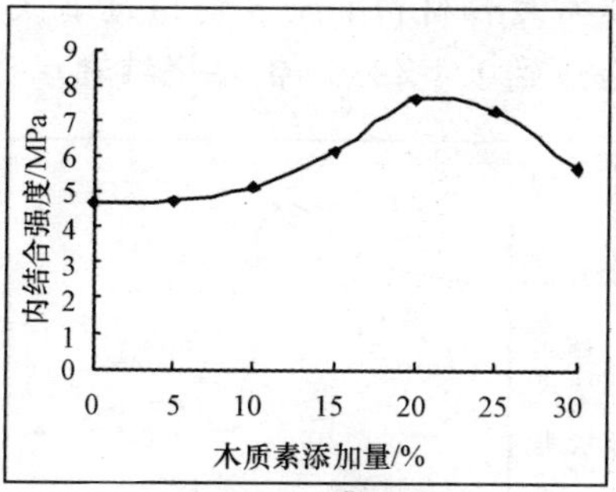

图 9.10　木质素添加量对压坯内结合强度的影响

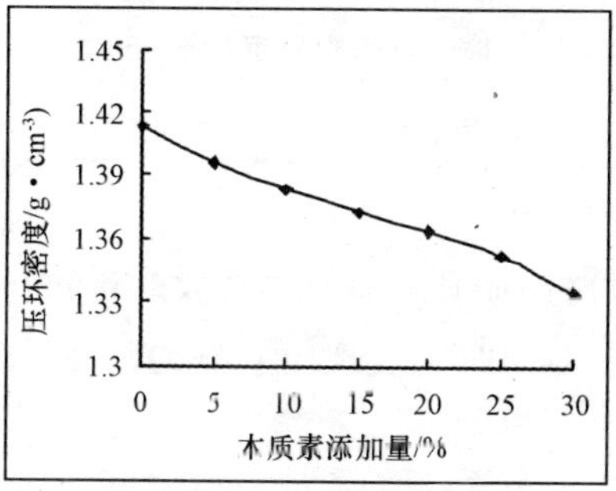

图 9.11　木质素添加量对压坯密度的影响

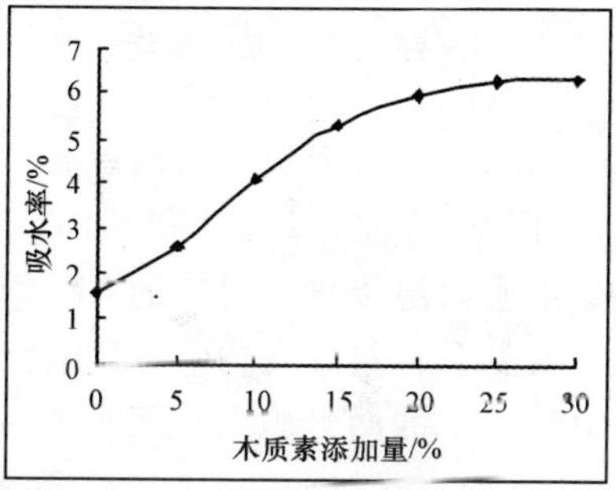

图 9.12　木质素添加量对压坯吸水率的影响

9.2.2.2　滑动轴承材料特征性能

在最优无胶温压工艺条件下制备了图 9.5 中所示的 ϕ50×ϕ40×28 的标准滑动轴承。测得的径向压溃强度(按 GB6804)、表观硬度(按 GB9097.1)与木质素添加量的关系如图 9.13、图 9.14 所示。

从图 9.13、图 9.14 可以看出：适量添加木质素对提高芦苇秆粉末温压轴承材料的压溃强度有益，当木质素的添加量为 15%时其压溃强度达到最大值(76.24 MPa)，相当于烧结锡铅青铜滑动轴承材料(FZ2365)压溃强度标准要求的 1/2 以上；木质素的加入对提高复合材料的密度与硬度不利，但木质素添加量不大于 25%时，芦苇秆粉末/木质素复合材料的密度均超过了铁梨木(1.35 g/cm³)[3];其表观硬度甚至达到了 FZ2365 铜基烧结轴承材料的硬度标准(GB2688)。

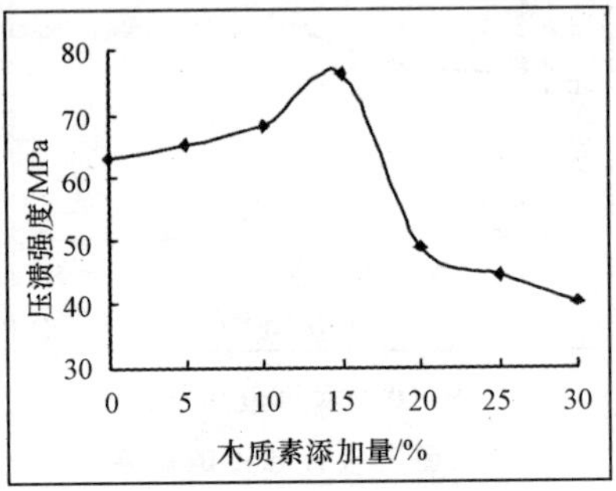

图 9.13 木质素添加量对压坯压溃强度的影响

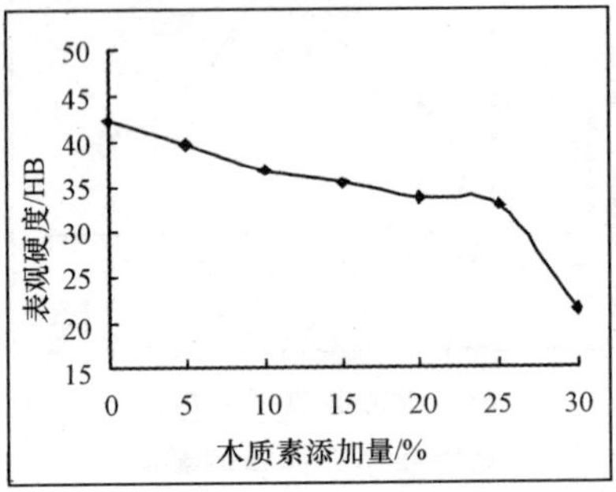

图 9.14 木质素添加量对压坯表观硬度的影响

9.2.2.3 断口形貌与组织结构

图 9.15 是×1 000 和×10 000 木质素添加量为 15%的芦苇秆粉末/木质素温压复合材料的 SEM 断口形貌照片。从图 9.15(a)中可以看出,复合材料的结构致密,塑化明显;但同时也表现出明显的脆性,图 9.15(b)中的两处脆裂证明了这一点。

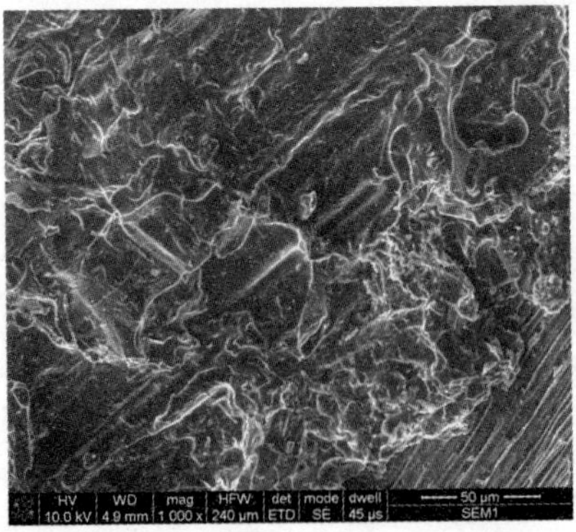

(a) SEM (×1 000)

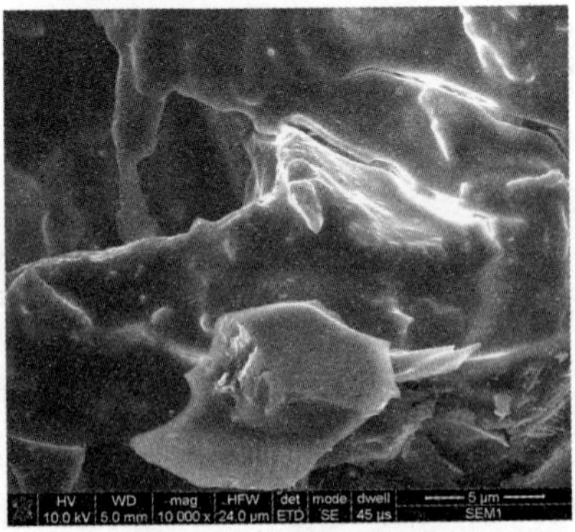

(b) SEM (×10 000)

图 9.15 芦苇秆粉末/木质素(15%)模塑复合材料断口形貌

9.3　芦苇秆/紫铜复合材料

9.3.1　复合材料制备

采用图 2.5 和图 9.3、图 9.4 等所示成形模在 HX100 型压模机上按最佳温压成形工艺条件，将 −20 目芦苇秆粉末与 −200 目紫铜粉按 1∶0、4∶1、2∶1、1∶1、1∶2 质量比混合均匀后压制成如图 9.16 所示试件，用于密度、静曲强度、内结合强度、压溃强度、表观硬度、表面耐磨性和吸水率等性能的检测。

图 9.16　木质粉末/金属粉末温压复合材料试件

9.3.2　复合材料性能与结构表征

9.3.2.1　常规物理力学性能

在最优工艺条件下获得的芦苇秆粉/紫铜粉高压无胶模塑复合材料的常规物理力学性能如表 9.1、表 9.2 所示，密度、弹性模量等物理力学性能与紫铜粉添加量的关系曲线如图 9.17～图 9.22 所示。

表 9.1　芦苇秆/紫铜粉末温压复合材料的物理性能

材料复合组分		密度/g·cm⁻³	吸水率/%	体积电阻率/Ω·cm
芦苇秆粉/紫铜粉	1∶0	1.413	1.55	1.173×10^{5}
	4∶1	1.625	3.17	1.132×10^{5}
	2∶1	1.938	4.32	2.018
	1∶1	2.436	5.15	7.604×10^{-3}
	1∶2	3.146	6.29	3.773×10^{-3}

表 9.2　芦苇秆/紫铜粉末温压复合材料的力学性能

材料组分		静曲强度/MPa	弹性模量/MPa	内结合强度/MPa	吸水率/%	磨耗量/g·100r⁻¹
芦苇秆粉/紫铜粉	1∶0	58.32	4 635	4.67	1.55	0.049
	4∶1	64.69	5 838	5.13	3.17	0.057
	2∶1	70.85	6 510	5.52	4.32	0.096
	1∶1	82.23	7 188	6.43	5.15	0.099
	1∶2	83.43	5 765	6.48	6.29	0.097

从图 9.17 可知，由于紫铜粉的松装密度约为芦苇秆粉末的 10 倍，所以温压成形压坯密度随着紫铜粉添加量的增加成正比上升。图 9.18 表明，随着紫铜粉添加量的增加，温压材料的吸水率由纯芦苇秆粉末温压材料的 1.55%逐渐上升到木质层积塑料的水平[2]，当紫铜粉添加量增加到芦苇秆粉末重量的 2 倍时达到 6.29%，说明这种温压复合材料的孔隙率随着紫铜粉添加量的增加有所增加。

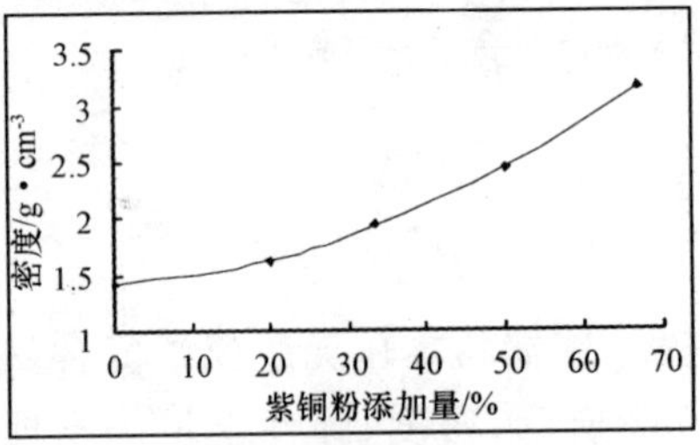

图 9.17　紫铜粉添加量对材料密度的影响

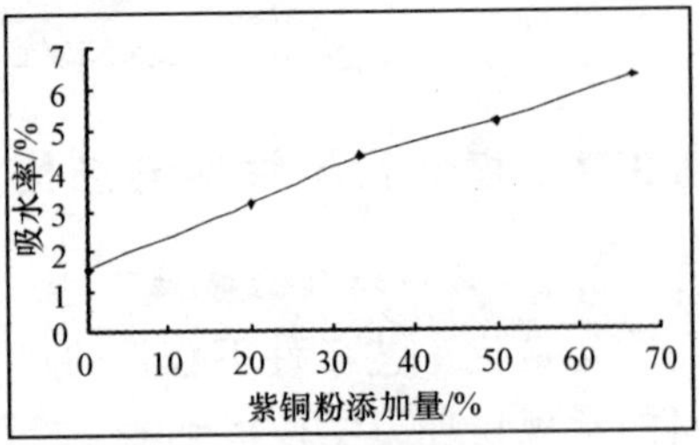

图 9.18　紫铜粉添加量对材料吸水率的影响

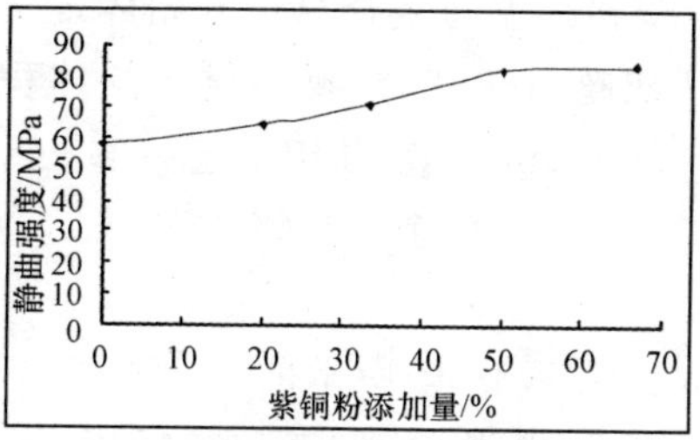

图 9.19　紫铜粉添加量对材料静曲强度的影响

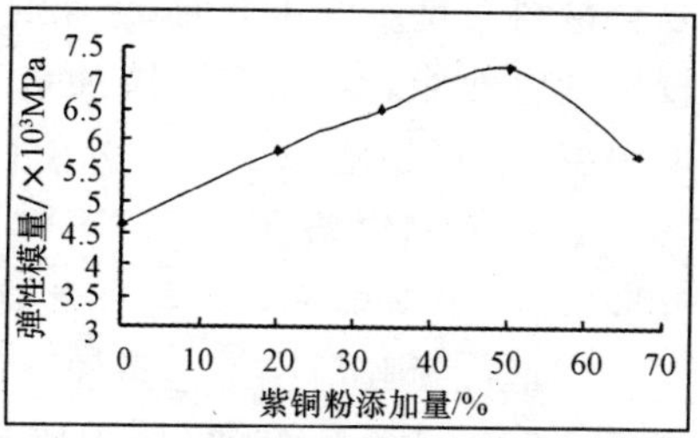

图 9.20　紫铜粉添加量对材料弹性模量的影响

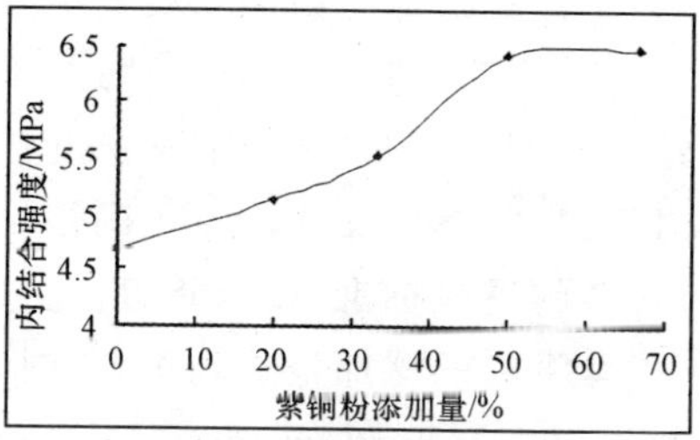

图 9.21　紫铜粉添加量对材料内结合强度的影响

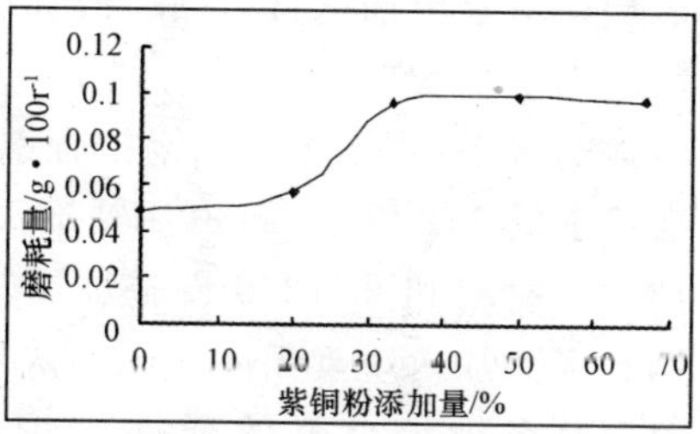

图 9.22　紫铜粉添加量对材料表面耐磨性的影响

从图 9.19～图 9.21 可以看出，温压复合材料的静曲强度、内结合强度和弹性模量随紫铜粉添加量的变化表现出类似的规律，即先随着紫铜粉添加量的增加而增加较快，当添加量增加到 1∶1 时变得平缓（甚至获得极大值），说明紫铜粉与芦苇秆粉末基材按 1∶1 重量比混合最有利于纯芦苇秆温压材料力学性能的改善。1∶1 的紫铜粉加入使复合材料的静曲强度、弹性模量和内结合强度比纯芦苇秆粉末温压材料分别提高了 41.0%、55.08%、37.69%。

图 9.22 表明，紫铜粉的加入对芦苇秆粉末温压材料的表面耐磨性等级有所降低。但当添加量超过芦苇秆粉末基材重量的 50%后，复合材料的磨耗量不再增加，相当于优等实木地板漆膜表面耐磨性水平[2]。

表 9.1 所列体积电阻率数据表明,当紫铜粉的添加量达到或超过复合材料总重量的 1/3 时,芦苇秆/紫铜粉末温压复合材料开始体现出较好的电性能。当紫铜粉添加量达到或超过 1/2 时,复合材料的体积电阻率只比石墨[(8～13)×10^{-4} Ω·cm]、铁铬铝合金(1.4×10^{-4} Ω·cm)、镍铬合金(1.0×10^{-4} Ω·cm)大一个数量级。

9.3.2.2　滑动轴承材料特征性能

在最优无胶温压工艺条件下制备了图 9.16 中所示的 ϕ50×ϕ40×28 及 ϕ50×ϕ30×25 的标准滑动轴承。测得的径向压溃强度(按 GB6804)、表观硬度(按 GB9097.1)与紫铜粉添加量的关系如图 9.23、图 9.24 所示,试验数据列于表 9.3。

从图 9.21、图 9.23、图 9.24 可以看出:适量添加紫铜粉对提高芦苇秆粉末温压轴承材料的压溃强度等力学性能指标比添加木质素更有益。当紫铜粉的添加量达到 2∶1 时,其压溃强度达到添加 15%的木质素的水平,相当于烧结锡铅青铜滑动轴承材料(FZ2365)压溃强度标准要求的 1/2 以上,而表观硬度高达 HB51.9,达到了 FZ1460 铜基烧结轴承材料和 FZ1260 铁基烧结轴承材料的硬度标准(GB2688),从而达到了添加木质素无法达到的效果。当紫铜粉的添加量达到 1∶1 时,温压复合轴承材料的弹性模量高达 5 990 MPa,与夹布酚醛塑料(4 000～8 800 MPa)处于同一水平,约为横纹木材(500～980 MPa)的 10 倍、纵纹木材(9 800～12 000 MPa)的 1/2。

表 9.3　芦苇秆/紫铜复合滑动轴承的特征物理力学性能

性　能	芦苇秆粉/紫铜粉				
	1∶0	4∶1	2∶1	1∶1	1∶2
径向压溃强度/MPa	62.83	65.11	71.01	83.18	87.10
表观硬度 /HB	42.2	47.9	51.9	48.3	45.1

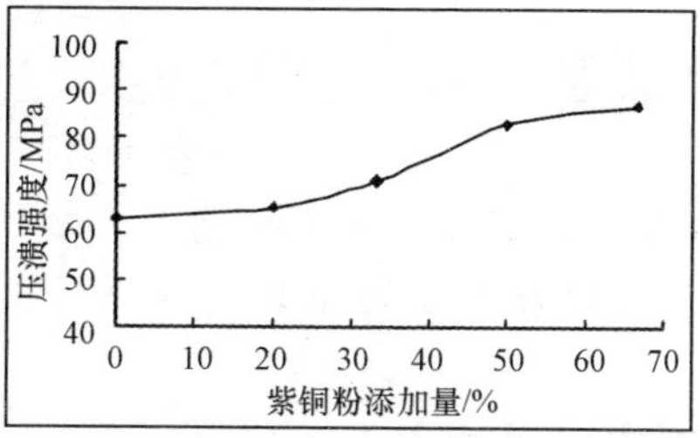

图 9.23　紫铜粉添加量对材料压溃强度的影响

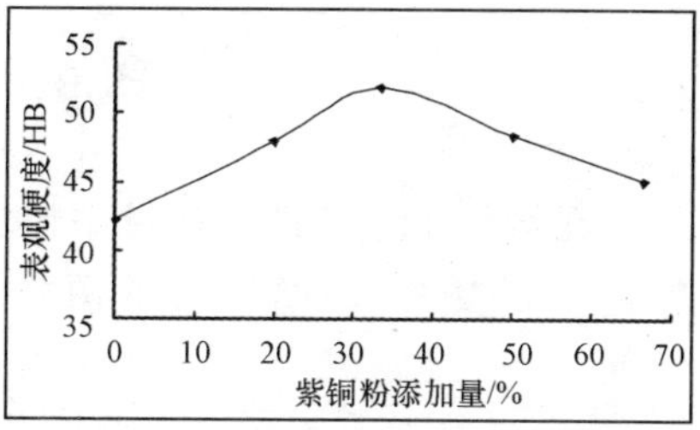

图 9.24　紫铜粉添加量对材料表观硬度的影响

9.3.2.3　断口形貌与组织结构

图 9.25 为芦苇秆粉末与电解紫铜粉按 1∶1 均匀混合后的温压复合材料的 SEM 断口形貌照片。从图 9.25(a)可以看出，复合材料塑化充分，韧窝均匀且普遍，说明该复合材料的断裂形式为韧性断裂，塑性较好。从图 9.25(b)发现，左侧白色紫铜粉颗粒与右边灰色芦苇秆粉末颗粒结合紧密且界面模糊，说明两种复合组分接触界面在温压成形过程中可能发生了某种实质性的物理化学变化(如黏接、固体互扩散生长、扩散焊接、热熔焊接等)[4-6]，据此可以解释芦苇秆粉末/电解紫铜粉温压复合材料具有良好力学性能(如高的弹性模量和高的内结合强度)的成因。

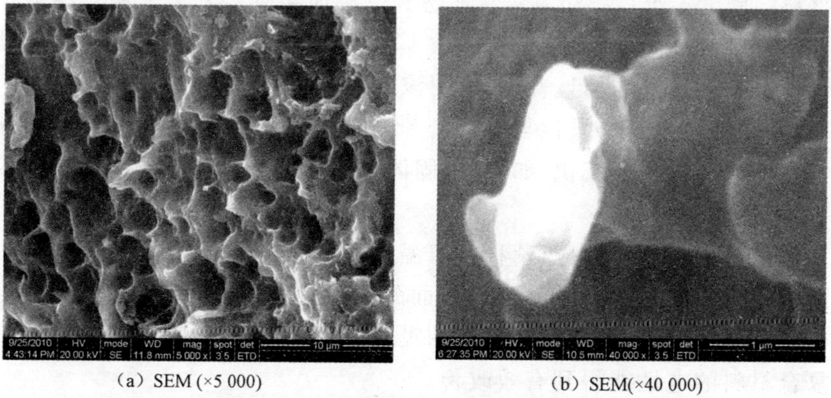

(a) SEM (×5 000)　　(b) SEM(×40 000)

图 9.25　芦苇秆粉末/紫铜粉(1∶1)温压复合材料断口形貌

9.4 小 结

在最优工艺条件下通过添加木质素或紫铜粉对芦苇秆粉末模塑材料进行了复合改性，制备的两种复合材料及滑动轴承具有如下性能特征。

(1)适量加入木质素或紫铜粉可使芦苇秆粉末温压材料的多种物理力学性能得到有效改善：①15%的木质素添加量，可使温压复合材料的静曲强度、弹性模量、内结合强度比纯芦苇秆模塑材料分别提高20.4%、41.6%和63.6%；可使温压复合轴承材料的压溃强度比纯芦苇秆粉末温压材料提高21.3%，达到烧结锡铅青铜滑动轴承材料(FZ2365)压溃强度标准要求的1/2以上；可使温压复合材料的结构更加致密，塑化更加明显；但同时使材料的脆性增强，硬度降低。②将芦苇秆粉末与紫铜粉按1∶1重量比均匀混合获得温压复合材料的弹性模量高达7 188 MPa，与夹布酚醛塑料处于同一水平，约为横纹木材的10倍、纵纹木材的1/2；当紫铜粉的添加量达到2∶1时，其滑动轴承制件的压溃强度达到添加15%的木质素的水平，相当于烧结锡铅青铜滑动轴承材料(FZ2365)压溃强度标准要求的1/2以上；而表观硬度高达HB51.9，达到了FZ1460铜基烧结轴承材料和FZ1260铁基烧结轴承材料的硬度标准(GB2688)，从而达到了添加木质素无法达到的效果。

(2)将芦苇秆粉末与紫铜粉按1∶1重量比均匀混合获得的温压复合材料断口韧窝均匀且普遍，说明该复合材料的断裂形式为韧性断裂，塑性较好；在紫铜粉颗粒与芦苇秆粉末颗粒结合界面可能发生了某种实质性的物理化学变化(如黏接、固体互扩散生长、扩散焊接、热熔焊接等)。

(3)添加木质素对芦苇秆粉末温压材料的表面耐磨性基本无影响，而紫铜粉的加入使复合材料的表面耐磨性有所降低；不论添加木质素还是紫铜粉，都使温压复合材料的吸水率明显增加；添加紫铜粉的温压复合材料的电性能得到有效改善。

参考文献

[1]蒋挺大．木质素[M]. 北京:化学工业出版社,2009.

[2]唐忠荣,李克忠．木质材料性能检测[M]. 北京：中国林业出版社,2006.

[3]川崎/景民著,丁崎/吴耒译．自润滑轴承[G]. 合肥：合肥工业大学摩擦学研究所,1990.

[4]陈永翀,其鲁,张永刚,等．固体互扩散生长的唯象理论[J]. 北京大学学报,2006,42(1):168-174.

[5]Darken L S,Diffusion. Mobility and Their Interrelation through Free Energy in Binary Metallic Systems[J]. Trans AIME,1948,175: 184 194.

[6]Fan Xin-yu,Li Yu-bin,Li Juan,etc. Modeling of Heat Conduction in Thermoplastic Honeycomb Core/Face Sheet Fusion Bonding[J].Chinese Journal of Aeronautics,2009,22(6):685-690.

第10章 木质粉末温压成形技术要点与前景展望

10.1 技术要点

绿色高质利用低质木材及其加工剩余物、竹材废料、农作物秸秆、果壳等，为“两型社会”建设添砖加瓦，是《木质粉末温压成形原理与技术》撰写的基本出发点。

木质材料施胶或无胶热压成形所用压力一般为10 MPa以下，个别封闭模压工艺所用最高压力也只有20～30 MPa；而金属粉末温压成形的常用压力高达300～600 MPa。本书将金属粉末温压成形机理与木质材料无胶热压成形机理有机融合创新，以低质木材及加工剩余物、农作物秸秆、竹材废料等的粉末为原料，采用65～70 MPa压力实施无胶温压成形，制备可望用于滑动轴承、汽车高档内饰件、电磁屏蔽元件等高端产品的高强、耐水、耐磨新型木质材料，原料利用率接近100%；借助响应面试验设计分析方法、有限元法、热脱附-气相色谱/质谱(TD-GC/MS)、红外光谱(FTIR)、固体核磁共振C谱(C-SNMR)、热失重(TGA)、SDDM、SEM等手段，系统介绍了木质粉末温压成形原理与技术，展示了木质粉末结合机理的创新，为木质粉末环境功能材料的研发提供了新理论。主要体现在以下几个方面：

①首次将金属粉末温压成形机理与木质材料无胶热压成形机理相融合，探讨采用木质粉末在适宜温度下通过高压成形获得高密度、高性能、高附加值木质环境功能材料的成形方法。

②首次综合运用响应面试验设计分析方法、有限元法、TD-GC/MS、C-SNMR、FTIR等，系统研究了木质粉末温压成形原理与技术。

a. 关于原料。低质木材及加工剩余物、农作物秸秆、竹材废料等，经机械粉碎筛分后，都可经温压成形制成无胶模塑材料，但木质粉末的种类对温压成形工艺性能的影响较大，而木质粉末的粒度变化对温压成形工艺性能的影响不明显。

b. 关于模具设计重要参数——压缩比。木质粉末在温压工艺条件下的压缩比为室温同等压力条件下的 1.2～1.5 倍，约为钢铁粉末的 2 倍，远大于金属粉末的压缩比。由于木质粉末的压缩比远大于金属粉末的压缩比，因而木质粉末的装粉高度也远大于金属粉末，意味着木质粉末温压成形模具的用料量远比粉末冶金模具的大，对成形设备的封闭高度的要求也更高。

c. 关于温压成形工艺与优化。运用响应面试验设计与分析方法，对影响木质粉末温压成形效果的成形压力、成形温度和保温时间 3 个关键因素的最佳水平及其交互作用进行研究，建立了芦苇秆粉末和杨木粉温压材料的静曲强度、内结合强度、抗拉强度、弹性模量和吸水率的二次多项数学模型，得到了木质粉末温压成形最优工艺条件：成形压力 70 MPa、成形温度 160 ℃、保温时间 30 min。

d. 关于温压成形"压力-密度数学模型"。基于杨木粉和芦苇秆粉的温压成形对比试验数据，利用有限元法，在弹塑性理论的理想假设下，对木质粉末的常温压制和温压成形过程进行了数值模拟；通过试验测量与理论计算，得到了木质粉末温压成形压制压力与压坯密度关系的理论方程和修正项，建立了压力-密度数学模型。

e. 关于木质粉末温压成形结合机理。通过对木质粉末原料及其三级抽提物与模塑材料的 FTIR、C-SNMR、TGA 分析与断口形貌观察发现：杨木与芦苇的纤维素、半纤维素、木质素在温压成形过程中均发生了化学反应，产生了化学链接；杨木的纤维素、纤维素-木质素复合体、纤维素-木质素-半纤维素复合体的纤维素结晶度分别提高了 4.04％、2.45％、4.23％，而芦苇秆的纤维素、纤维素-木质素复合体、纤维素-木质素-半纤维素复合体的纤维素结晶度则分别提高－1.45％、5.03％、0.69％；模塑成形可以改善纤维素-木质素-半纤维素复合体、纤维素-木质素复合体的化学结构，使各组分结合程度更高。表明制备芦苇秆粉末模塑材料采用纤维素-木质素复合体比较合适，而制备杨木粉模塑材料则采用纤维素-木质素-半纤维素复合体或纤维素比较合适。

f. 关于木质粉末及其温压材料的挥发物释放行为与环境友好性。通过热脱附-气相色谱/质谱（TD-GC/MS）分析发现，从 40 ℃到 160 ℃，木质粉末原料及其温压材料均有挥发物释放，温压材料挥发物的总量少于粉末原料，温压材料挥发物中的有益成分比例大于粉末原料，说明木质粉末温压塑材料是一类环境友好性优于木质粉末的材料；同时，由于温压材料的“制备→使用→废弃或回收再利用”全过程都没有传统人造板热压工艺的甲醛释放烦恼，因而木质粉末温压成形工艺具有环境友好性。

③首次报道了应用温压成形原理与工艺，采用芦苇秆粉末制备可望用于滑动轴承、汽车高档内饰件、电磁屏蔽元件等工业品制造的高密度、高性能、高附加值的木质环境功能材料，以及可望替代电机碳刷材料、刹车衬里、电磁屏蔽器件材料的芦苇基陶瓷/紫铜粉末复合材料。

在最优温压工艺条件下，通过添加木质素或紫铜粉可以改良纯芦苇秆粉末温压材料的性能。添加 15%木质素的温压复合材料的静曲强度、弹性模量和内结合强度比纯芦苇秆粉末温压材料提高了 20%以上，采用这种复合材料制备的滑动轴承的压溃强度提高了 21.3%，但材料脆性较大，硬度较低；按 1：1 质量比添加紫铜粉的芦苇秆粉末基温压复合材料的断口韧窝均匀而普遍，为韧性断裂，厚度仅为 10 mm 的标准试样的弹性模量高达 7 188 MPa，体积电阻率只比石墨[$(8\sim13)\times10^{-4}\ \Omega\cdot cm$]、铁铬铝合金（$1.4\times10^{-4}\ \Omega\cdot cm$）、镍铬合金（$1.0\times10^{-4}\ \Omega\cdot cm$）大一个数量级。

10.2 前景展望

10.2.1 目前存在的问题

由于过去很少有关于木质粉末温压成形原理、工艺与温压材料或制品的研究报道，本书所报道的作者的相关研究工作又才刚刚起步，虽然采用本书所述原理与技术能够制备出具有较优物理力学性能的环保木质复合材料，但由于时间和试验条件以及作者学识水平的限制，尚存在一些必须在今后的研究工作中加以解决的问题。例如：

(1)木质温压材料的疏水性问题

尽管通过红外光谱分析发现木质粉末温压材料的羟基比粉末原料减少，对木质粉末温压材料的疏水有利，实测吸水率也远远低于传统人造纤维板，已可控制在 2%以下，但离 0%吸水率仍有一段距离。

(2)木质粉末/紫铜粉温压复合材料的结合界面问题

对于第 9 章研制的木质粉末/紫铜粉温压复合材料，只是简单的采用 SEM 进行了观察研究，木质粉末与紫铜粉末颗粒界面的实质性变化尚不明确，只从 40 000 倍断口形貌推测在紫铜粉颗粒与芦苇秆粉末颗粒结合界面可能发生了某种物理化学变化，是简单的黏接，是固体互扩散生长，还是扩散焊接，或存在其他复合机制，都有待进行更深入的研究。

(3)木质粉末温压复合材料用于滑动轴承制备时的摩擦、磨损与润滑问题

润滑方式与润滑机理、负荷与速度的关系及 pv 值的大小，对于滑动轴承都至关重要。本书只对制备木质粉末温压复合材料的磨耗量、压溃强度和表观硬度进行了有限的研究，有待今后深入展开研究。

(4)木质粉末温压复合材料用于电磁屏蔽元件制备时存在的问题

本书只对木质粉末/紫铜粉末温压复合材料的体积电阻率进行了测定，对于电磁屏蔽效能等性能的研究由于试验条件的限制有待创造条件深入探讨。

(5)木质粉末温压复合材料用于汽车高档内饰件制备时存在的问题

尽管按本书介绍的工艺方法制备的木质粉末/紫铜粉末温压复合材料的物理力学性能已达到或接近某些机械工程材料的水平，甚至断口形貌出现了明显且普遍的韧窝，体现出烧结金属结构材料的组织性能特征，但其物理力学性能仍需进一步提高。另外，作为汽车高档内饰

材料，表面色泽亮丽至关重要；但作为木质粉末温压材料，表面色泽的控制是一大难题，有待深入研究。

10.2.2 今后的研究方向

针对上述亟待解决的问题，作者将从以下几个方向展开今后的研究工作，更乐见志同道合者参与，以便在适当的时候修订、完善本书，以飨读者，服务于社会。

(1)木质粉末温压复合材料结合界面的结合机制。

(2)木质粉末温压成形滑动轴承的润滑机制。

(3)木质粉末温压复合材料表面色泽的调控技术。

(4)木质粉末温压复合滑动轴承的研发与应用。

(5)木质粉末温压复合电磁屏蔽材料的研发与应用。

(6)代牛骨、代红木木质粉末温压复合高档汽车内饰件研发与应用。